辽宁滩涂贝类繁殖生物学

闫喜武　霍忠明　著

科学出版社

北　京

内 容 简 介

本书详细总结了近 20 年著者及其研究团队在辽宁滩涂贝类繁殖生物学方面的研究成果。全书共 5 章，第一章至第四章分别介绍了中国蛤蜊、四角蛤蜊、薄片镜蛤、日本海神蛤 4 种滩涂贝类的繁殖生物学，包括性腺发育周年观察、性腺发育生物学零度与产卵有效积温、生态环境因子对幼虫及稚贝生长发育的影响，以及室内人工苗种繁育技术等；第五章为其他滩涂贝类的繁殖生物学，包括培育密度及饵料种类对大竹蛏幼虫生长、存活及变态的影响，宽壳全海笋苗种繁育技术，生态因子对日本镜蛤幼虫生长发育的影响。

本书可供从事贝类养殖研究的科研人员及相关专业的本科生、研究生参考。

图书在版编目（CIP）数据

辽宁滩涂贝类繁殖生物学 / 闫喜武，霍忠明著. —北京：科学出版社，2021.12
　ISBN 978-7-03-070789-5

　Ⅰ. ①辽…　Ⅱ. ①闫…　②霍…　Ⅲ. ①滩涂养殖–贝类养殖–辽宁
Ⅳ. ①S968.3

中国版本图书馆 CIP 数据核字（2021）第 245742 号

责任编辑：王海光　薛　丽 / 责任校对：贾娜娜
责任印制：吴兆东 / 封面设计：北京图阅盛世文化传媒有限公司

科 学 出 版 社 出版
北京东黄城根北街 16 号
邮政编码：100717
http://www.sciencep.com

北京中石油彩色印刷有限责任公司 印刷
科学出版社发行　各地新华书店经销
*
2021 年 12 月第 一 版　开本：720×1000　1/16
2021 年 12 月第一次印刷　印张：15 3/4
字数：317 520
定价：**168.00 元**
（如有印装质量问题，我社负责调换）

前　言

我国是世界上最大的贝类生产国，贝类产业是我国蓝色农业的重要组成部分。据统计，2018 年我国海水贝类养殖产量达 1443.93 万 t，占世界贝类养殖产量的 85.68%，占我国海水养殖产量的 71.09%。辽宁是我国贝类的主要产区，贝类养殖产量占全国贝类养殖产量的 1/7，占全省海水养殖总产量的近 80%，其中滩涂贝类占 2/3，辽宁省农产品出口创汇的 2/3 来自滩涂贝类。

辽宁海岸线绵亘，滩涂平展广袤。辽东半岛的西侧为渤海，东侧为黄海。海域（大陆架）面积 15 万 km^2，其中近海水域面积 6.4 万 km^2，沿海滩涂面积 2070 km^2。陆地海岸线东起鸭绿江口，西至绥中县老龙头，全长 2292.4 km，占全国海岸线长的 12%。由于特定的气候条件，辽宁出产的贝类品质上乘，如菲律宾蛤仔、中国蛤蜊、四角蛤蜊、薄片镜蛤、宽壳全海笋、大竹蛏等，已成为市场畅销的大宗海鲜产品，国内外市场供不应求，市场潜力巨大。

滩涂贝类多埋栖于潮间带及浅海泥沙底质中，以浮游植物、有机碎屑为食，食物链短，生态效益高，可改善底质，缓解赤潮发生，属环境友好型贝类养殖品种。因此发展滩涂贝类养殖对保障我国食物安全，拓展海水贝类养殖空间，满足人民对优质蛋白的需要具有重要意义。但近年随着工业和城市发展对近岸海域生态环境的破坏，以及乱采滥捕，辽宁滩涂贝类（中国蛤蜊、薄片镜蛤、宽壳全海笋）资源日益枯竭，甚至有的濒临灭绝（日本海神蛤），生物多样性面临严重威胁，严重制约了滩涂贝类产业的发展。因此贝类种质资源保护特别是土著群体种质资源保护已刻不容缓。针对辽宁省滩涂贝类产业发展的突出问题，著者及其研究团队开始研究中国蛤蜊等土著滩涂贝类品种的繁殖生物学，先后建立了中国蛤蜊、四角蛤蜊、宽壳全海笋、薄片镜蛤、日本海神蛤等滩涂贝类苗种繁育技术，填补了国内外空白，为本书积累了大量的一手资料。

书中内容主要为近 20 年著者及其研究团队在辽宁滩涂贝类繁殖生物学方面的研究成果，全书详细介绍了辽宁滩涂贝类繁殖生物学及苗种繁育技术等内容，共分 5 章。第一章至第四章分别论述了中国蛤蜊、四角蛤蜊、薄片镜蛤及日本海神蛤的性腺发育周期、幼虫及稚贝生长发育的关键生态因子、苗种繁育技术，第五章总结了近年来大竹蛏、宽壳全海笋和日本镜蛤苗种繁育技术的相关研究。在撰写过程中，著者参考了大量资料，不仅反映了国内外最新研究动态，还吸收了前人的研究成果，总结了各地的生产经验，努力做到既对滩涂贝类资源保护研究有一定的学术参考价值，又对生产实践有一定的指导作用。

　　本书的撰写得到大连海洋大学诸多教师和学生的支持。第三章由闫喜武教授撰写；第一章、第二章、第四章和第五章由霍忠明副教授撰写。书中内容涉及张跃环、王琦、赵越、赵生旭、郭文学、迟吉祥、王成东、鹿瑶、李莹、王晔、肖友翔、李杰等攻读硕士学位期间所做的工作，赵雯、李翠翠、王璠、张贺、梁腾、李金龙、田园等为本书的撰写付出了辛勤的劳动，同时书中引用了许多学者的研究资料（均对出处予以标注），在此一并致谢！

　　在成书过程中，尽管我们秉持着十分严谨的态度，但受水平所限，书中难免有不足之处，恳请同行和读者批评指正。

著　者

2021 年 1 月

目 录

第一章　中国蛤蜊繁殖生物学

中国蛤蜊（*Mactra chinensis*）属软体动物门 Mollusca 瓣鳃纲 Lamellibranchia（又称双壳纲 Bivalvia）帘蛤目 Veneroida 蛤蜊科 Mactridae 蛤蜊属 *Mactra*，为我国黄渤海区常见滩涂贝类，壳略呈三角形，壳面黄绿色或黄褐色，具有深浅交替的放射状条带，壳面生长线明显。中国蛤蜊主要分布在我国的辽宁、山东，以及日本、朝鲜等地，喜栖息于水流畅通、饵料丰富的近河口浅海处，以 2～5 m 水深处最多，直至水深 60 m 的海区均有分布（王子臣等，1984）。中国蛤蜊味道鲜美、出肉率高，是具有较高营养价值的滩涂经济贝类（刘相全等，2007）。"东港大黄蚬"即中国蛤蜊，是国家地理标志保护产品，曾经天然产量很高，但由于乱采滥捕和环境污染，野生资源遭到严重破坏。开展中国蛤蜊繁殖生物学研究，进行苗种人工繁育和增养殖是产业发展的必然要求和趋势。

1.1　性腺发育周年观察

目前，有关中国蛤蜊性腺发育的基础研究已有报道，王子臣等（1984）对鸭绿江口中国蛤蜊的形态构造、生活习性、繁殖习性及胚胎发育等方面进行了较系统的研究；刘相权等（2007）结合土池育苗试验，对山东海阳丁字湾海区中国蛤蜊的性腺发育规律和胚胎发育过程进行了研究。本研究团队于 2007 年 10 月至2008 年 9 月采用组织学方法对大连庄河海区中国蛤蜊的性腺发育周年变化规律进行了研究。

1.1.1　采样及性腺观察

中国蛤蜊采自辽宁大连庄河自然海区，每月上旬采样一次，其中 5 月、6 月、7 月和 8 月每月采样 2 次，每次随机抽取 30～40 个个体，测量壳长、壳高，称总重和软体部鲜重，计算出肉率（软体部鲜重/总重×100%）。另外取 20～30 个样本取性腺部位，用 Bouin's 固定液固定，石蜡包埋，切片，切片厚 7 μm，苏木精-伊红（HE）染色（芮菊生等，1984），光学显微镜下观察、拍照。

胚胎发育观察：将中国蛤蜊升温促熟试验中自然排放的精卵，在水温约 23℃下受精孵化，24 h 内连续镜检、拍照，记录胚胎发育过程。

性成熟率（*R*）的计算：性成熟率表示群体性腺的发育变化，按下式计算（曾志南和李复雪，1991）

$$R=\left(n_1 \text{I} + n_2 \text{II} + n_3 \text{III} + n_4 \text{IV} + n_5 \text{V}\right)/N \tag{1-1}$$

式中，N 代表观察总个体数，$n_1 \sim n_5$ 分别表示各期的个体数，Ⅰ～Ⅴ为性腺发育各期，规定Ⅰ=2/5、Ⅱ=3/5、Ⅲ=4/5、Ⅳ=5/5、Ⅴ=1/5。

1.1.2　性腺发育分期及繁殖周期

1.1.2.1　性腺发育分期宏观特征及组织学观察

中国蛤蜊性腺属滤泡型，具双壳贝类基本特征。有学者将中国蛤蜊性腺发育分为 4 期（刘相全等，2007）。本研究参考国内外学者的双壳贝类性腺发育研究结果（张福绥等，1980；李何等，1990；赵志江等，1991；郑家声等，1995；刘德经等，2003；吴洪流和王红勇，2002；林志华等，2004；蔡亚英等，1994），并根据中国蛤蜊性细胞本身的特点和发育规律，将其性腺发育分为 5 期。

1. 增殖期（Ⅰ）

发育时间从 3 月中旬到 5 月中旬，水温 4.6～12.2℃。宏观特征：性腺开始形成，在内脏团表面用肉眼隐约能看见一层很薄的性腺，在增殖期肉眼不能分辨雌雄。组织切片观察结果如下。

雌性：滤泡腔已形成，其体积小、大小不均匀、形状不规则，滤泡腔空虚，滤泡间有大量的结缔组织，标志着性腺发育已进入增殖期。随着发育的继续，滤泡壁开始增厚，并出现附着于滤泡壁上的卵原细胞，在卵原细胞之间出现一些无卵黄的卵母细胞和少数发育较快的卵黄形成前期的初级卵母细胞（图 1-1：7）。

雄性：滤泡已出现，随着水温回升，滤泡生殖上皮的生殖细胞开始增殖，出现精原细胞和初级精母细胞。滤泡腔为一较大空腔（图 1-1：1）。

2. 生长期（Ⅱ）

发育时间从 5 月下旬到 6 月上旬，水温 11.6～19.2℃。性腺覆盖内脏团面积增大，在生长期前期肉眼仍不能分辨雌雄，但在后期雌性性腺呈红色。

雌性：滤泡数量增加，分布范围增大，滤泡内卵原细胞继续分裂增殖，卵母细胞数量急剧增多，呈梨形或袋状，卵柄附着于滤泡腔壁上。后期在滤泡腔内开始出现少量成熟的卵细胞，整个滤泡腔空隙逐渐变小（图 1-1：8）。

雄性：滤泡数量增加、体积增大，滤泡中的精原细胞迅速分裂增殖和分化，细胞数目急剧增加，滤泡腔空隙开始缩小，滤泡内可观察到精原细胞至精子各个发育阶段的细胞（图 1-1：2）。

3. 成熟期（Ⅲ）

发育时间从 6 月中旬到 7 月上旬，水温 18.2～22.6℃。个体显得肥硕丰满，性腺几乎覆盖整个内脏团，并延伸到足的基部。卵巢呈鲜红色或紫红色，精巢呈乳白色或淡黄色。后期如刺破或挤压性腺，可见卵子和精液流出，遇水即散开。组织切片观察结果如下。

雌性：滤泡为全年最饱满，滤泡间的空隙已经基本消失。滤泡壁上仍有一些带卵柄的未成熟的卵母细胞，但数目很少，整个滤泡腔被成熟卵子和生长期晚期的卵母细胞所充满，成熟卵子在腔内因相互挤压呈不规则形（图 1-1：9）。

雄性：滤泡壁上有少量的精原细胞和精母细胞，变态的精子呈辐射状排列，占据滤泡腔的大部分空间，精子头部朝向滤泡壁，鞭毛朝向滤泡腔，集中成束状（图 1-1：3）。

4. 排放期（Ⅳ）

发育时间从 7 月中旬到 9 月上旬，水温 21.8～26.8℃。由于排放初期是少量排放，性腺外观特征变化不明显，肉眼无法准确判断是否已排放。但大量排放后的性腺饱满度明显下降，用肉眼很容易鉴别。此时雌雄仍可分辨，但如刺破性腺已无卵子和精液流出。组织切片观察结果如下。

雌性：由于生殖细胞的排放，滤泡体积缩小，滤泡内出现大小不等的空腔，滤泡壁变薄，其上有少量的生长期初期的卵母细胞，有些滤泡壁破裂。滤泡腔内有排列稀疏的发育不同步的生长期后期的卵母细胞和少量未产出的成熟卵子（图 1-1：10、11）。

雄性：随着精子的排放，滤泡开始出现大小不等的辐射状空腔，精子数量减少（图 1-1：4、5）。

5. 休止期（Ⅴ）

发育时间从 9 月中旬到翌年 3 月，水温 24℃以下。软体部分消瘦，雌雄不能分辨，内脏表面透明，呈水泡状，看不到性腺分布。组织切片观察结果如下。

雌性：成熟卵子大量排放后，滤泡渐变为一大空腔，形状不规则，滤泡壁变薄并开始萎缩退化，本期初，滤泡内仍可见处于被吸收状态的个别未产出的卵母细胞及卵原细胞，本期末，结缔组织大量增生，滤泡消失，性腺发育完成一个周期（图 1-1：12）。

雄性：精子排尽后，滤泡成为一空腔，残留的各期精细胞也逐渐退化、吸收，滤泡也逐渐缩小直至消失，结缔组织增生（图 1-1：6）。

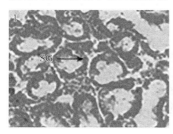 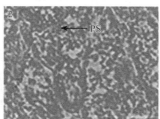 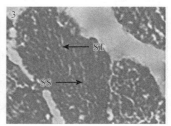

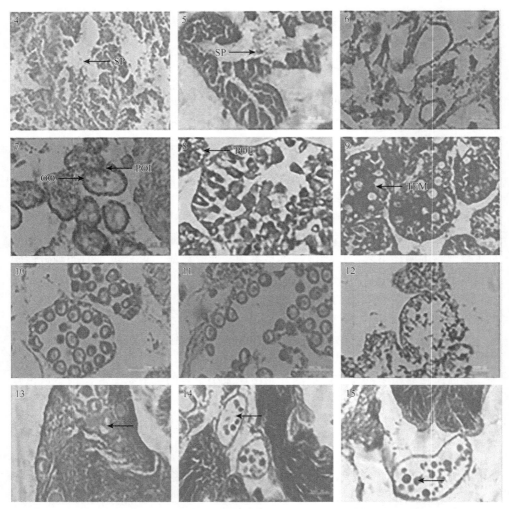

图 1-1　中国蛤蜊性腺不同发育时期及雌雄同体的组织切片（彩图请扫封底二维码）
1. 增殖期（♂）200×；2. 生长期（♂）200×；3. 成熟期（♂）400×；4、5. 排放期（♂）400×；6. 休止期（♂）200×；7. 增殖期（♀）200×；8. 生长期（♀）400×；9. 成熟期（♀）400×；10、11. 排放期（♀）400×；12. 休止期（♀）200×；13. 雄性滤泡中有卵细胞 400×；14. 雄性生殖腺间嵌入雌性滤泡 400×；15. 雄性生殖腺间嵌入雌性滤泡 400×；SG：精原细胞；PS：初级精母细胞；SS：次级精母细胞；ST：精细胞；SP：精子；OO：卵原细胞；POI：卵黄形成前期的初级卵母细胞；POL：卵黄形成后期的初级卵母细胞；TEM：成熟卵子

1.1.2.2　繁殖周期

1. 繁殖盛期与性成熟率

在大连庄河海区采集的同一批中国蛤蜊样本，个体之间性腺发育和成熟程度并不完全相同。若以 R 值（性成熟率）表示群体性腺的发育情况，由表 1-1 可见，

从 9 月至翌年 6 月上旬，R 值都在 80% 以下；8 月上旬的 R 值达 94.62%，推断这段时间应是当地中国蛤蜊的繁殖盛期。

表1-1 大连庄河海区中国蛤蜊性腺发育

取样时间	水温/℃	鲜出肉率/%	性腺发育分期样本数/个										R 值(性成熟率)/%
			♀					♂					
			I	II	III	IV	V	I	II	III	IV	V	
2007.10.08	21.0	28.36					12					10	20.00
2007.11.09	14.6	27.83					7					6	20.00
2007.12.09	6.0	27.91					11					8	20.00
2008.01.07	5.1	27.36					6					9	20.00
2008.02.20	3.4	28.04					13					15	20.00
2008.03.20	4.6	30.38	3				7	5				8	26.96
2008.04.08	7.8	31.32	7				5	9				7	31.42
2008.05.08	11.4	32.29	8	4				11	2				44.80
2008.06.05	18.9	34.42		6	3				10	4			66.09
2008.07.08	21.4	37.58			6	4				8	5		87.83
2008.08.09	23.8	42.78		4	5	9					2	10	94.62
2008.09.11	23.2	30.29				1	6				2	5	37.14

2. 繁殖周期与鲜出肉率

根据中国蛤蜊性腺周年组织切片显微观察结果并结合室内人工育苗情况判断，在大连庄河海区，中国蛤蜊 2 龄性成熟，性成熟后繁殖周期为一年，每年繁殖期为 7 月上旬开始到 9 月上旬结束，8 月上旬为繁殖盛期。在一个繁殖周期中同龄雌雄个体性腺发育基本同步，雄性发育略快。从 3 月中旬至 5 月中旬海区水温为 4.6~12.2℃，性腺处于增殖期，鲜出肉率为 30.38%~32.29%；从 5 月下旬至 6 月上旬，水温为 11.6~19.2℃，性腺处于生长期，鲜出肉率为 34.42%；从 6 月中旬至 7 月上旬，性腺进入成熟期，随后即进入排放期直至 9 月上旬，水温为 18.2~26.8℃，鲜出肉率为全年最高（37.58%~42.78%）；从 9 月中旬到翌年 3 月，性腺处于休止期，鲜出肉率为 27.36%~30.29%。性成熟率、鲜出肉率的周年变化如图 1-2、图 1-3 所示。

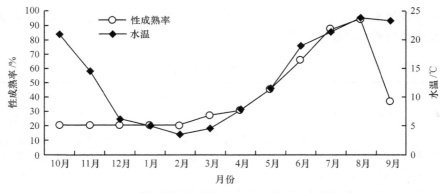

图 1-2　中国蛤蜊性成熟率与水温的周年变化关系

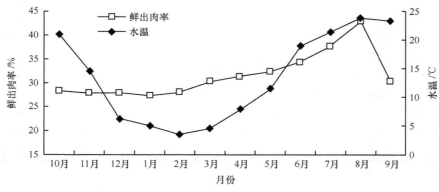

图 1-3　中国蛤蜊鲜出肉率与水温的周年变化关系

1.1.3　性腺发育及雌雄同体问题探讨

1.1.3.1　性腺发育分期问题

研究性腺发育分期是了解动物性腺发育规律和繁殖周期及其繁殖期的基础。目前，关于双壳贝类性腺发育的分期及其标准尚未形成统一的认识，对双壳贝类性腺发育的分期，多是基于对其性腺的组织学切片观察。例如，郑家声（1995）将泥蚶（*Tegillarca granosa*）的性腺发育分为 5 期，而吴洪流和王红勇（2002）将波纹巴非蛤（*Paphia undulata*）的性腺发育分为 6 期。目前，较多的研究者在此基础上，综合考虑滤泡的发育形态及滤泡中生殖细胞的数量、比例和发育状况等特征进行分期，将双壳贝类的性腺发育分为 5 期，如青蛤（*Cyclina sinensis*）（李何等，1990）、菲律宾蛤仔（*Ruditapes philippinarum*）（闫喜武，2005）、西施舌（*Mactra antiquata*）（刘德经等，2003）、文蛤（*Meretrix meretrix*）（林志华等，2004）。著者根据中国蛤蜊与其他埋栖型贝类性腺构造、发育的相似性，在王子臣等（1984）、刘相权等（2007）将中国蛤蜊性腺发育划分为 4 个时期的基础上，另细化出一个时期——生长期。生长期是增殖期发育至成熟期的过渡阶段，其特征是：卵柄出现，滤泡内仍有空腔，卵母细胞占多数，无或存在少量成熟卵细胞。中国蛤蜊性腺发育划分为 5 期，分别是：增殖期、生长期、成熟期、排放期和休止期。

1.1.3.2　繁殖期

本研究表明，大连庄河海区中国蛤蜊每年为一个繁殖周期，每个繁殖周期有一个繁殖期，繁殖期从 7 月中旬开始到 9 月上旬结束，8 月上旬为繁殖盛期，这与王子臣等（1984）、刘相权等（2007）研究的结果不尽相同。王子臣等（1984）报道鸭绿江口中国蛤蜊繁殖期从 5 月上旬到 8 月；刘相权等（2007）报道山东海阳丁字湾海区中国蛤蜊繁殖期为 6~8 月。出现这种差异主要是因为贝类性腺发育受种群特性、温度（Loosanoff et al., 1952；Sastry, 1963；Sastry et al., 1966；王子臣等，1987）、饵料（王子臣等，1987；陈敏，1994；聂宗庆，1989；Romberger and Epifanio, 1981）和水质等多因素影响。

在繁殖期的组织学切片观察中发现，同一性腺切片中除了处于排放期的滤泡外，还存在成熟期和新形成的滤泡，由此推断，中国蛤蜊的生殖细胞是分批成熟、分批排放的，这一结果与王子臣等（1984）的报道一致。

1.1.3.3　雌雄同体

雌雄异体贝类中存在雌雄同体的现象已有报道，如栉孔扇贝（*Chlamys farreri*）（廖承义等，1983）、波纹巴非蛤（*Paphia undulata*）（赵志江等，1991）、西施舌（*Mactra antiquata*）（刘德经等，2003）、硬壳蛤（*Mercenaria mercenaria*）（Kraeuter and Castagna, 2001）。中国蛤蜊也存在雌雄同体现象，雌雄同体的中国蛤蜊性腺是雌、雄性腺镶嵌型，实验中观测到雄性生殖腺中嵌入雌性滤泡（图 1-1：14、15）和雄性滤泡中混有卵细胞（图 1-1: 13）这两种形式，与高悦勉等（2007）报道的雌雄同体的虾夷扇贝性腺非常相似。有关雌雄同体的中国蛤蜊是否可以自体受精等，还有待进一步研究。

1.2　性腺发育生物学零度与产卵有效积温

性腺发育的生物学零度和产卵的有效积温是繁殖生物学的重要指标。对这两个指标的研究不仅可以深入认识生物的繁殖特性，还可以进一步认识生物繁殖行为与环境温度的关系，从而实现对生物产卵时间的人工预报。目前贝类中对性腺发育的生物学零度及产卵的有效积温已报道的种类有长牡蛎（*Crassostrea gigas*）（Loosanoff, 1939）、鲍（*Haliotis*）（菊地省吾和浮永久，1974）、贻贝（*Mytilus edulis*）（张福绥等，1980）、海湾扇贝（*Argopecten irradias*）（周玮，1991）、西施舌（*Mactra antiquata*）（刘德经等，2003）、菲律宾蛤仔（*Ruditapes philippinarum*）（梁俊等，

2007；闫喜武，2005），所采用的研究方法也较多。周卫川等（2001）在自然变温条件下，分别用加权平均法和正弦法计算日平均温度，经牛顿迭代法拟合有效积温方程，计算了褐云玛瑙螺（*Achatina fulica*）性腺发育的生物学零度和产卵有效积温，毕庶万等（1996）也分别用二点法、最小二乘法、积温仪计数法，周纬（1991）、刘德经等（2003）通过室内调温，根据 $K=H（T-t）$ 有效积温公式，利用线性函数规律，探讨了海湾扇贝、西施舌性腺发育生物学零度。梁峻等（2007）根据组织学观察，利用有效积温公式拟合线性升温曲线，应用数理统计对菲律宾蛤仔人工促熟产卵实验中性腺发育生物学零度进行计算。本研究根据积温公式，利用线性函数规律对中国蛤蜊性腺发育生物学零度和产卵有效积温进行计算，再通过自然海区中国蛤蜊性腺发育组织学观察对其进行验证，旨在为中国蛤蜊人工育苗中产卵时间的准确预报提供科学依据。

1.2.1　亲贝性腺发育采集及室内促熟

1.2.1.1　样品采集

实验所用中国蛤蜊均在 3 月采自大连庄河海区，共采集亲贝约 1100 枚，平均壳长×壳高为（49.64±2.85）mm×（38.31±2.39）mm，鲜重为（22.14±4.33）g，取样时海区自然水温为 4.6℃。将亲贝放入室内控温水池中饲养，饲养海水为沙滤海水。

1.2.1.2　室内促熟

1. 生物学零度计算方法

将采自自然海区的中国蛤蜊放入室内 2 个控温水池 1#和 2#中，设定 1#池升温促熟起始温度为 10.8℃，2#池为 11.4℃，采用不同的升温梯度（图 1-4、图 1-5）控温促熟直至自然排放精卵，记录室内人工促熟过程中的日平均水温，根据（何义朝和张福绥，1983）有效积温公式 $K=H（T-t）$，通过两次实验拟合线性升温曲线 L_1、L_2，其中 K 表示积温，H 表示产卵时间，T 表示生境水温，t 表示生物学

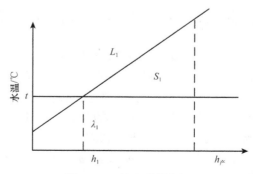

图 1-4　1#池实验的积温

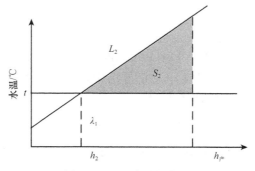

图 1-5 2#池实验的积温

零度，h_1、h_2 为达到生物学零度时的促熟时间，$h_{产}$ 为产卵时间。利用积温 K 值相同即 $S_1=S_2$（图 1-4、图 1-5），计算得出生物学零度。实验过程中 2 个控温水池实施相同的投饵、清污等管理措施，尽量保持除水温外其他条件的一致。

2. 组织学观察方法

在人工促熟的前 20 d（水温 < 16℃）每隔 4 d 取样一次，每次取雌雄中国蛤蜊各 10 个。自然海区，从 3 月上旬到 5 月下旬每隔 10 d 取样一次，每次取样雌雄共 20 ~ 30 个。将性腺用 Bouin's 固定液固定，常规石蜡切片（芮菊生等，1984），切片厚 5 μm，HE 染色，Olympus 光学显微镜观察和照相。利用组织学方法将所采样本性腺多于半数进入增殖期时的温度判定为性腺开始发育的起始温度——生物学零度。

1.2.2 生物学零度与有效积温计算

1.2.2.1 中国蛤蜊性腺发育生物学零度计算

饲养在 2 个控温水池中的中国蛤蜊从促熟到产卵分别历时 56 d 和 49 d，控温促熟过程见图 1-6。

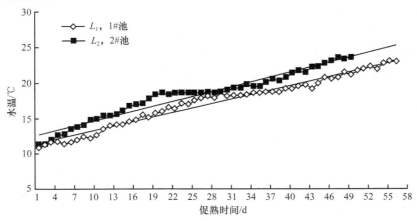

图 1-6 中国蛤蜊人工控温促熟过程

根据日平均水温拟合的 2 个实验的升温曲线分别为 L_1 和 L_2（图 1-6）。

$$L_1：Y=0.2136X+11.212，R^2=0.9721 \quad （1-2）$$
$$L_2：Y=0.2291X+12.484，R^2=0.9564 \quad （1-3）$$

根据积温公式，由数理统计计算得出中国蛤蜊性腺发育的生物学零度为 8.115℃，产卵有效积温为 578.7℃·d。

1.2.2.2　组织学方法研究中国蛤蜊生物学零度

根据组织学观察，中国蛤蜊从自然水温 4.6℃ 的海区取回时，大部分个体性腺内仅有少量滤泡，存在大量的结缔组织。雌性个体滤泡因排空而萎缩退化，部分滤泡壁呈破损状；雄性个体滤泡呈一大空腔，滤泡壁仅由一单层扁平细胞组成，性腺仍没有开始发育，处于休止期。当海区自然水温升至 7.8℃ 时，发现多于 50% 的个体滤泡腔仍为空腔，大小不一，滤泡壁开始增厚，壁上的生殖细胞处在活跃分裂期，不断分裂增殖，雌性个体滤泡壁上出现不连续的单层卵原细胞，并在卵原细胞之间逐渐出现少数卵黄形成前期的初级卵母细胞；雄性个体滤泡壁上开始出现精原细胞和少数初级精母细胞，精原细胞紧贴滤泡壁，不断分化形成精母细胞，性腺发育进入增殖期，由此推断在大连庄河海区中国蛤蜊性腺发育的生物学零度应在 7.8℃ 以下，但实验计算结果为 8.115℃，与推测结果存在差异。

1.2.3　组织学观察分析及应用意义探讨

1.2.3.1　组织学观察分析

由于升温促熟实验用水来自室外池塘和生产所需的升温海水，所能提供的海水最低温度约为 10℃，因此，在人工控温条件下通过组织学观察确定中国蛤蜊性腺发育的生物学零度，缺乏准确性。因而选择以自然海区中国蛤蜊性腺发育的组织学观察结果，对实验计算得出的生物学零度进行验证。结果发现，在海区水温达到 7.8℃ 时，有超过 50% 的中国蛤蜊性腺发育至增殖期，说明中国蛤蜊的生物学零度应在 7.8℃ 以下。据王子臣等（1984）和刘相权等（2007）报道，辽宁鸭绿江口和山东丁字湾海区中国蛤蜊性腺发育进入增殖期时海水温度分别为 4~9℃ 和 5~12℃，根据以上结果推断中国蛤蜊性腺发育的生物学零度应在 4.0~7.8℃，实验计算结果 8.115℃ 与其不符，其原因可能是实验用水初始温度较高（10℃），造成了计算结果出现误差。

1.2.3.2　生物学零度、有效积温的意义和应用

根据产卵的有效积温，很多学者对合浦珠母贝（*Pinctada martensi*）（邓陈茂等，2005）、魁蚶（*Scapharca broughtonii*）（郑永允等，1994）、海湾扇贝（李成林等，2004）、青蛤（任金根等，2004）等贝类的升温促熟技术进行了研究。掌握

中国蛤蜊性腺发育生物学零度和产卵的有效积温，有助于在人工繁殖中通过调节生境温度的方法，促进或推迟生殖腺的成熟，改变其精、卵排放期。因此，研究中国蛤蜊生殖腺发育的生物学零度和产卵的有效积温，在理论和育苗生产上都有重要意义。

梁峻（2007）研究发现，不同地理群体菲律宾蛤仔性腺发育的生物学零度和产卵的有效积温存在明显差异。分布在我国山东及日本和朝鲜等地沿海的中国蛤蜊是否属于不同地理群体，其性腺发育的生物学零度和产卵的有效积温是否存在差异，还值得进一步研究。

1.3　生态环境因子对幼虫及稚贝生长发育的影响

1.3.1　培育密度和底质对幼虫及稚贝生长发育的影响

1.3.1.1　材料和方法

1. 材料

实验水温 22.8～25.4℃、盐度 24～25、pH 7.82～8.36，实验所用海水为二次沙滤海水，实验容器为 2 L 的红色塑料桶。幼虫培育密度实验 D 形幼虫平均壳长为（70.91±3.75）μm；底质实验稚贝平均壳长为（2.51±0.35）mm。

2. 方法

（1）幼虫培育密度实验。幼虫培育密度分别设置为 5 个/mL、10 个/mL、15 个/mL、25 个/mL 和 40 个/mL，每个培育密度设置 3 个重复。前 3 d 投喂金藻（*Isochrysis zhanjiangensis*），以后金藻和小球藻（*Chlorella vulgaris*）混合投喂（体积比=1：1），投饵量视幼虫摄食情况而定。

（2）底质实验。用淡水将沙和海泥冲洗干净，筛取粒径＜400 μm 的细沙和经对角线＜200 μm 筛绢过滤的海泥煮沸后作为实验用底质。处理后的海泥和沙按照 1：0、2：1、1：2、0：1 的体积比混合配成 4 种底质，与无泥沙底质实验组依次设成 A～E 5 个实验组。每组设置 3 个重复，实验时间持续 40 d。

3. 指标测定

生长速度为幼虫或稚贝壳长日增长量（μm/d）；存活率为实验结束时幼虫或稚贝数量与实验开始时幼虫或稚贝数量的比值（%）；变态率为出现次生壳的稚贝数量与眼点幼虫数量占实验结束时幼虫数量的比值（%）。

4. 数据处理

用 SPSS 13.0 统计软件对数据进行分析处理，不同实验组间数据的比较采用单因素方差分析方法，差异显著性设置为 $P < 0.05$；实验结果采用 Excel 作图。

1.3.1.2　结果

1. 培育密度对幼虫生长、存活及变态的影响

由图 1-7 可见，培育密度为 10 个/mL 时幼虫生长最快，与 5 个/mL 的实验组差异不显著（$P > 0.05$），但显著大于其他实验组（$P < 0.05$）。

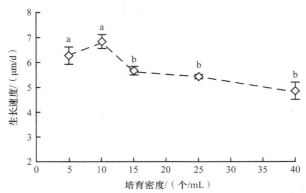

图 1-7　培育密度对中国蛤蜊幼虫生长速度的影响

图中不同小写字母表示差异显著（$P < 0.05$），下同

由图 1-8 可见，幼虫存活率随着培育密度的增大而减小，培育密度为 5 个/mL 时存活率最高，与 10 个/mL 的实验组差异不显著,但显著大于其他实验组($P < 0.05$)；变态率也是随着培育密度的增大而减小，培育密度为 5 个/mL 时变态率最高，与 10 个/mL 的实验组差异不显著，但显著大于其他实验组（$P < 0.05$）。

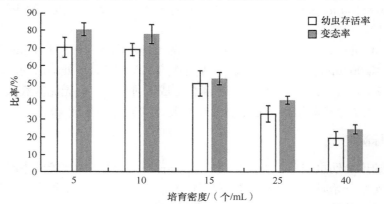

图 1-8　培育密度对中国蛤蜊幼虫存活率和变态率的影响

2. 底质对中国蛤蜊稚贝生长、存活的影响

就生长速度而言，A 组稚贝生长速度（69.33 μm/d）最快，与 D 组差异不显著（$P>0.05$），但显著大于其他组（$P<0.05$）。就存活率而言，D 组稚贝存活率最高（66.5%），显著大于其他组（$P<0.05$）；A 组稚贝存活率最低（39.5%）且显著低于其他组（$P<0.05$）。B、C 组稚贝的生长速度和存活率均无显著差异（$P>0.05$），说明泥沙底质的混合比例对中国蛤蜊稚贝生长和存活的影响不显著；D 组稚贝在生长速度和存活率指标方面均优于其他组，说明纯沙底质更适合中国蛤蜊稚贝的中间育成（图 1-9）。

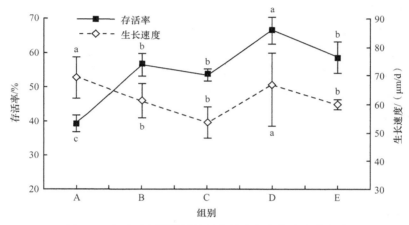

图 1-9 底质对中国蛤蜊稚贝生长速度和存活率的影响

1.3.1.3 讨论

1. 培育密度对中国蛤蜊幼虫生长发育的影响

培育密度是影响贝类幼虫培育效果的因素之一。培育密度过高会引起幼虫生长缓慢、存活率降低等问题；培育密度过低则降低水体利用率，不利于产量提高。本实验结果显示，幼虫的生长速度、存活率及变态率随着培育密度的增大而降低，此结果与闫喜武（2005）、李华琳等（2004）对菲律宾蛤仔和长牡蛎的研究结果一致。

本实验结果表明，当培育密度大于 10 个/mL 时，幼虫的生长速度、存活率及变态率随着培育密度的增大而大幅降低，但与 5 个/mL 实验组无显著差异。因此，在中国蛤蜊苗种生产的幼虫培育阶段，将培育密度设置（5～10）个/mL 较为合理。

2. 底质对中国蛤蜊稚贝生长发育的影响

大多埋栖型贝类对底质有明显的选择适应性（王如才等，1993）。自然海区的中国蛤蜊生活在潮间带中低潮区至 10 m 水深的浅海，栖息的底质以细沙为主（王子臣等，1984）。从本实验的结果看，纯沙底质有利于中国蛤蜊稚贝的存活和生长，中国蛤蜊在沙质底质中的存活率明显高于纯海泥和泥沙混合底质。张涛等（2003）研究表明，硬壳蛤稚贝在纯沙底质中的存活率和日生长率均高于纯海泥底质，沙的粒径大小对硬壳蛤稚贝存活率和日生长率没有明显影响。于业绍等（1997）认为，青蛤稚贝适宜底质为沙质和细沙质，纯泥质不适合青蛤稚贝的生长，这与本实验的结果相似。因此，在中国蛤蜊稚贝室内中间育成的过程中应选择纯沙底质。

1.3.2　盐度对幼虫及稚贝生长发育的影响

盐度是影响贝类生长存活的重要环境因子之一。有关盐度对贝类影响的研究国内外已有大量报道（沈伟良等，2009；尤仲杰等，2003；何义朝和张福绥，1990；张涛等，2003；章启忠等，2008；Li et al.，2007；Malagoli et al.，2007；班红琴等，2010），赵文等（2011）研究了体重和盐度对中国蛤蜊耗氧率与排氨率的影响，但关于盐度对中国蛤蜊其他方面影响的研究尚未见报道。本研究通过设置盐度梯度和盐度渐变两组实验，探讨了中国蛤蜊幼虫对盐度的耐受性，以期为中国蛤蜊苗种规模化培育提供依据。

1.3.2.1　材料与方法

1. 材料

实验在辽宁省庄河市海洋贝类养殖场贝类育苗池进行。亲贝于 2010 年 8 月初采自大连庄河海区，亲贝采集后运回室内，清洗干净，放在预先加入新鲜海水的 60 L 白色塑料桶中暂养待产。用海水晶、沙滤海水和淡水配制各盐度梯度的实验用水，借助 REF201 手持盐度折光仪对盐度进行校对。

2. 方法

暂养期间连续充气，定时检查是否产卵排精，不定期换水 5～7 次。亲贝暂养 3 h 后转移到盐度 24、水温 26℃的海水中，片刻后便开始产卵排精。洗卵后一部分用于测定孵化率，其他转入 60 L 白色塑料桶中（盐度为 24）孵化。

（1）孵化率实验。实验设置 8、12、16、20、24、28、32、36、40、44、48 共 11 个盐度梯度，实验在 2 L 的红色塑料桶中进行。具体方法为：将一部分受精卵用 500 目的筛绢网收集浓缩，用吸管吸取等量受精卵放于预先设置好盐度梯度的实验用水中孵化，测定孵化率，每个盐度梯度设置 3 个平行。

（2）盐度梯度实验。幼虫在 60 L 白色塑料桶中孵化为 D 形幼虫后，用 300 目筛绢网收集等量幼虫，直接转入各盐度梯度（同孵化率实验）的实验用水中，测定幼虫的存活率、变态率及生长发育情况。幼虫完全变态后，日更换相应盐度的现配实验用水 1～2 次，并不定时校正盐度；每天投饵 3 次（为防止盐度变化，每次投饵不能超过 100 mL，每天投饵量不超过 200 mL，如需增大投饵量则换水后投喂）。变态前投喂金藻，变态完全后投喂小球藻；不定期调整幼虫及稚贝密度使各组密度保持一致。

（3）盐度渐变实验。盐度从 24 开始按每 3 d 4 个盐度变化为一个梯度逐渐升至 48 和降至 4，每渐变到一个梯度暂养 72 h。具体方法为：准备两个 60 L 白色塑料桶并加入盐度为 24 的海水，将做完盐度梯度实验后剩下的幼虫收集并平均放置在两桶中，连续微量充气。用搅耙将 60 L 白色塑料桶中的幼虫混匀后，取 2 L 放于小红桶中培养。小红桶盐度保持不变（连续监测 72 h 幼虫的生长与存活，后常规管理并收集数据），60 L 白色塑料桶盐度升至 28。72 h 后，从 60 L 白色塑料桶中取 2 L 放于另外的小红桶中培养（管理同上），60 L 白色塑料桶盐度升至 32。72 h 后再取 2 L 放于其他小红桶中培养（管理同上），60 L 白色塑料桶盐度升至 36。按此方法依次将盐度升至 48。盐度逐渐降低的试验设置与逐渐升高的试验设置方法一致，起始盐度也为 24，逐渐降至 4。每组设置 3 个重复，恢复实验及方法同盐度梯度实验。

3. 指标测定

幼虫存活率为每次测得的存活数与上次测量存活数的百分比：$S=\dfrac{S_1}{S_0}\times100\%$；变态率为出现次生壳稚贝数与足面盘幼虫数量的百分比；稚贝存活率为存活稚贝占出现次生壳稚贝总数（包括死亡空壳）的百分比；计算各组的绝对生长速度：$G=\dfrac{L_1-L_0}{t_1-t_0}$；恢复到正常海水后，计算各处理组的相对生长速度：$G'=\dfrac{L_1-L_0}{L_0}$。上述公式中，$S_1$ 为本次测量的存活率，S_0 为上一次测量的存活率，L_0 为上一次测定的壳长，L_1 为本次测定的壳长，t_0 为上一次测定的日龄，t_1 为本次测定的日龄，G 为绝对生长速度，G' 为相对生长速度。

使用 SPSS 13.0 统计软件对数据进行统计分析，利用 Excel 作图。

1.3.2.2　结果与分析

1. 孵化率

本实验结果显示，受精卵只在盐度为 24、28、32 时正常孵化，孵化率分别为 95%、60%、90%；在盐度为 16 和 20 时，只有少量受精卵孵化为 D 形幼虫，孵化率均低于 5%，其他盐度孵化率为 0。说明中国蛤蜊受精卵孵化的适宜盐度为 24～32。

2. 幼虫生长、存活与变态

中国蛤蜊幼虫在不同盐度中的存活率及变态率见表 1-2。幼虫在盐度为 12～

40 时均能存活，但在盐度 16～32 存活率较高，超过这个范围存活率明显下降，可以认为 16～32 是中国蛤蜊幼虫存活的适宜盐度。在盐度 12～36 幼虫均能完成变态，但在盐度 16～36 变态率较高，超过这个范围变态率明显下降甚至不能完成变态，可以认为 16～36 是中国蛤蜊幼虫变态的适宜盐度。幼虫变态率在盐度 28 时最高，说明盐度 28 是中国蛤蜊幼虫变态的最适盐度。

表1-2　不同盐度下中国蛤蜊幼虫存活率（1～12日龄）及变态率（15日龄）

| 盐度 | 存活率 | | | | | | 变态率 |
	1 日龄	2 日龄	3 日龄	6 日龄	9 日龄	12 日龄	（15日龄）
8	100 ± 0.00^a	100 ± 0.00^a	96.67 ± 3.33^a	31.67 ± 11.67^c	2.33 ± 0.67^d	—	—
12	100 ± 0.00^a	100 ± 0.00^a	100 ± 0.00^a	83.33 ± 3.33^a	33.33 ± 6.01^{bc}	21.67 ± 4.41^c	2.00 ± 0.67^e
16	100 ± 0.00^a	100 ± 0.00^a	100 ± 0.00^a	63.33 ± 13.64^{ab}	31.67 ± 4.41^{bc}	93.33 ± 1.67^a	43.33 ± 3.33^c
20	100 ± 0.00^a	100 ± 0.00^a	100 ± 0.00^a	63.33 ± 8.82^{ab}	38.33 ± 1.67^b	51.67 ± 3.33^b	15.00 ± 2.88^d
24	100 ± 0.00^a	100 ± 0.00^a	100 ± 0.00^a	50.00 ± 0.00^{bc}	36.67 ± 3.33^b	38.33 ± 13.02^b	26.67 ± 6.67^d
28	100 ± 0.00^a	100 ± 0.00^a	100 ± 0.00^a	41.67 ± 8.82^{bc}	23.33 ± 1.67^c	51.67 ± 4.41^b	78.33 ± 4.41^a
32	100 ± 0.00^a	100 ± 0.00^a	100 ± 0.00^a	40.00 ± 5.77^c	83.33 ± 3.33^a	91.67 ± 1.67^a	58.33 ± 4.41^b
36	100 ± 0.00^a	100 ± 0.00^a	100 ± 0.00^a	4.33 ± 0.67^d	4.00 ± 0.58^d	5.00 ± 1.15^d	40.33 ± 1.45^c
40	100 ± 0.00^a	100 ± 0.00^a	100 ± 0.00^a	36.67 ± 3.33^c	5.00 ± 0.00^d	5.33 ± 0.33^d	—
44	100 ± 0.00^a	100 ± 0.00^a	55.00 ± 2.88^b	4.67 ± 2.03^d	2.00 ± 0.58^d	—	—
48	100 ± 0.00^a	100 ± 0.00^a	7.33 ± 1.45^c	2.33 ± 0.33^d	—	—	—

注：标有相同字母者表示差异不显著（$P>0.05$），标有不同字母者表示差异显著（$P<0.05$），下同

由表 1-3 可知，幼虫在盐度 12～40 均能正常生长，但在盐度 16～36 生长较快，低于或高于这个盐度范围生长速度明显下降，可以认为 16～36 是中国蛤蜊幼虫生长的适宜盐度。幼虫的生长速度在盐度 28 时最快，说明盐度 28 是中国蛤蜊幼虫生长的最适盐度。

幼虫完全变态后，恢复到正常海水盐度后各处理组稚贝的壳长及相对生长速度见表 1-4。结果表明，第 10 天和第 20 天，20 盐度组的相对生长速度最大，与其他处理组差异显著（$P<0.05$），说明盐度 20 是稚贝生长存活的最适盐度。

3. 盐度渐变对幼虫生长、存活及变态的影响

各渐变组渐变到相应盐度后中国蛤蜊幼虫 72 h 的存活率及 15 日龄变态率见图 1-10。由其可见，由 24 渐变到 8 和 32 后，各渐变组 72 h 的存活率均>90%；当渐变最终盐度高于 36 时，72 h 的存活率呈直线下降。而由盐度 8 渐变到盐度 4 时，幼虫 24 h 的存活率骤变为 0。说明盐度渐变时，8～36 是中国蛤蜊幼虫存活的适宜盐度。盐度渐变时，15 日龄幼虫的变态率在 20～28 盐度较高。

表1-3 不同盐度梯度下中国蛤蜊幼虫壳长及日生长

盐度	壳长/μm							日生长/μm
	1 d	2 d	3 d	6 d	9 d	12 d	15 d	
8	80.30±0.35^b	79.26±0.29^d	78.83±0.35^{fg}	80.96±0.42^e	—	—	—	—
12	81.30±0.52^a	84.83±0.94^b	92.33±1.03^c	93.00±1.65^d	153.33±5.41^d	185.33±4.20^d	190.67±2.49^d	7.29±0.16^d
16	79.60±0.34^{bc}	86.37±1.05^b	97.50±1.57^b	116.33±1.89^{ab}	197.67±3.28^{bc}	263.33±2.77^b	318.33±5.63^{bc}	15.92±0.38^b
20	80.03±0.29^b	81.33±0.68^c	88.17±0.81^d	109.33±1.67^c	164.00±2.90^d	225.67±4.79^c	293.33±5.62^c	14.22±0.38^c
24	79.00±0.44^c	93.67±1.12^a	103.33±1.52^a	116.67±2.25^{ab}	216.33±3.34^a	276.67±4.63^a	335.00±8.65^b	17.07±0.58^b
28	80.20±0.26^b	84.33±1.01^b	92.00±0.85^c	116.00±1.83^b	189.33±4.42^c	280.33±2.82^a	405.67±7.95^a	21.70±0.53^a
32	80.00±0.14^b	84.00±0.84^b	87.83±0.89^d	120.50±1.61^a	205.00±3.74^b	256.67±2.97^b	299.33±8.88^c	14.62±0.59^c
36	79.53±0.29^{bc}	79.50±0.65^{cd}	84.00±.069^e	105.33±1.28^c	159.00±1.47^d	222.00±4.35^c	296.00±8.48^c	14.43±0.56^c
40	79.76±0.20^{bc}	79.50±0.73^{cd}	80.23±0.30^f	92.17±1.28^e	105.67±3.80^e	167.67±3.61^e	—	5.86±0.24^e
44	79.83±0.19^{bc}	78.50±0.43^d	81.67±0.60^{ef}	79.67±0.23^e	—	—	—	—
48	79.93±0.10^{bc}	78.67±0.41^d	77.00±0.45^g	79.00±0.27^e	—	—	—	—

表1-4　　中国蛤蜊盐度梯度实验恢复后各处理组稚贝的壳长及相对生长速度

盐度	1 d	3 d	10 d	20 d
20	351.00 ± 13.56^d	$485.83\pm19.94^c/0.43\pm0.07^a$	$1064.17\pm64.14^a/1.33\pm0.18^a$	$2305.00\pm235.98^a/1.42\pm0.31^a$
24	461.33 ± 9.90^b	$545.83\pm14.29^b/0.20\pm0.04^c$	$877.50\pm31.97^b/0.65\pm0.08^b$	$1103.33\pm28.76^b/0.30\pm0.05^b$
28	555.00 ± 11.60^a	$557.50\pm14.53^{ab}/0.22\pm0.03^d$	$986.67\pm46.36^b/0.78\pm0.09^b$	$1336.67\pm78.16^b/0.42\pm0.10^b$
32	488.33 ± 12.77^b	$596.67\pm11.48^a/0.25\pm0.05^{bc}$	$695.83\pm16.00^c/0.18\pm0.03^c$	$905.36\pm49.94^b/0.34\pm0.09^b$
36	397.33 ± 8.89^c	$540.83\pm14.58^b/0.40\pm0.06^{ab}$	$909.17\pm39.60^b/0.72\pm0.09^b$	$1252.67\pm66.35^b/0.37\pm0.14^b$

注：斜杠前面的数据为壳长（μm），后面的数据为相对生长速度

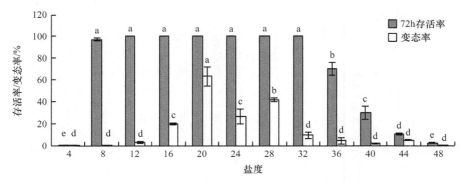

图1-10　　中国蛤蜊幼虫各渐变组72 h存活率及15日龄变态率

由表1-5可见，恢复正常盐度后第10天和第20天，均以盐度28处理组的稚贝壳长最长，与其他处理组差异显著（$P<0.05$）。恢复盐度后第20天，盐度20处理组的相对生长速度最快，与其他处理组差异显著（$P<0.05$）。

表1-5　　中国蛤蜊盐度渐变各处理组稚贝的壳长及相对生长速度

盐度	1 d	3 d	10 d	20 d
16	306.83 ± 3.97^d	$340.00\pm17.59^d/0.19\pm0.07^{cd}$	$635.00\pm61.03^{cd}/0.90\pm0.24^a$	$833.33.00\pm16.67^c/0.51\pm0.19^b$
20	340.67 ± 7.47^{bcd}	$357.50\pm5.38^d/0.06\pm0.03^d$	$500.00\pm20.57^d/0.29\pm0.04^b$	$1137.50\pm62.50^{bc}/1.28\pm0.13^a$
24	461.33 ± 9.90^a	$545.83\pm14.29^a/0.20\pm0.04^{cd}$	$877.50\pm31.97^b/0.65\pm0.08^{ab}$	$1103.33\pm28.76^{bc}/0.30\pm0.05^b$
28	372.00 ± 10.23^b	$580.83\pm14.36^a/0.59\pm0.05^a$	$1049.17\pm35.63^a/0.85\pm0.09^a$	$1605.83\pm116.78^a/0.58\pm0.13^b$
32	310.00 ± 13.21^d	$459.17\pm13.64^b/0.43\pm0.12^{ab}$	$734.17\pm26.36^{bc}/0.82\pm0.15^a$	$1032.50\pm51.81^{bc}/0.34\pm0.19^b$
44	337.67 ± 8.57^{cd}	$476.67\pm9.73^b/0.44\pm0.04^{ab}$	$820.00\pm30.29^b/0.75\pm0.08^{ab}$	$1346.67\pm77.10^b/0.70\pm0.11^b$
48	313.67 ± 6.48^d	$416.67\pm12.48^c/0.35\pm0.05^{bc}$	$734.17\pm16.89^{bc}/0.80\pm0.06^a$	$945.83\pm23.18^{bc}/0.31\pm0.05^b$

注：斜杠前面的数据为壳长（μm），后面的数据为相对生长速度

1.3.2.3　讨论

1. 最适盐度及极限盐度的确定

贝类的生长发育受各种生态因子（温度、盐度、饵料等）的综合影响。盐度

梯度实验和盐度渐变实验结果显示，盐度 16～36 各处理组的幼虫存活率、生长速度、幼虫变态率及恢复到正常海水后各组的相对生长速度等均较高，说明 16～36 是中国蛤蜊幼虫生长发育的适宜盐度。盐度渐变实验中，盐度由 24 渐变到 8 和 32 后，各渐变组 72 h 的存活率均 >90%，当盐度渐变到高于 36 时，幼虫的存活率呈直线下降，盐度 48 处理组的 72 h 存活率仅为 2.33%，由盐度 8 渐变到 4，24 h 内幼虫的存活率由 97.33% 骤降为 0。说明盐度 8 和 36 是中国蛤蜊幼虫存活的拐点，可以初步确定 4、48 是其极限盐度。但本研究中，中国蛤蜊受精卵孵化的适宜盐度范围为 24～32，比幼虫的适宜盐度范围狭窄，这与其他一些学者的研究是一致的。沈伟良等（2009）在对毛蚶的研究中发现，幼虫对温度和盐度的适应范围显著宽于受精卵孵化时的条件；尤仲杰等（2003）研究墨西哥湾扇贝（*Argopecten irradians concentricus*）时发现，浮游幼虫生存和生长的盐度适应范围要比稚贝的适应范围狭窄；何义朝和张福绥（1990）等在对海湾扇贝的研究中发现，不同发育阶段海湾扇贝对盐度的耐受范围不同。

2. 耐高盐临界值的确定

贝类是一种调渗生物，能根据周围海水盐度变化调节其渗透压，以利于其摄食和生长（张涛等，2003）。盐度渐变实验中，16、44、48 盐度组均有较多的稚贝存活下来，而盐度梯度实验中仅 20～32 盐度组有大量稚贝存活下来，说明通过盐度驯化可以改变中国蛤蜊早期幼虫对盐度的耐受性，扩大其耐受范围。章启忠等（2008）对华贵栉孔扇贝（*Chlamys nobilis*）稚贝的盐度适应性研究发现，盐度变化一旦超出了其渗透压调节能力，则会导致华贵栉孔扇贝大量死亡。尤仲杰等（2003）研究发现，墨西哥湾扇贝幼虫和稚贝在不适的盐度下，心跳减慢，代谢缓慢或停止，易死亡。Li 等（2007）在对南美白对虾（*Litopenaeus vannamei*）的研究中发现，新陈代谢的能量是一定的，用于维持渗透压的能量多了则用于维持免疫系统及机体生长的能量就减少了。Malagoli 等（2007）对紫贻贝的研究发现，不同应激因子（高温、高盐等）均可以影响其免疫调节系统。班红琴等（2010）在对虹鳟（*Oncorhynchus mykiss*）的研究中发现，淡水中其渗透压最低，进入盐度为 8 和 16 的水体后其渗透压显著升高，进入盐度为 32 的水体时其渗透压先升高后下降。因此推测，高盐环境中，生物体内的渗透压开始升高，当达到一定阈值后，即超过了自身的调节能力，则会出现死亡。而对于渗透压的具体阈值还有待于进一步研究。

3. 驯化潜能及应用前景

利用短期盐度胁迫测试来评价海洋生物抗逆性和耐受性的研究在鱼类、贝类及虾蟹类均有报道（施钢等，2011；张英杰等，1999；王冲等，2010；Alvarez et al.，2004；Palacios and Racotta，2007；Rupp and Parsons，2004）。施刚等（2011）对褐点石斑鱼（*Epinephelus fuscoguttatus*）的研究表明，盐度渐变后鱼苗的盐度耐受范围较盐度骤变的广；张英杰等（1999）研究了盐度突变对中国对虾（*Fenneropenaeus chinensis*）仔虾的影响，发现部分仔虾可在盐度为零的淡水中存活数天；王冲等（2010）研究三疣梭子蟹（*Portunus trituberculatus*）发现，幼蟹适应盐度渐变的能力强于盐度骤变；Li 等（2007）通过不同盐度梯度实验，发现南美白对虾可以耐受较广的盐度范围；Alvarez 等（2004）在对虾盐度胁迫测试研究中发现，存活率高的个体在后期的池塘养殖中也具有较高的存活率；Palacios 和 Racotta（2007）在对虾后期幼体的盐度胁迫研究中发现，盐度胁迫可以提高其对盐度的耐受范围；Rupp 和 Parsons（2004）对扇贝的研究表明，通过温度和盐度胁迫驯化可能突破其耐受极限。本研究中，盐度渐变组盐度为 8~48 时均有个体存活下来，可以推测，经过系统的高/低盐驯化和定向选育可以得到抗高/低盐品种（系）。

1.3.3 干露和淡水浸泡对幼贝存活的影响

滩涂贝类苗种在运输及生长过程中，常常会处于干露状态，也会遭遇盐度突变、淡水浸泡等情况，另外，采用干露和淡水浸泡等物理方法可以有效地清除生产过程中的敌害生物与病原菌。因此，研究滩涂贝类幼贝对干露和淡水浸泡的耐受性，具有重要的现实意义。关于贝类对干露和淡水浸泡耐受性的研究已见于菲律宾蛤仔（杨凤等，2012）、海湾扇贝（于瑞海等，2007）、长牡蛎（于瑞海等，2006）、橄榄蚶（*Estellarca olivacea*）（周化斌等，2010）、毛蚶（曹琛等，2007）、长竹蛏（*Solen strictus*）（孙虎山，1992）和硬壳蛤（李忠泓和王国栋，2004）等，而中国蛤蜊这方面的研究目前尚未见报道。本实验旨在通过研究干露和淡水浸泡对中国蛤蜊幼贝存活的影响，确定其耐受范围，为中国蛤蜊的苗种培育和敌害防治等提供理论依据。

1.3.3.1 材料与方法

1. 实验材料

实验用中国蛤蜊为 2011 年 8 月人工繁育的 60 日龄幼贝，平均壳长（4.19±0.83）mm。

2. 实验设计与处理

（1）干露实验：设置 0 h、12 h、15 h、18 h、21 h、24 h、27 h、30 h 共 8个时间间隔。随机选取 100 枚中国蛤蜊幼贝放在纱布上吸除表面多余水分，依次放入 8 个 2 L 红色塑料桶中，按设置好的时间梯度进行干露实验，记录不同干露时间幼贝的死亡数；干露实验完成后将幼贝直接放在常温沙滤海水中培养 72 h，分别记录幼贝 24 h、48 h 和 72 h 的累计死亡数。实验在 25℃条件下进行，每次随机测量 10~15 枚幼贝，每组重复取样 3 次。幼贝双壳不能正常闭合或幼贝管足和内脏团无活动迹象、受到针刺等刺激无应激性反应则认为幼贝死亡。以不同干露时间下幼贝的死亡率[式（1-4）]和幼贝恢复到正常海水后 72 h 的存活率[式（1-5）]作为中国蛤蜊干露耐受性的评价指标。

$$幼贝死亡率=\frac{死亡幼贝个数}{抽样幼贝数}\times 100\% \qquad (1-4)$$

$$幼贝存活率=\frac{存活幼贝个数}{抽样幼贝数}\times 100\% \qquad (1-5)$$

（2）淡水浸泡实验：将 5000～6000 枚中国蛤蜊幼贝置于装有淡水（提前曝气，水温 23℃）的 10 L 塑料桶中，按照设置的时间梯度进行淡水浸泡实验。每次测量随机选取 10～15 枚幼贝，每个时间梯度重复取样 3 次，计算直接死亡率[式（1-6）]，然后将存活的幼贝放在常温沙滤海水中培养 72 h，按照式（1-4）计算 72 h 幼贝死亡率。其中淡水浸泡时间梯度设置为 0 min、240 min、320 min、400 min、480 min、560 min、640 min、720 min。幼贝死亡判定标准同干露实验。

$$幼贝直接死亡率=\frac{幼贝直接死亡个数}{抽样幼贝数}\times 100\% \qquad (1-6)$$

3. 数据处理

采用 SPSS 13.0 统计软件中单因素方差分析方法对数据进行分析处理，差异显著性设置为 $P<0.05$，Excel 作图。

1.3.3.2　结果与分析

1. 干露实验

中国蛤蜊幼贝经干露处理后，在正常海水中培养 24 h 的存活率如图 1-11 所示。可见，中国蛤蜊幼贝的存活率随干露时间的延长而下降；幼贝干露 12 h 的存活率

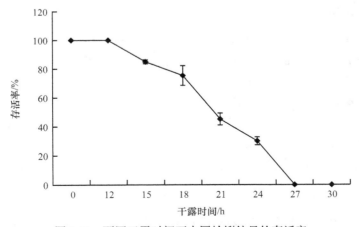

图 1-11　不同干露时间下中国蛤蜊幼贝的存活率

为 100%，干露 15 h 便开始出现死亡，干露 27 h 存活率为 0。干露处理后在正常海水中培养 48 h 和 72 h 的存活率与培养 24 h 无差异。单因素方差分析表明，干露时间对中国蛤蜊幼贝存活率的影响达到极显著水平（$F=563.932>F_{0.01}=4.03$，$P<0.01$）。

2. 淡水浸泡实验

中国蛤蜊幼贝经淡水浸泡处理后，未见直接死亡个体，放入海水中培养 24 h 的存活率如图 1-12 所示。结果表明，随着淡水浸泡时间的延长，幼贝的存活率降低；浸泡 400 min 组幼贝的存活率骤然下降，说明中国蛤蜊幼贝对淡水浸泡耐受性临界拐点出现在 320～400 min；浸泡 640 min 组幼贝的存活率为 0，可见中国蛤蜊对淡水浸泡的耐受时间为 240～640 min。单因素方差分析表明，淡水浸泡时间对中国蛤蜊幼贝存活率的影响达到极显著水平（$F=390.394>F_{0.01}=4.03$，$P<0.01$）。

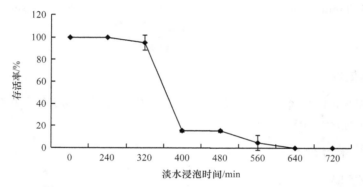

图 1-12　　不同淡水浸泡时间下中国蛤蜊幼贝的存活率

1.3.3.3　讨论

1. 对干露的耐受能力

本研究发现中国蛤蜊幼贝对干露有一定的耐受性，室温 25℃湿润条件下，平均壳长（4.19±0.83）mm 的中国蛤蜊干露 12 h 的存活率为 100%，这为苗种运输、敌害生物的消除提供了重要参考。刘相全等（2007）研究发现，温度相同情况下，中国蛤蜊经淡水（特别是低温井水）短时间（3～5 min）刺激后，贝壳紧闭，可明显延长耐干露时间。因此，在生产实际中，除严格控制干露时间外，保持低温和高湿可以有效地延长贝类耐干露时间、提高其成活率，幼贝播种放养时，可以选择阴天或空气湿度大的早晨进行。

2. 对淡水浸泡的耐受能力

本研究中中国蛤蜊经淡水浸泡 12 h 无直接死亡，而四角蛤蜊（见 2.3.8）浸泡

12 h 直接死亡率达到 34.92%。造成这种情况的原因主要有两点：一是形态学差异，中国蛤蜊两壳闭合十分紧密，外界水分不易进入，而四角蛤蜊两壳闭合后，在水管位置仍有部分空隙，导致水分进入体内；二是幼贝规格差异，本研究中，四角蛤蜊幼贝平均壳长（2.62±0.19）mm，较中国蛤蜊平均壳长（4.19±0.83）mm 小，渗透压调节能力相对较弱，即贝类对淡水浸泡的耐受能力随幼贝规格的增大而增加。这一点在硬壳蛤（李忠泓和王国栋，2004）及菲律宾蛤仔（杨凤等，2012）淡水浸泡研究中也得到证实。因此，利用贝类对淡水浸泡的耐受性，在苗种生产过程中，不定期用淡水浸泡处理一定时间，可以达到清除敌害和病原菌的目的。

1.4　室内人工苗种繁育技术

1.4.1　催产孵化及幼虫、稚贝培育

1.4.1.1　亲贝来源

采自大连庄河尖山自然海区。在繁殖季节定期观察亲贝的性腺发育情况，选择性腺发育良好、贝壳完好的个体提前转移到室内暂养。

1.4.1.2　催产孵化

对性腺发育良好的亲贝进行阴干、流水刺激后，放入新鲜海水中，2～3 h 后，亲贝开始产卵排精。受精卵密度控制在 30～50 个/mL；在温度 23～24℃、盐度 24～26、pH 8.02 的条件下，受精卵大约经过 23.5 h 全部孵化至 D 形幼虫。

1.4.1.3　幼虫培育

用 320 目筛绢网选育 D 形幼虫。幼虫培养密度 5～6 个/mL。微充气。每天换 1 次水，换水量每天 30%～50%。饵料日投喂 2 次，前期为湛江等鞭金藻，后期为湛江等鞭金藻、小球藻按照 1∶1 体积比混合投喂，投饵量视幼虫摄食情况而定，日投饵量为 $2×10^4$～$8×10^4$ cells/mL。幼虫变态期间，饵料投喂量为以往日投饵量的 1/3，采用无附着基采苗技术，使幼虫在池底完成变态，在此期间，温度 22.6～23.4℃，盐度 24～27，pH 7.96～8.42。

1.4.1.4　稚贝中间培育

幼虫变态后，日常管理同幼虫培育，但由于稚贝个体增大，摄食量增加，日投饵量增加到 $8×10^4$～$15×10^4$ cells/mL。经过 25～30 d 的培养，稚贝壳长达到 2～3 mm，此时将幼贝在室内进一步中间育成，在此期间，温度 22.4～31.8℃，盐度 23～27，pH 7.84～8.56。

1.4.1.5　测定指标

每次随机测量 30 个个体，卵、幼虫和壳长≤300 μm 的幼贝在显微镜下用目微尺（100×）测量，300 μm<壳长≤3 mm 幼贝用体视镜测量，壳长>3 mm 时用游标卡尺（精确度 0.02 mm）测量。幼虫存活率为每次测量的存活个体数与 D 形幼虫数的比值；变态率为变态幼贝（出次生壳）数与后期面盘幼虫数的比值；幼贝存活率为每次测量的幼贝存活个体数与刚变态幼贝数的比值。

1.4.1.6　数据处理

用 SPSS 13.0 统计软件对数据进行分析处理，Excel 作图。

1.4.2　亲贝形态、性比、产卵量

由表 1-6 可知，壳长为（50.70±2.80）mm 中国蛤蜊的雌雄比为 1.02∶1.00，产卵量 74.1 万粒/个。

表1-6　中国蛤蜊亲贝形态、性比及产卵量（$x\pm s$）

指标	亲贝	指标	亲贝
壳长/mm	50.70±2.80	鲜重/g	27.16±3.79
壳宽/mm	—	雌雄比	1.02∶1.00
壳高/mm	39.40±2.25	产卵量/（万粒/个）	74.1

1.4.3　胚胎发育

1.4.3.1　胚胎发育观察

中国蛤蜊的卵为沉性，刚产出呈椭圆形或梨状，海水中浸泡 5~6 min 后变为圆形，卵径为（54.4±1.64）μm。受精卵在温度 23~24℃、盐度 24~26、pH8.02 的条件下，大约经过 23.5 h 全部孵化至 D 形幼虫。胚胎发育过程见表 1-7。

表1-7　中国蛤蜊胚胎发育

发育阶段	发育时间	发育阶段	发育时间
受精卵	0	16 细胞	2 h 30 min
第一极体	10 min	32 细胞	3 h 10 min
第二极体	35 min	桑葚期	3 h 40 min
2 细胞	1 h	囊胚期	4 h 20 min
4 细胞	1 h 40 min	担轮幼虫	9 h 25 min
8 细胞	2 h 10 min	D 形幼虫	23 h 30 min

1.4.3.2 卵径、受精率、孵化率、D 形幼虫大小

如表 1-8 所示：中国蛤蜊卵径、D 形幼虫较小；受精率、孵化率较高，近乎 100%。

表1-8 中国蛤蜊卵径、D形幼虫大小、受精率、孵化率

类别	大小/μm	类别	百分率/%
卵径	54.4±1.64	受精率	99.84
D 形幼虫大小	70.91±3.75	孵化率	96.43

1.4.4 幼虫、稚贝及幼贝生长、存活

1.4.4.1 幼虫生长、存活及变态

如图 1-13、图 1-14、表 1-9 所示，在幼虫期（0~10 日龄），壳长与日龄呈现线性关系。幼虫的生长速度为（11.16±0.45）μm/d，存活率较高，为（92.80±2.34）%。变态期间，幼虫保持着较快的生长速度（10.91± 0.54）μm/d，变态规格为（240.42±6.56）μm，变态率为（73.16±8.32）%。幼虫从附着到完成变态，对于个体而言大约要经过 4 d；对于群体而言，持续变态时间长达 5~6 d。

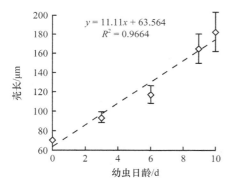

图 1-13 中国蛤蜊幼虫的生长

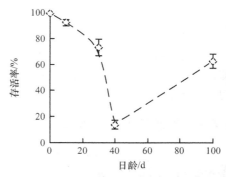

图 1-14 中国蛤蜊不同生长阶段个体的存活率

表1-9 中国蛤蜊各阶段的生长速度、规格及变态率

类别	生长速度/（μm/d）	类别	规格及变态率
幼虫期（0~10 d）	11.16±0.45	附着规格/μm	216.5±12.48
变态期（10~15 d）	10.91±0.54	变态规格/μm	240.42±6.56
单水管稚贝期（15~30 d）	73.98±9.05	单水管幼贝规格/μm	248.22±14.14
双水管稚贝期（30~40 d）	87.95±8.34	双水管幼贝规格/μm	1175±72.31
幼贝期（40~100 d）	111.24±13.08	变态率/%	73.16±8.32

1.4.4.2　稚贝生长与存活

如图 1-14、图 1-15、表 1-9 所示，稚贝培育期间（15～40 d），壳长与日龄呈线性关系。双水管稚贝的生长速度明显快于单水管稚贝，但存活率明显下降。单水管稚贝生长速度为（73.98±9.05）μm/d，存活率为（73.6±6.58）%。双水管稚贝生长速度为（87.95±8.34）μm/d，由于水温过高（超过 31℃），存活率迅速下降到（13.78±3.65）%。

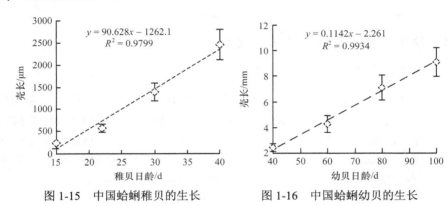

图 1-15　中国蛤蜊稚贝的生长　　　　图 1-16　中国蛤蜊幼贝的生长

1.4.4.3　幼贝的生长与存活

如图 1-14、图 1-16、表 1-9 所示，将壳长在 2～3 mm、壳色完全表现出来的双水管稚贝定义为幼贝。幼贝育成期间（40～100 d），壳长与日龄呈线性关系。幼贝期幼贝的生长速度为（111.24±13.08）μm/d，100 天的存活率为（62.75±5.35）%。

1.4.5　繁殖期及苗种繁育问题探讨

中国蛤蜊雌雄异体，极少数个体会出现雌雄同体现象（刘相全等，2007）。其繁殖季节随着地理区域不同而存在差异，主要受水温影响（蔡亚英等，1994）。鸭绿江口群体的繁殖季节在 5 月中旬至 6 月中旬（王子臣等，1984）；山东海阳丁字湾海区群体的繁殖期为 6～8 月，7 月下旬至 8 月上旬为产卵盛期；韩国群体在每年的 5～9 月为繁殖期，繁殖盛期为 6～7 月（Chung et al., 1987）；本研究庄河尖山群体繁殖季节在 7 月中旬至 9 月上旬，在繁殖盛期，雌性个体生殖腺呈鲜红色，雄性生殖腺呈乳白色或浅黄色，雌雄比例接近 1∶1。

贝类的产卵量与亲贝的年龄、个体大小、营养状况及相关的环境因子息息相关（蔡亚英等，1994）。中国蛤蜊鸭绿江口群体平均壳长为 4.5 cm 的雌性个体平均产卵量为 196 万粒/个（王子臣等，1984），本研究庄河尖山群体壳长约为 5.0 cm 的平均产卵量仅为 74.1 万粒/个。造成这种差异的主要是两方面原因：一方面，与地理区域环境因子不同、亲贝年龄差异及亲贝营养状况不同有关；另一方面，与排卵的批次有关，由于中国蛤蜊有多次排卵的习性，很有可能王子臣等（1984）计算的中国蛤蜊产卵量为初次产卵量，而尖山群体的产卵量为非初次产卵量。

在中国蛤蜊幼虫培育期间，当幼虫发育至壳顶期时，面盘前移，足明显拉长，可随面盘一起伸缩，游泳能力强，一般震动不下沉。当幼虫进入壳顶后期时，幼虫足基部出现一对平衡囊和弯曲的 3～4 对鳃丝，此期，幼虫转入中下层水体中生活（菊地省吾，1974）。此后，随着幼虫发育，即将变态的足面盘幼虫具有一个显著的特征，即面盘、足、鳃、水管同时存在，不同于菲律宾蛤仔（闫喜武，2005）、四角蛤蜊、薄片镜蛤（闫喜武等，2008）。大多数的滩涂贝类在变态期间生长缓慢，而中国蛤蜊幼虫浮游期的生长速度与变态期间的生长速度近乎相等，与其他滩涂贝类有所不同。

中国蛤蜊对高温的耐受能力较差，水温超过 30℃，便会在很大程度上影响幼虫和稚贝的生长与存活。刘相全等（2007）认为，当水温超过 30℃时，幼虫会发生大量死亡。本实验在幼虫培育阶段没有出现高温，但在稚贝培育阶段，室内培育池内的水温最高达到 31.8℃，导致稚贝大量死亡，可以认为，中国蛤蜊对高温的耐受性较差，故在中国蛤蜊人工育苗过程中，应采取降温等措施，避免高温对幼虫和稚贝造成伤害。

本实验在国际上首次通过人工育苗成功培育出平均壳长（9.12±1.13）mm 的中国蛤蜊幼贝 64 030 粒，实现了中国蛤蜊苗种的规模化培育。

参 考 文 献

班红琴, 吴垠, 李阳, 等. 2010. 盐度驯化过程中虹鳟血清渗透压、激素水平及离子组成的变化[J]. 大连海洋大学学报, 25(6): 551-555.

蔡英亚, 张英, 魏若飞. 1994. 贝类学概论[M]. 上海: 上海科学技术出版社.

曹琛, 匡少华, 姜超, 等. 2007. 干露及盐度变化对毛蚶苗的影响试验[J]. 河北渔业, 161(5): 38, 51.

陈敏. 1991. 海湾扇贝南移后繁殖期的变动[J]. 台湾海峡, 13(2): 118-123.

邓陈茂, 尹国荣, 符韶, 等. 2005. 珠母贝亲贝人工促熟培育与催产的研究[J]. 湛江海洋大学学报, 1: 14-16.

高悦勉, 田斌, 于志刚, 等. 2007. 塔河湾虾夷扇贝性腺发育与繁殖规律[J]. 大连水产学院学报, 22(5): 335-339.

何义朝, 张福绥. 1983. 贝类学论文集(第一辑)[M]. 北京: 科学出版社: 133-144.

何义朝, 张福绥. 1990. 盐度对海湾扇贝不同发育阶段的影响[J]. 海洋与湖沼, 21(3): 197-204.

李成林, 胡炜, 徐凯, 等. 2004. 海湾扇贝亲贝高密度暂养育肥性腺促熟关键技术[J]. 齐鲁渔业, 5: 29-30.

李何, 王慧, 于业绍, 等. 1990. 青蛤繁殖期性腺发育的初步观察[J]. 水产养殖, (4): 10-11.

李华琳, 李文姬, 张明. 2004. 培育密度对长牡蛎面盘幼虫生长影响的对比试验[J]. 水产科学, 23(6): 20-21.

李忠泓, 王国栋. 2004. 硬壳蛤稚贝对淡水浸泡、干露和低温的耐受能力[J]. 水产科学, 23(6): 14-16.

梁峻, 闫喜武, 李霞, 等. 2007. 菲律宾蛤仔性腺发育生物学零度的研究[J]. 海洋科学, 31(9): 67-72.

廖承义, 徐应馥, 王远隆. 1983. 栉孔扇贝的生殖周期[J]. 水产学报, 7(1): 1-13.

林志华, 单乐州, 柴雪良, 等. 2004. 文蛤的性腺发育和生殖周期[J]. 水产学报, 28(5): 511-514.

刘德经, 黄德尧, 王家溁, 等. 2003. 西施舌胚胎发育生物学零点温度和有效积温的初步研究[J]. 特产研究, 25(4): 22-24.

刘德经, 谢开恩. 2003. 西施舌的繁殖生物学[J]. 动物学杂志, 38(4): 10-15.

刘相全, 方建光, 包振民, 等. 2007. 中国蛤蜊繁殖生物学的初步研究[J]. 中国海洋大学学报, 37(1): 89-92.

聂宗庆. 1989. 鲍的养殖与增殖[M]. 北京: 农业出版社: 73.

任金根, 林良伟. 2004. 青蛤亲贝控温促熟的初步研究[J]. 中国水产, 12: 58-60.

芮菊生, 杜懋琴, 陈海明, 等. 1984. 组织切片技术[M]. 北京: 高等教育出版社.

沈伟良, 尤仲杰, 施祥元. 2009. 温度与盐度对毛蚶受精卵孵化及幼虫生长的影响[J]. 海洋科学, 33(10): 5-8.

施钢, 张健东, 潘传豪, 等. 2011. 盐度渐变和骤变对褐点石斑鱼存活和摄饵的影响[J]. 广东海洋大学学报, 31(1): 45-51.

孙虎山. 1992. 长竹蛏苗的潜沙及耐干露能力研究[J]. 烟台师范学院学报(自然科学版), 8(1-2): 67-73.

王冲, 姜令绪, 王仁杰, 等. 2010. 盐度骤变和渐变对三疣梭子蟹幼蟹发育和摄食的影响[J]. 水产科学, 29(9): 510-514.

王如才, 王昭萍, 张建中. 1993. 海水贝类养殖学[M]. 青岛: 青岛海洋大学出版社.

王子臣, 刘吉明, 沈永忱, 等. 1984. 鸭绿江口中国蛤蜊生物学初步研究[J]. 水产学报, 8(1): 33-44.

王子臣, 张国范, 高悦勉, 等. 1987. 温度和饵料对魁蚶性腺发育的影响[J]. 大连水产学院学报, 8(2): 5-14.

吴洪流, 王红勇. 2002. 波纹巴非蛤性腺发育分期的研究[J]. 海南大学学报(自然科学版), 20(1): 41-47.

闫喜武. 2005. 菲律宾蛤仔养殖生物学、养殖技术与品种选育[D]. 青岛: 中国科学院海洋研究所博士学位论文.

闫喜武, 张跃环, 左江鹏, 等. 2008. 北方沿海四角蛤蜊人工育苗技术的初步研究[J]. 大连水产学院学报, 23(5): 348-352.

闫喜武, 左江鹏, 张跃环, 等. 2008. 薄片镜蛤人工育苗技术的初步研究[J]. 大连水产学院学报, 23(4): 268-272.

杨凤, 谭文明, 闫喜武, 等. 2012. 干露及淡水浸泡对菲律宾蛤仔稚贝生长和存活的影响[J]. 水产科学, 31(3): 143-146.

尤仲杰, 陆彤霞, 马斌, 等. 2003. 几种环境因子对墨西哥湾扇贝幼虫和稚贝生长与存活的影响[J]. 热带海洋学报, 22(3): 22-29.

于瑞海, 王昭萍, 孔令锋, 等. 2006. 不同发育期的太平洋牡蛎在不同干露状态下的成活率研究[J]. 中国海洋大学学报, 36(4): 617-620.

于瑞海, 辛荣, 赵强, 等. 2007. 海湾扇贝不同发育阶段耐干露的研究[J]. 海洋科学, 31(6): 6-9.

于业绍, 周琳, 黄则平, 等. 1997. 海水比重、温度和底质对青蛤稚贝生长、存活的影响[J]. 海洋渔业, (1): 13-16.

曾志南, 李复雪. 1991. 青蛤的繁殖周期[J]. 热带海洋学报, (1): 86-92.

张福绥, 何义朝, 刘祥生, 等. 1980. 胶州湾贻贝的繁殖期[J]. 海洋与湖沼, 11(4): 342-350.

张涛, 杨红生, 刘保忠, 等. 2003. 环境因子对硬壳蛤 Mercenaria mercenaria 稚贝成活率和生长率的影响[J]. 海洋与湖沼, 34(2): 142-150.

张玺, 齐钟彦. 1961. 贝类学纲要[M]. 北京: 科学出版社: 270.

张英杰, 张志峰, 马爱军, 等. 1999. 低盐度突变对中国对虾仔虾存活率的影响[J]. 海洋与湖沼, 30(2): 134-138.

章启忠, 刘志刚, 王辉. 2008. 华贵栉孔扇贝稚贝盐度适应性的研究[J]. 广东海洋大学学报, (1): 40-43.

赵文, 王雅倩, 魏杰, 等. 2011. 体重和盐度对中国蛤蜊耗氧率和排氨率的影响[J]. 生态学报, 31(7): 2040-2045.

赵志江, 李复雪, 柯才换. 1991. 波纹巴非蛤的性腺发育和生殖周期[J]. 水产学报, 15(1): 56-62.

郑家声, 王梅林, 王志勇. 1995. 泥蚶的性腺发育和生殖周期[J]. 青岛海洋大学学报, 25(1): 30-36.

郑永允, 张晓燕, 栾红兵, 等. 1994. 魁蚶亲贝控温促熟试验[J]. 齐鲁渔业, 5: 7-9.

周化斌, 张永普, 肖国强, 等. 2010. 几种环境因子对橄榄蚶成贝存活的影响[J]. 温州大学学报(自然科学版), 31(2): 30-35.

周玮. 1991. 海湾扇贝性腺发育的生物学零度[J]. 水产学报, 15(1): 82-84.

周玮, 孙景伟, 李文姬, 等. 1999. 海湾扇贝产卵的有效积温[J]. 水产学报, 30(5): 564-567.

周卫川, 吴宇芬, 蔡金发, 等. 2001. 褐云玛瑙螺发育零点和有效积温的研究[J]. 福建农业学报, 16(3): 25-27.

菊地省吾, 浮永久. 1974. アワビ属の采卵技术に关する研究[J]. 东北区水产研究所研究报告, 33: 69-78.

Álvarez A L, Racotta S I, Arjona O, et al. 2004. Salinity stress test as a predictor of survival during growout in Pacific white shrimp (*Litopenaeus vannamei*)[J]. Aquaculture, 237: 237-249.

Chung E Y, Kim Y G, Lee T Y. 1987. A study on sexual maturation of hen clam *Mactra chinensis* Philipi[J]. Bulletin of the Korean Fisheries Society, 20(6): 501-508.

Davis V L L C. 1952. Temperature requirements for maturation of gonads of northern oysters[J]. Biological Bulletin, 103(1): 80-96.

Kasai A, Horie H, Sakamoto W. 2004. Selection of food sources by *Ruditapes philippinarum* and *Mactra veneriformis* (Bivalva: Mollusca) determined from stable isotope analysis[J]. Fisheries Science, 70(1): 11-20.

Kraeuter J N, Castagna M. 2004. Biology of the Hard Clam[M]. Amsterdam: Elsevier Science B V: 221-255.

Li E, Chen L Q, Zeng C, et al. 2007. Growth, body composition, respiration and ambient ammonia nitrogen tolerance of the juvenile white shrimp, *Litopenaeus vannamei*, at different salinities[J]. Aquaculture, 265: 385-390.

Loosanoff V L. 1939. Spawning of ostrea virginica at low temperatures[J]. Science, 89(2304): 177-178.

Loosanoff V L, Davis H C. 1952. Temperature requirements for maturetion of gonads of Northern oyster[J]. Biology Bulletin, 103: 80-96.

Malagoli D, Casarini L, Sacchi S, et al. 2007. Stress and immune response in the mussel *Mytilus galloprovincialis*[J]. Fish and Shellfish Immunology, 23: 171-177.

Palacios E, Racotta I S. 2007. Salinity stress test and its relation to future performance and different physiological responses in shrimp postlarvae[J]. Aquaculture, 268: 123-135.

Romberger H P, Epifanio C E. 1981. Comparative effects of diets consisting of one or two algal species upon assimilation efficiencies and growth of juvenile oyster *Crassostrea virginica* (Gmelin)[J]. Aquaculture, 25: 77-87.

Rupp G, Parsons G. 2004. Effects of salinity and temperature on the survival and byssal attachment of the lion's paw scallop *Nodipecten nodosus* at its southern distirbution limit[J]. Journal of Experimental Marine Biology and Ecology, 309: 173-198.

Sastry A N. 1963. Reprodution of the bay scallop *Aequipecten irradians*, influence of temperature on matuation and spawning[J]. Biology Bulletin. 135: 140-153.

Sastry A N. 1966. Temperature effects in the reproduction of the bay scallop *Aequipecten irradians*[J]. Biology Bulletin, 130: 118-143.

Yan X W, Zhang G F, Yang F. 2006. Effects of diet, stocking density, and environmental factors on growth, survival, and metamorphosis of Manila clam *Ruditapes philippinarum* larvae[J]. Aquaculture, 253: 350-353.

第二章　四角蛤蜊繁殖生物学

四角蛤蜊（*Mactra veneriformis*）属于软体动物门 Mollusca 瓣鳃纲 Lamellibranchia（又称双壳纲 Bivalvia）真瓣鳃目 Eulamellibranchia 蛤蜊科 Mactridae 蛤蜊属 *Mactra*，广泛分布于中国广东、江苏、天津、山东和辽宁等沿海地区。四角蛤蜊贝壳略呈四角形，两壳对称，两侧极膨胀；3 龄以上个体壳长与壳高几乎相等，壳宽约为壳高的 4/5；贝壳外面多为白色，内面为亮白色（赵匠，1992）。内部由左右外膜附着壳内面包围整个肉体形成外套腔，外套膜在后端腹侧愈合，形成出水管和入水管，背面为出水管，水管大部分愈合，仅在末端分离，管口周围具有触手；体中部稍后方左右两侧有两个鳃瓣，鳃前方左右各有两片唇瓣，唇瓣之间为口；腹面具呈斧刀状的足；心脏位于壳顶下方，心室囊状，心耳两个，三角形，围心腔内充满腔液；消化系统比较发达，胃呈囊状，被黄褐色消化盲囊包围，与晶杆囊相通；晶杆半透明，中间粗，两端尖细，一端伸入胃内，另一端伸入足后部；肠很长，从胃后部腹面至消化盲囊基底部盘旋数圈后再沿胃后部向上；末端是直肠，通过心脏，延行至后闭壳肌上方；肛门开口与出水管相通；四角蛤蜊为雌雄异体，但成熟期无法用肉眼辨别雌雄，生殖腺从消化盲囊的表面一直伸入足基部，生殖管呈树枝状（赵匠，1992；闫喜武等，2008）。

四角蛤蜊喜欢栖息在水流畅通、饵料较丰富的近河口浅海泥沙底，埋栖深度 5~10 cm，栖息的滩质以直径 90~150 μm 的细沙为主；盐度适应范围 16~34.5，最适盐度为 21.5；水温适应范围 6~35℃，适宜温度为 18~30℃，能忍受 37℃ 的高温。项福椿（1991）研究表明，辽宁沿海四角蛤蜊生存水温为 -2~31℃，生长适温为 23~28℃；适盐范围为 19~31，有时受短时间河水（淡水）的影响，盐度 14 左右时也可生存，最适盐度为 26~29。

2.1　性腺发育周年观察

本研究对四角蛤蜊性腺的发育过程进行了周年观察，旨在为四角蛤蜊人工苗种繁育技术的研发和四角蛤蜊资源保护与合理利用提供理论依据。

2.1.1　采样及性腺观察

2.1.1.1　样本

实验用四角蛤蜊为采自大连庄河市浅海滩涂的 2 龄个体。

2.1.1.2　方法

野外采集时间从 2007 年 10 月至 2008 年 10 月，其中 2007 年 10 月至 2008 年 3 月，每月采样一次；2008 年 4～9 月每 7 d 采样一次，每次采集数量 30 枚。称量鲜贝重和软体部鲜重，解剖取其性腺，Bouin's 固定液固定，常规石蜡切片，切片厚 7 μm，HE 染色，Olympus 光学显微镜观察和照相；鲜出肉率是判断性腺发育程度的一个指标，通过鲜出肉率的测定，可以了解生殖腺发育情况和繁殖周期。本实验测定鲜出肉率的公式为：鲜出肉率=软体部鲜重/鲜贝重×100%。

2.1.2　性腺发育分期及鲜出肉率周年变化

本研究参考郑家声和王梅林（1995）对泥蚶、闫喜武（2005）对菲律宾蛤仔性腺发育分期划分的宏观观察及应用组织学手段，将四角蛤蜊性腺发育分为 5 期。

2.1.2.1　宏观性腺发育分期

大连庄河四角蛤蜊性腺发育依肉眼观察分为 5 期：增殖期、生长期、成熟期、排放期和休止期。

增殖期（Ⅰ）：性腺开始形成，覆盖内脏团 1/4～1/3。在内脏团表面隐约可见一层浅白色的性腺，呈树枝状，主要分布于消化腺的两侧，性腺分布区域以外的部分为透明状，消化腺可见。

生长期（Ⅱ）：性腺覆盖内脏团面积不断增大，约掩盖内脏团 1/2，逐渐连成片，并向腹面扩展，消化道环仅在接近内脏团表面处可见，而且逐渐消失。此期与增殖期相比除外形上略显肥满外，很难依内脏团表面将两者区分。

成熟期（Ⅲ）：性腺肥硕饱满，扩展到腹缘，大约覆盖内脏团的 3/4，颜色明显，雌雄性腺均为乳白色。此时如刺破生殖腺，可见卵子或精液流出，一经遇水即散开。精子已具活动能力，标志繁殖期的开始。

排放期（Ⅳ）：性腺更加肥硕饱满，呈豆状突起。内脏团全部被性腺包围，并延伸至足基部，生殖输送管清晰可见。性腺富有弹性，稍加挤压即有精液或卵子流出，此期可进行人工催产，精卵能正常受精发育。性腺排放后性腺饱满度下降，出现褶皱。

休止期（Ⅴ）：软体部消瘦，内脏团表面透明、呈水泡状，看不到性腺分布。

2.1.2.2　性腺发育组织学分期

1. 卵巢发育组织学分期

切片观察四角蛤蜊大连庄河群体卵巢发育，各期特点如下。

增殖期（Ⅰ）：滤泡开始沿着结缔组织逐渐形成，滤泡大小不等，数量由少到多，形状不规则，滤泡壁由单层上皮细胞构成，滤泡腔大。滤泡壁开始增厚，壁上的生殖细胞处在活跃分裂期，不断分裂增殖，出现不连续的单层卵原细胞，并在卵原细胞之间开始逐渐出现一些无卵黄期的卵母细胞和少数卵黄形成前期的初级卵母细胞（图2-1：1）。

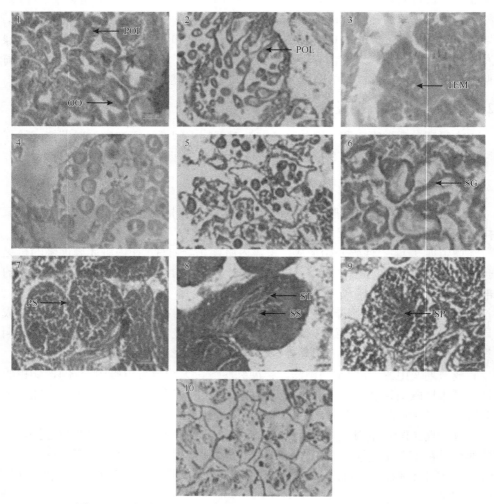

图 2-1　四角蛤蜊性腺发育组织切片观察（彩图请扫封底二维码）

1. 增殖期（♀）200×；2. 生长期（♀）200×；3. 成熟期（♀）200×；4. 排放期（♀）200×；5. 休止期（♀）200×；6. 增殖期（♂）200×；7. 生长期（♂）200×；8. 成熟期（♂）200×；9. 排放期（♂）200×；10. 休止期（♂）200×；OO：卵原细胞；POI：卵黄形成前期的初级卵母细胞；POL：卵黄形成后期的初级卵母细胞；TEM：成熟卵子；SG：精原细胞；PS：初级精母细胞；SS：次级精母细胞；ST：精细胞；SP：精子

生长期（Ⅱ）：滤泡继续发育，数量明显增多，分布范围广，内脏团结缔组织相应减少。滤泡内卵细胞生长迅速，在短期内即达到最后的体积，卵母细胞逐渐充满整个滤泡腔。卵母细胞的生长主要表现为细胞原生质迅速增加和卵黄颗粒快速积累。卵母细胞不规则，呈长形或倒梨形，多数卵母细胞在滤泡细胞连接处形成明显的卵柄，卵母细胞呈椭圆形，细胞核占据卵母细胞的大部分，但此时滤泡腔基本上还是一个空腔。后期在滤泡腔中央出现一些游离的卵细胞，细胞质中开始有卵黄颗粒堆积（图 2-1：2）。

成熟期（Ⅲ）：滤泡达到最饱满程度，滤泡之间的空隙基本消失，滤泡壁上新生的原始生殖细胞形成减少，整个滤泡腔几乎充满了卵黄形成后期的卵母细胞和成熟卵子，滤泡腔内成熟卵子已占 40%～80%，此时由于成熟卵子在腔内相互挤压，卵子呈不规则形态，但与扇贝等其他种类相比，四角蛤蜊卵子排列相对松散。卵子的核膜、核仁明显，核仁变成了双质核仁，在光学显微镜下分为里、外两部分，里面部分着色较浅，外面一圈较深（图 2-1：3）。

排放期（Ⅳ）：由于大量成熟卵子的排放，滤泡内出现大小不等的空腔，滤泡体积开始缩小，滤泡内仍残留有卵原细胞、卵黄形成前期卵母细胞、卵黄形成后期卵母细胞和少量未产出的成熟卵子，细胞间出现一些间隙，大的欲排出的卵细胞在滤泡腔中央，还有欲从滤泡壁上脱落的卵原细胞，表明四角蛤蜊是分批产卵，但其饱满度不如第一次。到本期末，滤泡内卵原细胞不再发育，残留的卵黄形成前期和后期的卵母细胞及少量未产出的成熟卵子将逐渐退化并被吸收。退化的卵母细胞在组织切片中染色较深，核开始皱缩，核仁模糊不清（图 2-1：4）。

休止期（Ⅴ）：滤泡内生殖细胞已排尽，成一大空腔，滤泡壁仅由一单层扁平细胞组成。结缔组织于滤泡间大量增生。滤泡上皮可观察到原始生殖细胞。滤泡因排空而萎缩退化，滤泡壁呈破损状。本期末，结缔组织大量增生，滤泡不明显（图 2-1：5）。

2. 精巢发育组织学分期

切片观察四角蛤蜊大连庄河群体精巢发育，各期特点如下。

增殖期（Ⅰ）：滤泡开始出现，体积小，壁薄、不规则，滤泡间结缔组织丰富。随着水温上升，滤泡生殖上皮的生殖细胞开始增殖，滤泡壁上开始出现精原细胞和少数初级精母细胞。精原细胞呈圆形或三角形，紧贴滤泡壁，不断分化形成精母细胞。至本期末，滤泡壁已由 2～3 层细胞组成，滤泡腔为一较大空腔（图 2-1：6）。

生长期（Ⅱ）：滤泡数量增多、体积增大，壁加厚，颜色加深。随着水温不断升高，滤泡的精原细胞迅速分裂增殖和分化，滤泡腔逐渐缩小。至本期中，各期生精细胞占滤泡体积的 50% 以上。本期末，各级生精细胞分化明显，几乎充塞整个滤泡腔（图 2-1：7）。

成熟期（Ⅲ）：精巢全年最饱满阶段，滤泡壁上精原细胞的形成减少，精母细胞分化形成精子增多，整个滤泡被大量的呈辐射状的精子所填充。精子为鞭毛型，头部圆球状。精子头部朝向滤泡壁，尾部朝向滤泡腔（图2-1：8）。

排放期（Ⅳ）：精细胞逐渐分批排出，滤泡开始呈放射状空腔，这是因为腔内的结缔组织以放射状排列。腔内精子呈流水状排列，精子数量明显减少。本期初仍可见精子形成，此期末，可见块状中空（图2-1：9）。

休止期（Ⅴ）：精子排完后，滤泡空虚变为一空腔，滤泡壁薄，随后滤泡逐渐减小直到消失，结缔组织增生，性腺发育完成一个周期（图2-1：10）。

2.1.2.3 四角蛤蜊大连庄河群体鲜出肉率周年变化

同批所取的四角蛤蜊样品，个体之间的性腺发育程度不同，故以性成熟率（R）表示性腺的发育变化，其公式为：

$$R=(n_1\mathrm{I}+n_2\mathrm{II}+n_3\mathrm{III}+n_4\mathrm{IV}+n_5\mathrm{V})/N \tag{2-1}$$

式中，N代表观察总个体数，$n_1 \sim n_5$分别表示各期的个体数，Ⅰ～Ⅴ为性腺发育各期，规定Ⅰ=2/5、Ⅱ=3/5、Ⅲ=4/5、Ⅳ=5/5、Ⅴ=1/5。结果如表2-1、图2-2所示。

表2-1 四角蛤蜊大连庄河群体性腺周年发育统计

采样时间	温度/℃	鲜出肉率/%	♀					♂					性成熟率（R）
			I	II	III	IV	V	I	II	III	IV	V	
2007-10-8	21.0	28.36				1	4					5	0.28
2007-11-8	14.6	25.76					5					5	0.20
2007-12-8	6.0	21.69					5					5	0.20
2008-1-8	5.1	23.29					5					5	0.20
2008-2-8	3.4	24.25					5					5	0.20
2008-3-8	4.6	29.00	1			4		1			4		0.24
2008-4-8	7.8	30.20	1	4						5			0.58
2008-5-8	11.4	33.04		1	4					5			0.78
2008-6-8	18.9	42.36			1	4					5		0.98
2008-7-8	21.4	36.78		1	3	1				3	2		0.84
2008-8-8	22.8	37.65			3	2				2	3		0.90
2008-9-8	23.2	38.46			2	3					4	1	0.88

注：分期栏中的数据表示实验中观察到的个体数

由图2-3可见，四角蛤蜊鲜出肉率的周年变化与性腺组织学变化相吻合。从3月开始，水温逐渐升高，四角蛤蜊性腺发育进入增殖期，鲜出肉率由28.91%逐渐增大，4月上旬到5月上旬鲜出肉率增长速率明显增大，此阶段是性腺发育的生长期，是营养物质积累时期。6月8日鲜出肉率增长至42.36%，此阶段是性腺发育的成熟期。7月和8月鲜出肉率有所下降，是6月大量排放生殖细胞的结果。9月上旬鲜出肉率又有所升高，但并未超过6月排放前的水平。9月上旬和中旬四角蛤蜊可再次排放生殖细胞，随后鲜出肉率急剧下降。随着水温的下降，12月8日鲜出肉率降至最低（21.69%），此时为四角蛤蜊性腺发育的休止期。

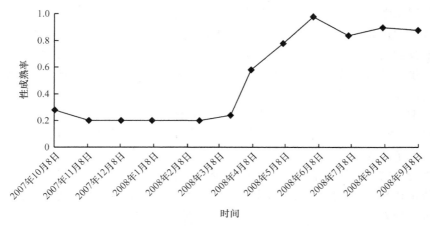

图2-2　四角蛤蜊大连庄河群体性成熟率周年变化统计

由图2-2、图2-3可见，6月8日当大连庄河群体四角蛤蜊第一次大量排放后，性成熟率和鲜出肉率明显下降，但是8月、9月有所回升，10月性成熟率和鲜出肉率急剧下降，说明大连庄河群体四角蛤蜊一年可排放2次，但是第二次性腺的鲜出肉率远不如第一次。

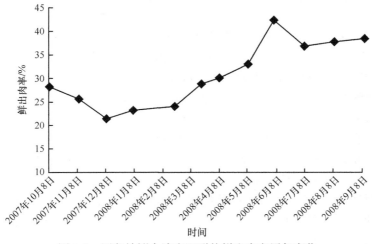

图2-3　四角蛤蜊大连庄河群体鲜出肉率周年变化

2.1.3　性腺发育分期及产卵时间探讨

2.1.3.1　性腺发育的分期问题

研究性腺发育分期是了解动物繁殖周期、繁殖季节和繁殖习性的基础，尤其对于需进行人工促熟的种类显得更加重要。然而至今，关于双壳贝类性腺发育的分期及其标准尚未形成统一的认识，目前对双壳贝类性腺发育的分期都是基于对其性腺组织学切片（主要是 HE 染色法）的观察。一些研究者将滤泡的发育及精卵的成熟度作为分期的主要标准，依据滤泡是否出现，滤泡的大小、数目、分布及成熟精卵的出现等特征进行分期。现较多的研究者则是综合考虑滤泡的发育及滤泡中生殖细胞的数量、比例和分布状况等特征进行分期。由于使用的方法和依据不同，在分期数目上，López-Peraza 等（2013）分为 8 期，肖亚梅等（2009）分为 7 期，郭丽丽等（2008）分为 6 期，李嘉泳等（1962）、廖承义等（1983）、徐信等（1988）等分为 5 期，也有的学者分为 4 期（李嘉泳等，1962；廖承义等，1983；王子臣等，1984）。

　　综合考虑生殖细胞的数量、比例及分布状况，滤泡的大小和形态，滤泡内含物的数量和滤泡间结缔组织的多少等特征，本书将四角蛤蜊大连庄河群体的性腺发育过程分为 5 期：增殖期、生长期、成熟期、排放期和休止期。

2.1.3.2　四角蛤蜊产卵时间

　　由于不同海区环境和纬度存在差异，同一种贝类在不同自然条件下繁殖期也不尽相同。张汉华等（1995）对四角蛤蜊汕尾白沙湖种群性腺的周年观察研究表明，其性腺发育有两个时期，分别出现在 9～12 月（秋冬季）和 2～3 月（春季），但以前者为主，其性腺成熟个体占有率为 60%～85%。因此，白沙湖四角蛤蜊的繁殖盛期主要在 9～12 月，其次为 2～3 月。崔广法等（1985）对四角蛤蜊人工育苗的初步研究表明，江苏如东一带四角蛤蜊种群的繁殖期为 3～6 月，盛期在 4 月。本实验结果表明，大连庄河海区四角蛤蜊种群繁殖期在 6 月上旬和 9～10 月，繁殖盛期出现在 6 月中旬。影响贝类性腺发育的因素较多，主要分为两类：内源性因素和外源性因素，内源性因素主要由种群的基因决定，表现为种群的特性；而外源性因素主要有水温、饵料、水质等。

　　温度是影响性腺发育的重要因素之一，如锦州海区与大连海区地理纬度较近，所以两地四角蛤蜊种群的繁殖期相近。但广东汕尾和江苏如东的四角蛤蜊种群的繁殖盛期分别为 9～12 月和 3～6 月，大连海区四角蛤蜊繁殖盛期为 6 月。项福椿（1991）对辽宁沿海四角蛤蜊生殖情况研究表明，四角蛤蜊群体在 5 月上旬均达临产前 V 期，个别有产卵现象，5 月中旬出现第一次产卵盛期。这与本次实验 6 月中旬才出现产卵盛期有所差异。

　　所以在不同地区四角蛤蜊的育苗过程中，应准确掌握当地自然海区四角蛤蜊性腺的发育情况，提前做好准备。在繁殖盛期来临之前，及时一次性地采捕到足够数量的亲贝是人工育苗成败的关键。

2.2　性腺发育生物学零度及产卵有效积温

本实验参考闫喜武（2005）对菲律宾蛤仔莆田群体与大连群体生物学比较研究中计算生物学零度的方法，根据组织学观察、积温公式，拟合线性升温曲线，应用数理统计对四角蛤蜊人工促熟产卵实验中性腺发育生物学零度进行计算，以期为四角蛤蜊人工育苗生产上产卵期的准确预报提供科学依据。

2.2.1　亲贝采集及室内促熟

2.2.1.1　实验材料

实验所用四角蛤蜊为采至大连庄河的 2 龄个体，取样时海区自然水温 4.6℃。采集的亲贝样本为 24 890 个，平均壳长×平均壳高为 3.65 cm×3.15 cm，亲贝采回后在辽宁省庄河市海洋贝类养殖场的育苗场暂养，用水为沙滤控温海水。

2.2.1.2　实验方法

记录两批亲贝从开始促熟到自然产卵的日平均水温，根据积温公式 $K=H(T-t)$ 拟合两个实验的线性升温曲线 L_1 和 L_2（图 2-4、图 2-5），其中 K 表示积温，H 表示产卵时间，T 表示生境水温，t 表示生物学零度，利用积温 K 值相同即 $S_1=S_2$，数理统计得出生物学零度。两批亲贝人工促熟过程中实施了相同的投饵、清污等管理措施。

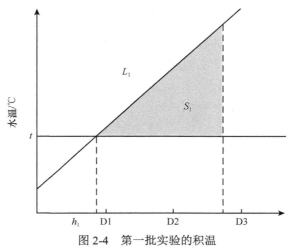

图 2-4　第一批实验的积温

h_1 为第一批实验中水温升到 t 所需时间，D1、D2、D3 为实验天数

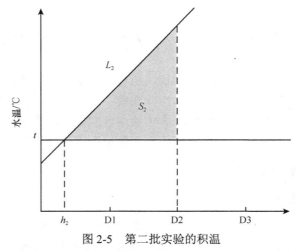

图 2-5　第二批实验的积温

h_2 为第二批实验中水温升到 t 所需时间，D1、D2、D3 为实验天数

2.2.1.3　组织学观察方法

从促熟开始每隔 5 d 取样一次，实验后期为防止性腺发育过快错过取样时机每隔 3 d 取样一次，雌雄各取 5 个，解剖取其性腺，Bouin's 固定液固定，常规石蜡切片，切片厚 7 μm，HE 染色，光学显微镜观察和照相，利用组织学手段判断生殖腺开始发育的起始温度——生物学零度。

2.2.2　生物学零度与有效积温计算

2.2.2.1　四角蛤蜊大连庄河群体性腺发育的生物学零度

两批亲贝从促熟到产卵分别历时 45 d 和 42 d，升温促熟实验过程见图 2-6，根据每日的平均水温拟合两个实验的升温曲线，分别为 L_1 和 L_2（图 2-4、图 2-5）。

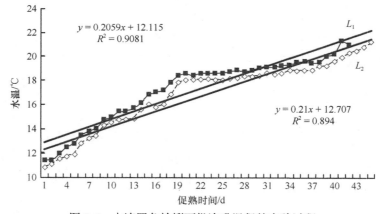

图 2-6　大连四角蛤蜊两批次升温促熟实验过程

$$L_1: \quad y=0.2059x+12.115 \qquad R^2=0.9081 \qquad (2\text{-}2)$$

$$L_2: \quad y=0.21x+12.707 \qquad R^2=0.894 \qquad (2\text{-}3)$$

设四角蛤蜊大连庄河种群性腺发育的生物学零度为 t，两批实验中水温升到 t 时的时间为促熟后的 h_1 和 h_2 天。

由式（2-2）得出：

$$t=0.2059h_1+12.115 \qquad (2\text{-}4)$$

由式（2-3）得出：

$$t=0.21h_2+12.707 \qquad (2\text{-}5)$$

因为生物学零度 t 相同，由式（2-4）和式（2-5）得出：

$$h_1=1.020h_2+2.875 \qquad (2\text{-}6)$$

根据积温公式 $K=H(T-t)$，当四角蛤蜊产卵时有效积温值 K 为一定值，即两批促熟实验中四角蛤蜊产卵时的有效积温相等。由 $S_1=S_2$ 得：

$$\int_0^{45} L_1 - \int_0^{45} l_1 = \int_0^{42} L_2 - \int_0^{42} l_2 \qquad (2\text{-}7)$$

将式（2-1）～式（2-6）分别代入上式，整理后，解得：$t=6.59℃$

因此，本实验得出四角蛤蜊性腺发育的生物学零度为 6.59℃。

2.2.2.2　组织学方法研究四角蛤蜊大连庄河群体性腺发育的生物学零度

性腺发育的生物学零度是生物的性腺开始发育的起始温度。根据组织学观察，实验中四角蛤蜊大连庄河群体从自然水温 4.6℃ 的海区取回时内脏团透明，充满水分，消化道环清晰可见，性腺肉眼不易分辨，仍没有开始发育，处于休止期；当水温升至 6.8℃ 时，经组织切片观察发现多于一半个体进入增殖期，认定为性腺开始发育，初步判定四角蛤蜊大连庄河群体的生物学零度为 6.8℃，与计算结果 6.59℃ 基本吻合。

2.2.2.3　四角蛤蜊大连庄河群体产卵的有效积温

积温公式 $K=H(T-t)$ 的原理是当生境水温 T 高于性腺发育的生物学零度（t）时，其温度差值与超过生物学零度时间到产卵时时间的差值 H 的乘积——积温 K 值为一常数（何义朝和张福绥，1986）。计算结果显示，大连海区四角蛤蜊繁殖的有效积温为 454.08℃·d（表 2-2）。

表2-2　两批实验中大连群体四角蛤蜊有效积温

指标	第一批促熟实验	第二批促熟实验
超过生物学零度 t 的天数 H/d	45	42
超过生物学零度 t 的日平均水温 T/℃	10.26	10.63
有效积温 K/（℃·d）	461.70	446.46

2.2.3　四角蛤蜊生物学零度探讨

2.2.3.1　确定大连群体四角蛤蜊性腺发育生物学零度的意义

　　温度是影响海洋无脊椎动物生殖周期的重要因素,掌握其性腺发育起点温度,即生物学零度和产卵有效积温,有助于在工厂化苗种繁育中,通过调节生境温度的方法,促进或推迟性腺的成熟,改变其精卵排放时间。因此,研究四角蛤蜊性腺发育的生物学零度在理论和育苗生产上都有重要意义。此外,根据闫喜武对菲律宾蛤仔大连群体和福建群体性腺发育生物学零度的研究结果推测,四角蛤蜊大连群体与四角蛤蜊福建群体在性腺发育生物学零度和有效积温上存在显著差异。因此,在不同地区和不同月份,在进行四角蛤蜊苗种繁育工作中,应准确掌握亲贝性腺发育状况,并据此制定合适的升温促熟策略,节省生产成本,争取全年有尽可能多的月份可以从事育苗生产,保证苗种供应。

2.2.3.2　生物学零度的确定方法

　　毕庶万等(1996)运用二点法、最小二乘法和电动记数式积温仪 3 种方法对海湾扇贝生物学零度进行了测定,结果得出海湾扇贝的生物学零度分别为 T_{01}=9.00℃、T_{02}=6.54℃、T_{03}=7.11℃。而周玮(1991)、刘德经等(2003)通过室内调温,根据 $K=H$(T-t)有效积温公式,利用线性函数规律,求得海湾扇贝、西施舌性腺发育生物学零度分别为 7.8℃和 13℃。詹开瑞等(2001)用牛顿迭代法,拟合原方程 $K=N$(T-C),求得褐云玛瑙螺的生物学零度和 C 值。有效积温法则中的 T 在整个发育历期 N 内为恒温值,在变温条件下 T 一般用加权平均法统计,用日最高、最低温度模拟一天中温度的变化来计算 T。Allen(1976)认为每天温度变化的两个振幅值明显不相等,因此提出分两个半天(12 h),即用两段不同振幅的正弦曲线来模拟温度的变化,用两段不同周期的正弦函数来拟合每天的温度变化。此法虽然准确,但必须应用 Quick BASIC 计算机程序设计语言和编程,因此不适于推广应用。

　　本研究参照周玮(1991)、刘德经等(2003)和闫喜武等(2005)的方法计算出生物学零度,再通过人工控温条件下性腺发育组织切片观察加以验证,此种方法此前未见报道。在休止期开始升温,连续观察性腺发育,当多数个体性腺发育到增殖期,确定为性腺开始发育的温度,即性腺发育的生物学零度。

2.2.3.3　人工促熟过程中起始温度、升温幅度和待产温度选取的依据

　　目前四角蛤蜊人工育苗所用的亲贝主要来源于自然海区,亲贝性腺发育不齐,一次难以获得大量的成熟卵,强行催产虽然有时能够获得足够的卵量,但可能发生营养积累不足,导致卵的质量不佳,受精率、孵化率、变态率都会受到不同程度的影响。对亲贝进行人工促熟可以增加卵子的营养物质积累,促进卵的同步成

熟，对育苗生产有重要意义。

本实验于 3 月 20 日开始对大连群体四角蛤蜊分两批次人工升温促熟。考虑到取样时海区自然水温为 4.6℃，并且组织学观察为休止期，理论上应将起始温度定为 5℃。但由于当时实验场所能提供的最低水温为 10.8℃，因此将升温促熟的起始温度定为 10.8℃。本次实验的两个批次种贝分别采用两种升温方式，一种是每升 1.5℃停留 3 d；另一种是缓慢升温，每天只升温 0.5℃。将四角蛤蜊处于繁殖盛期时自然海区的水温定为人工促熟的待产温度。本实验结果表明，大连庄河海区四角蛤蜊繁殖盛期出现在 6 月中旬，此时自然海区水温约 19℃。

2.3 生态环境因子对幼虫及稚贝生长发育的影响

2.3.1 培育密度对孵化率及幼虫存活和生长的影响

过高的孵化密度将会增加 D 形幼虫的畸形率，降低受精卵的孵化率；过低的幼虫培育密度又将浪费水体，增加苗种生产成本。

2.3.1.1 材料与方法

1. 卵的获取

实验于 2008 年 9 月在辽宁省庄河市海洋贝类养殖场育苗场进行，当地 2 龄四角蛤蜊亲贝经人工促熟自然产卵。

2. 实验设计

1）受精卵孵化实验

孵化密度分别设置为 10 个/ml、30 个/mL、50 个/mL、70 个/mL 和 90 个/mL，每个孵化密度设置 3 个重复。实验容器为 2 L 红色塑料桶，实验用海水为二次沙滤海水。实验期间，避光孵化，每 45 min 利用自制塑料耙搅水一次，避免卵沉于容器底部。实验期间水温 18.1～19.0℃，盐度 24～25，pH 7.82～8.36。

2）幼虫培育密度实验

D 形幼虫培育密度分别设置为 5 个/mL、10 个/mL、15 个/mL、20 个/mL 和 30 个/mL，每个培育密度设置 3 个重复。用 2 L 红色塑料桶作为实验容器，实验所用海水为二次沙滤海水。幼虫培育过程中每天换水一次，换水量 100%。投饵量视幼虫摄食情况而定。整个实验期间，水温 22.8～24.6℃，盐度 24～25，pH 7.82～8.36。前 3 d 投喂湛江等鞭金藻（*Isochrysis zhanjiangensis*），以后金藻和小球藻（*Chlorella saccharophila*）混合投喂（体积比=1：1）。

3. 指标测定

孵化率为 D 形幼虫数量与受精卵数量的比值（%）；生长速度为幼虫壳长日增长量（μm/d）；幼虫存活率为浮游末期的幼虫数量与 D 形幼虫数量的比值（%）；变态率为出现次生壳的稚贝数量与匍匐幼虫数量的比值（%）；浮游时间为 D 形幼虫发育至匍匐幼虫的时间（d）；匍匐时间为幼虫从匍匐生活开始到完全变态所需的时间（d）；变态时间为 D 形幼虫发育到出现次生壳的稚贝所需时间（d）。

4. 数据处理

用 SPSS13.0 统计软件对数据进行分析处理，采用单因素方差分析方法进行差异显著性检验，差异显著性设置为 $P<0.05$；实验数据用 Excel 作图。

2.3.1.2　结果

1. 孵化密度对孵化率的影响

由图 2-7 可知，各孵化密度组的孵化率分别为 90.70%、86.37%、79.13%、37.83%、20.82%。密度 10 个/mL 组孵化率最高，90 个/mL 组最低，30 个/mL、50 个/mL 和 70 个/mL 密度组介于上述两者之间，但 30 个/mL 和 50 个/mL 两个实验组与 10 个/mL 实验组在孵化率上差异不显著（$P>0.05$）。

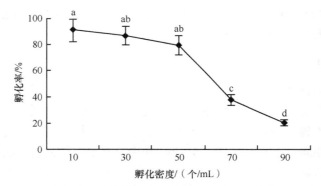

图 2-7　孵化密度对四角蛤蜊孵化率的影响

标有不同小写字母者表示组间有显著性差异（$P<0.05$），标有相同小写字母者表示组间无显著性差异（$P>0.05$），下同

2. 幼虫培育密度对幼虫存活和生长的影响

由表 2-3、图 2-8 可见，培育密度为 5 个/mL、10 个/mL、15 个/mL、20 个/mL 和 30 个/mL 时，幼虫平均存活率分别为 86.33%、81.17%、68.89%、49.17%、20.83%，存活率随着培育密度的增大而减小。5 个/mL 的实验组存活率最高，与 10 个/mL 的实验组差异不显著（$P>0.05$），显著大于其他实验组（$P<0.05$）。

表2-3 幼虫培育密度对幼虫存活率的影响

桶号	培育密度/（个/mL）	初始数量/个	匍匐幼虫数量/个	存活率/%	平均存活率/%
a1	5	10 000	8 800	88.00	
a2	5	10 000	8 600	86.00	86.33
a3	5	10 000	8 500	85.00	
b1	10	20 000	16 300	81.50	
b2	10	20 000	15 900	79.50	81.17
b3	10	20 000	16 500	82.50	
c1	15	30 000	20 900	69.67	
c2	15	30 000	20 400	68.00	68.89
c3	15	30 000	20 700	69.00	
d1	20	40 000	21 900	54.75	
d2	20	40 000	18 800	47.00	49.17
d3	20	40 000	18 300	45.75	
e1	30	60 000	13 600	22.67	
e2	30	60 000	12 600	21.00	20.83
e3	30	60 000	11 300	18.83	

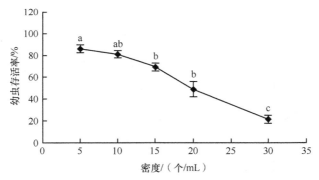

图2-8 不同培育密度对四角蛤蜊浮游幼虫存活率的影响

　　由图2-9可见，浮游期间，幼虫培育密度5个/mL、10个/mL、15个/mL、20个/mL和30个/mL条件下，幼虫的生长速度分别为12.70 μm/d、9.60 μm/d、8.86 μm/d、6.30 μm/d和5.10 μm/d，即生长速度随着培育密度的增大而减小。5个/mL实验组幼虫生长最快，显著大于其他实验组（$P<0.05$），30个/mL实验组生长最慢，显著慢于其他实验组（$P<0.05$）。由图2-10可见，在5个/mL、10个/mL、15个/mL、20个/mL培育密度下，变态时间随着培育密度的增大而延长。

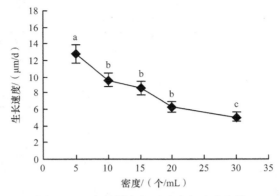

图 2-9　四角蛤蜊匍匐幼虫生长速度比较

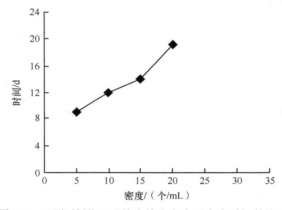

图 2-10　四角蛤蜊 D 形幼虫培育密度对变态时间的影响

3. 幼虫培育密度对匍匐幼虫变态率和生长的影响

由图 2-11 可见，在 5 个/mL、10 个/mL、15 个/mL、20 个/mL 和 30 个/mL 培育密度下，幼虫变态率分别为 78.48%、75.67%、62.42%、42.17% 和 0，变态率随着培育密度的增大而减小，当培育密度为 30 个/mL，幼虫不能完成变态。

由图 2-12、图 2-13 可见，匍匐幼虫期，在 5 个/mL、10 个/mL、15 个/mL、20 个/mL 培育密度下，幼虫的生长速度分别为 13.60 μm/d、12.10 μm/d、9.40 μm/d、7.00 μm/d，5 个/mL 实验组的幼虫生长最快，与 10 个/mL 的实验组差异不显著（$P > 0.05$），但显著大于其他实验组（$P < 0.05$）；30 个/mL 培育密度下的幼虫全部死亡，不能由浮游幼虫发育至匍匐幼虫。幼虫各阶段的发育时间随着密度的增大而延长，表现出明显的延迟发育。5 个/mL、10 个/mL、15 个/mL 和 20 个/mL 实验组幼虫的匍匐时间分别为 2 d、3 d、4 d、6 d。

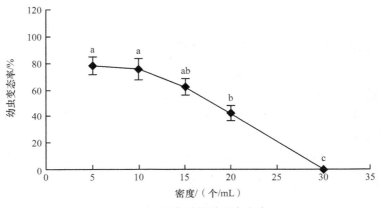

图 2-11 四角蛤蜊幼虫变态率

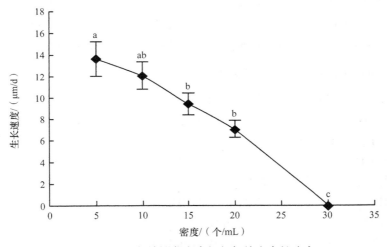

图 2-12 四角蛤蜊各密度组匍匐幼虫生长速度

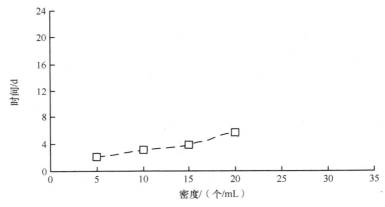

图 2-13 四角蛤蜊培育密度对匍匐时间的影响

2.3.1.3　讨论

1. 四角蛤蜊室内人工育苗受精孵化的适宜密度

从实验结果可以看出，孵化密度为 10 个/mL 组的孵化率最高，90 个/mL 组的孵化率最低，30 个/mL、50 个/mL 和 70 个/mL 组孵化率介于上述二者之间，其中 30 个/mL 组和 50 个/mL 组与 10 个/mL 组之间差异不显著（$P > 0.05$），而 70 个/mL 组与 30 个/mL 和 50 个/mL 组之间差异显著（$P < 0.05$）。但 10 个/mL 组的生产效率太低，因此在实际生产中，卵的孵化密度在 30～50 个/mL 是可行的。

2. 培育密度对四角蛤蜊幼虫生长存活的影响

本实验结果显示，幼虫的生长速度、存活率及变态率随着培育密度的增大而降低，幼虫各阶段的发育时间随着密度的增大而延长。值得注意的是，30 个/mL 实验组的幼虫不能发育至匍匐幼虫，也不能完成变态。本实验的结果与闫喜武（2005）、李华琳等（2004）对菲律宾蛤仔幼虫、长牡蛎幼虫的研究结果一致。

3. 四角蛤蜊幼虫培育的适宜密度

从实验结果可以看出，密度 5 个/mL 实验组幼虫成活率和生长速度均是最高的，密度 30 个/mL 组的存活率和生长速度是最低的，其他 3 个密度组两个指标介于上述两者之间。10 个/mL 组与 5 个/mL 组存活率之间差异不显著（$P > 0.05$），而 10 个/mL 组成活率与 15 个/mL、20 个/mL、30 个/mL 3 个实验组差异显著（$P < 0.05$）；在生长速度上，10 个/mL 组与 15 个/mL、20 个/mL 2 个实验组差异不显著（$P > 0.05$），与 5 个/mL、30 个/mL 2 组差异显著（$P < 0.05$）。

从存活率来看，5 个/mL 实验组存活率为 86.33%，30 个/mL 实验组存活率为 20.83%，前者是后者的 4.14 倍，而 10 个/mL 密度组存活率与 5 个/mL 密度组差异不显著（$P > 0.05$），说明在实际生产中，浮游幼虫培育密度在 5～10 个/mL 是可行的。

从发育至匍匐幼虫的时间看，5 个/mL 密度组与 10 个/mL、15 个/mL 密度组从 D 形幼虫发育至匍匐幼虫仅分别相差 2 d 和 3 d，而与 20 个/mL 密度组却相差了 6 d，生长速度差异显著（$P < 0.05$），说明高密度抑制幼虫生长、使发育延迟。就生长速度来看，浮游幼虫培育密度在 5～15 个/mL 是可行的。

4. 四角蛤蜊幼虫变态期间的适宜培育密度

从本实验结果可以看出，幼虫在变态期间，密度 5 个/mL 组的变态率、生长速度均是最高的，培育密度为 30 个/mL 的实验组变态率为 0，幼虫不能完成变态；10 个/mL 实验组与 5 个/mL 实验组在变态率、生长速度上差异不显著（$P > 0.05$），与其他 3 组差异显著（$P < 0.05$）。

因此，四角蛤蜊幼虫在变态期间的培育密度应设为 10 个/mL 左右。

2.3.2　饵料种类对幼虫生长、存活及变态的影响

金藻和小球藻是高温季节最易培养的两种饵料，前者可以通过酸化、次氯酸钠处理等方法杀灭其中的原生动物（闫喜武等，1998），后者本身有极强的抗污染能力。四角蛤蜊育苗主要在高温季节进行，因此，研究金藻、小球藻对四角蛤蜊幼虫的投喂效果，对开展四角蛤蜊室内人工大规模育苗具有重要意义。

2.3.2.1　材料与方法

1. 幼虫培育

实验于 2008 年 9 月在辽宁省庄河市海洋贝类养殖场育苗场进行。实验容器为 2 L 的红色塑料桶，实验所用海水为沙滤海水。实验材料为刚孵化的 D 形幼虫。实验过程中每天换水一次，换水量 100%；投饵量视幼虫摄食情况而定。整个实验期间，水温 22.8～24.6℃，盐度 24～25，pH 7.82～8.36。

2. 实验设计

分别设置 5 种饵料组合，即金藻、金藻：小球藻=1：1（体积比）、金藻：小球藻=1：2（体积比）、金藻：小球藻=2：1（体积比）、小球藻，分别记作 J、JQ11、JQ12、JQ21、Q 实验组，幼虫培育密度为 8～10 个/mL，每个饵料组合设置 3 个重复。

3. 指标测定

生长速度用幼虫壳长日增长量表示（μm/d）；存活率为浮游期末幼虫数量与 D 形幼虫数量的比值（%）；变态率为出现次生壳的稚贝数量与匍匐幼虫数量的比值（%）；浮游时间为 D 形幼虫发育至匍匐幼虫的时间（d）；匍匐时间为幼虫从匍匐生活开始到完成变态所需的时间（d）；变态时间为 D 形幼虫发育到出现次生壳的稚贝所需时间（d）。

4. 数据处理

用 SPSS13.0 统计软件对数据进行分析处理，不同实验组间数据的比较采用单因素方差分析方法，差异显著性设置为 $P<0.05$；Excel 作图。

2.3.2.2　结果

1. 饵料种类对浮游幼虫存活和生长的影响

5 种饵料组合 J、JQ11、JQ12、JQ21、Q 下，幼虫的存活率分别为 49.60%、85.32%、84.85%、88.63%、70.20%，J、Q 单独投喂实验组存活率差异显著，并

显著小于混合投喂实验组 JQ（JQ11、JQ12、JQ21）（P<0.05）（图 2-14）。

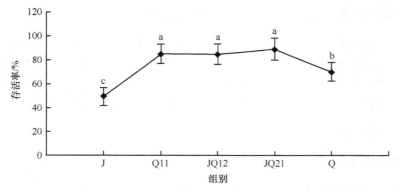

图 2-14　饵料种类对四角蛤蜊浮游期幼虫存活率的影响

由图 2-15 可见，投喂不同饵料幼虫的生长速度不同。J、JQ11、JQ12、JQ21、Q 5 种饵料组合浮游期幼虫生长速度分别为 14.30 μm/d、12.50 μm/d、12.10 μm/d、12.60 μm/d 和 5.10 μm/d，Q 实验组幼虫生长速度显著小于其他实验组（P<0.05）。投喂不同饵料也直接影响幼虫浮游期的长短。幼虫的发育以单独投喂小球藻的实验组最慢，其他实验组差异不显著（P>0.05）。由图 2-16 可见，5 种饵料组合 J、JQ11、JQ12、JQ21、Q 幼虫浮游时间分别为 7 d、8 d、8 d、8 d、16 d。

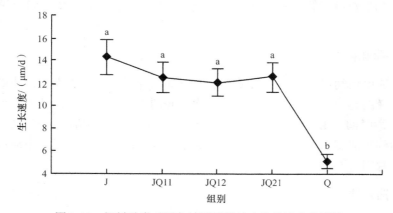

图 2-15　饵料种类对四角蛤蜊浮游幼虫生长速度的影响

2. 饵料种类对匍匐幼虫变态和生长的影响

5 种饵料组合 J、JQ11、JQ12、JQ21、Q 投喂，幼虫的变态率分别为 28.04%、39.22%、48.91%、42.47%、10.08%，Q 实验组幼虫变态率最低，J 实验组幼虫变态率较低，可见单一投喂组变态率均显著小于混合投喂组（P<0.05）（图 2-17）。

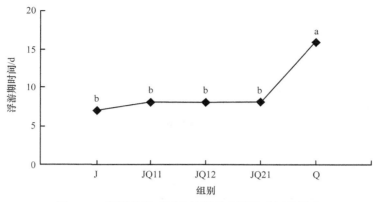

图 2-16　饵料种类对四角蛤蜊幼虫浮游时间的影响

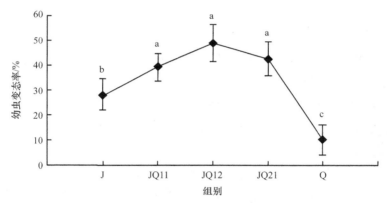

图 2-17　饵料种类对四角蛤蜊幼虫变态率的影响

由图 2-18、图 2-19 可见，J、JQ11、JQ12、JQ21、Q 5 种饵料组合投喂四角蛤蜊，匍匐幼虫生长速度分别为 9.40 μm/d、14.10 μm/d、13.80 μm/d、13.00 μm/d、7.80 μm/d，J、Q 实验组幼虫生长速度无显著差异（$P > 0.05$），但均显著小于其他

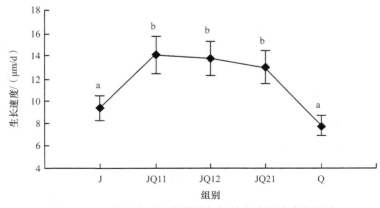

图 2-18　饵料种类对四角蛤蜊匍匐幼虫生长速度的影响

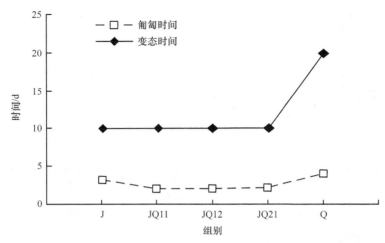

图 2-19　饵料种类对四角蛤蜊匍匐幼虫匍匐时间和变态时间的影响

实验组（$P < 0.05$）；匍匐时间分别为 3 d、2 d、2 d、2 d、4 d，变态时间分别为
10 d、10 d、10 d、10 d、20 d。

3. 饵料种类对稚贝存活和生长的影响

由图 2-20 可见，J、JQ11、JQ12、JQ21、Q 5 种不同饵料组合投喂的稚贝的存
活率分别为 10.34%、39.22%、30.77%、11.60% 和 59.40%，其中 Q 组稚贝存活率最
高，与其他 4 组差异显著；JQ11 和 JQ12 实验组稚贝存活率差异不显著（$P > 0.05$），
低于 Q 组，但显著高于 J 和 JQ21 实验组（$P < 0.05$）；由图 2-21 可见，J、JQ11、JQ12、
JQ21、Q 5 种不同饵料组合投喂的稚贝的生长速度分别为 16.88 μm/d、22.88 μm/d、
21.38 μm/d、19.48 μm/d 和 7.55 μm/d，其中 JQ11、JQ12 和 JQ21 实验组稚贝生长
速度较快，且三者差异不显著（$P > 0.05$），与其他两组差异显著（$P < 0.05$），
而 Q 组最低，仅为 7.55 μm/d。

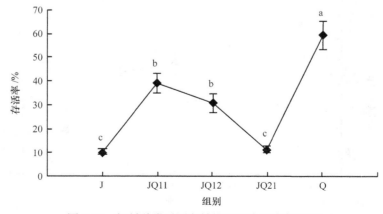

图 2-20　饵料种类对四角蛤蜊稚贝存活率的影响

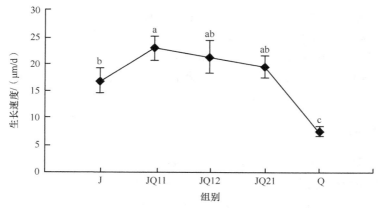

图 2-21　饵料种类对四角蛤蜊稚贝生长速度的影响

2.3.2.3　讨论

从本实验 5 种不同饵料组合投喂效果来看，单一投喂较混合投喂效果差。单独投喂金藻浮游幼虫生长最快，但存活率最低，且浮游时间最短，仅为 7 d，变态时间较短，为 10 d。单独投喂小球藻的匍匐幼虫生长最慢，幼虫存活率相对较高，变态率最低，仅为 10.08%，浮游期最长，达 16 d，到达变态的时间最长，为 20 d，表现出明显的延迟变态。主要原因是虽然小球藻含有大量的不饱和脂肪酸，但四角蛤蜊匍匐幼虫对小球藻的消化能力较差，造成小球藻饵料效果不佳，匍匐幼虫个体发育缓慢。这与沈伟良等（2007）关于饵料种类及密度对毛蚶幼虫生长影响的研究结果相似。从投喂方式上看，混合投喂效果较为理想，因为单一饵料投喂营养不全面，很难满足幼虫对营养的需求，而两种以上饵料的混合投喂可以营养互补，从而满足幼虫生长发育的需要。这与周琳等（1999）对青蛤幼虫饵料需求的研究结果一致。本书中，金藻和小球藻三种混合比例（金：球=1：1，金：球=2：1，金：球=1：2），对稚贝前期幼虫的生长速度、存活率、变态率及各阶段的发育时间影响不大，彼此间无显著差异；幼虫浮游时间（8 d）相对较短，到达变态的时间均为 10 d。进入稚贝期后，三个混合投喂组在对稚贝存活率的影响上出现差异，对稚贝存活率影响上混合比例金：球=1：1 的实验组稚贝存活率高于其他两个实验组，与混合比例金：球=1：2 的实验组稚贝存活率差异不显著（$P>0.05$），与混合比例金：球=2：1 的实验组稚贝存活率差异显著（$P<0.05$）。

综上所述，在四角蛤蜊苗种生产过程中，金藻和小球藻混合投喂效果较好。稚贝的培养最好采用金：球=1：1 的比例进行混合投喂。如果再能增加一些其他种类单胞藻，幼虫培育效果会更好。

2.3.3　不同附着基对幼虫变态及稚贝生长的影响

中国滩涂面积广阔，大规模养殖的滩涂贝类至少有 14 种（Guo et al., 1999），而苗种供应不足已成为滩涂贝类养殖的瓶颈。滩涂贝类人工育苗多采用在育苗池底铺沙作为幼虫附着变态的附着基（陈远等，1998；吴洪喜等，1998；于业绍等，1998；王德秀等，1999）。因此，本实验对泥、沙和无附着基对四角蛤蜊幼虫生长与变态的影响进行了研究，以期为四角蛤蜊室内人工育苗技术研发提供参考。

2.3.3.1　材料与方法

1. 幼虫培育

实验于 2008 年 9 月在辽宁省庄河市海洋贝类养殖场育苗场进行。实验容器为 2 L 的红色塑料桶，实验所用海水为二次沙滤海水。实验材料为刚孵化的 D 形幼虫。实验过程中每天换水一次，换水量 100%；投饵量视幼虫摄食情况而定。整个实验期间，水温 22.8～24.6℃，盐度 24～25，pH 7.82～8.36。

2. 实验设计

分别设置 5 种附着基组合，即无附着基、沙（粒径≤500 μm）、海泥（粒径≤200 μm）、泥：沙=2：1（体积比）、泥：沙=1：2（体积比），分别记作 W、S、N、NS21 和 NS12 实验组，每种附着基设置 3 个重复。D 形幼虫初期平均壳长为 140.6 μm，密度为 5.8 个/mL。实验期间未使用任何药物。

3. 指标测定

生长速度为 D 形幼虫壳长日增长量（μm/d）；变态率为出现次生壳的稚贝数量与匍匐幼虫数量的比值（%）。

4. 数据处理

用 SPSS13.0 统计软件对数据进行分析处理，不同实验组间数据的比较采用单因素方差分析方法，差异显著性设置为 $P<0.05$；Excel 作图。

2.3.3.2　结果

不同附着基种类对幼虫变态率和生长速率的影响是不同的。在 5 种附着基上，幼虫变态率分别为 86.66%、57.50%、9.85%、26.47%和 34.84%，其中 W 组变态率最高，与其他实验组差异显著（$P<0.05$）（图 2-22）；生长速度分别为 13.76 μm/d、14.25 μm/d、9.64 μm/d、10.00 μm/d 和 10.99 μm/d，其中 S 组最高，与 W 组差异不显著（$P>0.05$），与其他三个实验组差异显著（$P<0.05$）（图 2-23）。

2.3.3.3　讨论

研究表明：海泥与沙都是良好的附着基，但是沙作为附着基具有以下缺点：①沙在工厂化育苗中作为附着基，需要过筛洗净，材料的制作费时费工，生产成

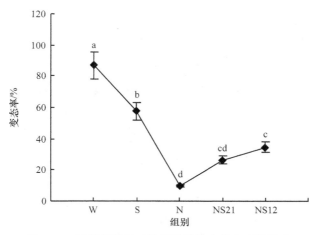

图 2-22 附着基种类对四角蛤蜊幼虫变态率的影响

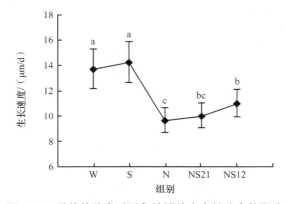

图 2-23 附着基种类对四角蛤蜊幼虫生长速度的影响

本较高，不适合在大规模生产上应用；②在育苗的实际操作中，沙粒一直伴随着蛤苗，直至苗种的个体大于沙粒时才能分离，在培养过程中，进行倒池往往会对蛤苗产生机械损伤。海泥作为附着基，就可避免以上的缺点，但是，海泥也需要清洗、过筛、消毒，费时费工，生产成本较高；另外，在育苗过程中，海泥极易悬浮在水中，使池水浑浊。

闫喜武（2005）关于菲律宾蛤仔无附着基采苗的研究表明，利用育苗池底作为附着基，不但可以避免传统滩涂贝类附着基所带来的弊端，而且育苗效果比较好。在无附着基情况下，四角蛤蜊幼虫可以完成附着变态。但也有研究表明：池底没有介质存在，容易造成幼虫因局部密度过高、缺氧、缺饵而死亡；另外，池底会聚集成堆大量的死藻、死亡幼虫及排泄物，而幼虫又喜好集群，增加了与大量病原体接触的机会，容易感染和死亡（陈远等，1998）。但是，这些弊端完全可以通过缩短倒池时间间隔、增加育苗期间倒池次数来加以避免。本实验的无附着基实验组，每天换水 50%，每 2 d 全量换水一次。从结果来看，该实验组的变态率最高，生长速度只略低于以沙为附着基的实验组，高于其他实验组。综上所述，在四角蛤蜊室内人工育苗生产中采用无附着基育苗是完全可行的。

2.3.4　大蒜对孵化率、幼虫及稚贝早期生长发育的影响

大蒜（*Allium Sativum*），百合科葱属多年生草本植物，是人们日常生活中必备的调味品，曾被美国《时代周刊》推荐为现代人十大最健康的食品之一（姚连初，2002；梅四卫和朱涵珍，2009；向杲等，2002；曾虹等，1996；唐雪蓉等，1997；杜爱芳等，1997）。其鳞茎具有较高的抗菌消炎作用，享有"天然广谱抗生素"的美誉。近年来，大蒜已广泛应用于水产养殖的疾病预防与治疗、饲料添加等中（张梁，2003；杨凤等，2010；Jarial, 2001）。

贝类室内全人工育苗存在水质易恶化、病害难控制等问题（杨凤等，2010）。近年来，食品安全越来越受到人们的重视，传统的抗生素类药物已无法解决水产品安全与疾病控制之间的矛盾。大蒜作为绿色天然中草药，富含大蒜素和二烯丙基硫化物，对多种细菌、真菌和病毒具有抑制与杀灭作用（Sasmal et al., 2005; Buchmann et al., 2003; Shalaby et al., 2006）。本研究旨在通过不同大蒜汁浓度对四角蛤蜊早期生长发育影响的研究，探讨最佳施用剂量和施用策略，为四角蛤蜊早期病害控制提供理论依据，为室内人工育苗提供参考。

2.3.4.1　材料与方法

1. 材料

实验于 2011 年 6 月在辽宁省庄河市海洋贝类养殖场育苗场进行。所需四角蛤蜊幼虫为人工育苗获得，大蒜购自大连庄河市千盛百货超市。

2. 方法

1）大蒜汁对孵化率的影响

孵化实验在 2 L 红色塑料桶中进行，设置 0 mg/L、2 mg/L、4 mg/L、8 mg/L、16 mg/L 和 32 mg/L 共 6 个浓度梯度。大蒜捣碎后用 300 目筛绢过滤后使用，具体方法为准确称量 4 g 大蒜，经捣碎过滤后配成 8000 mg/L 的母液，按所需浓度依次添加。每个浓度实验设置 3 个平行。孵化期间连续足量充气。

2）大蒜汁对幼虫生长发育的影响

孵化完成后，重新调整 D 形幼虫密度，使各处理组密度一致。每个大蒜汁浓度设置 3 个平行，实验期间连续微量充气，日换水一次并添加相应浓度的新鲜大蒜汁；日投饵 3 次，变态前投喂湛江等鞭金藻，变态后投喂小球藻，不定期调整幼虫密度使各组密度保持一致。

测量各组不同日龄幼虫的壳长和存活率，20 日龄测变态率。幼虫存活率为每

次测量幼虫的存活数与 D 形幼虫数量的比值（%）；变态率为出现次生壳的稚贝数量与葡萄幼虫数量的比值（%）；稚贝存活率为存活稚贝数占出现次生壳稚贝（包括死亡的）总数的比值（%）。

3）停用大蒜汁后稚贝的生长发育

30 日龄后，停用大蒜汁，观察各处理组的生长发育情况。测量停用大蒜汁 72 h 的存活率及第 15 天和第 25 天稚贝的壳长与存活率。以稚贝壳长的相对日生长量作为评价后期生长的指标[式（2-8）]：

$$G' = \frac{L_1 - L_0}{L_0 \cdot (d_1 - d_2)} \times 100\% \tag{2-8}$$

式中，L_0 为第一次测定的壳长，L_1 为最后一次测定的壳长，d_1 为第一次测定的时间，d_2 为最后一次测定的时间，G' 为相对日生长量。

3. 数据处理

使用 SPSS 13.0 统计软件对数据进行处理，Excel 作图。

2.3.4.2 结果与分析

1. 大蒜汁对孵化率的影响

水温 20.4℃条件下，孵化 25 h 后 D 形幼虫的孵化率见图 2-24。由其可见，随着大蒜汁浓度的增加，受精卵的孵化率先升高后降低，最高点出现在 8 mg/L 处，统计分析表明与其他各组差异显著（$P < 0.05$）。

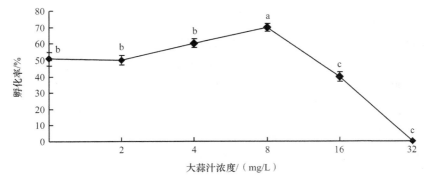

图 2-24 孵化 25 h 后 D 形幼虫的孵化率

2. 大蒜汁对生长发育的影响

1）大蒜汁对生长的影响

不同大蒜汁浓度下四角蛤蜊幼虫（1～15 日龄）和稚贝（20 日龄、30 日龄）的壳长见表 2-4。3 日龄时，各组幼虫的壳长并无显著差异（$P > 0.05$）；从 9 日龄开始，不同大蒜汁浓度组幼虫壳长出现显著性差异，各组幼虫壳长随大蒜汁浓度增加而减小。方差分析结果显示，大蒜汁浓度对四角蛤蜊 9 日龄及以上幼虫（稚贝）壳长生长的影响达到显著水平（$P<0.05$）。四角蛤蜊各时期的生长速度及不同发育阶段壳长规格见表 2-5。

表2-4　不同大蒜汁浓度下幼虫（1～15日龄）和稚贝（20日龄、30日龄）的壳长（μm）

日龄	大蒜汁浓度					
	0	2 mg/L	4 mg/L	8 mg/L	16 mg/L	32 mg/L
1	112±25.46[a]	86.77±0.93[a]	85.50±0.69[a]	84.80±0.97[a]	87.80±0.61[a]	81.25±6.25[a]
3	94.33±0.79[a]	97.03±0.87[a]	94.50±0.77[a]	97.00±0.92[a]	96.93±0.81[a]	95.67±1.09[a]
9	154.10±1.53[a]	139.17±2.08[b]	132.17±1.55[c]	133.17±2.96[c]	116.83±1.43[d]	101.67±1.25[e]
12	197.33±2.82[a]	184.50±2.23[b]	157.00±3.87[c]	148.33±2.67[d]	128.50±2.29[e]	108.33±1.36[f]
15	215.00±5.29[a]	198.67±2.84[b]	193.00±2.50[b]	192.00±1.76[b]	159.00±1.65[c]	113.00±1.53[d]
20	265.67±12.13[a]	252.67±9.74[a]	230.67±11.94[a]	194.00±5.24[b]	164.33±1.49[b]	106.00±5.10[c]
30	1199.17±49.81[a]	888.33±23.33[b]	793.33±19.98[c]	438.33±19.58[d]	—	—

注：标有不同字母者表示差异显著（$P<0.05$），标有相同字母者表示差异不显著（$P>0.05$），下同

表2-5　四角蛤蜊各时期的生长速度及不同发育阶段壳长规格

时期	日龄	生长速度/（μm/d）	不同发育阶段壳长规格/μm
幼虫期	0～9	7.83±1.33	159.33±2.14
变态期	10～15	8.45±2.56	188.33±2.92
稚贝期	16～45	127.67±37.50	5 430±250
幼贝期	46～90	268.21±55.33	16 170±430

2）大蒜汁对存活与变态的影响

大蒜汁对四角蛤蜊幼虫存活率的影响见图 2-25，随大蒜汁浓度的增加，幼虫的存活率先升高后降低再升高，呈"S"形变化，以 2 mg/L 大蒜汁浓度下存活率最高，说明连续使用低剂量（2 mg/L）的大蒜汁可以有效地提高幼虫的存活率。

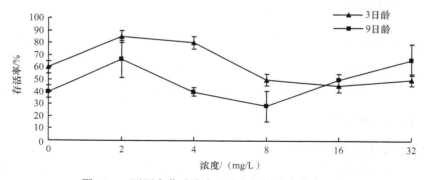

图 2-25　不同大蒜汁浓度下四角蛤蜊幼虫的存活率

不同大蒜汁浓度下四角蛤蜊幼虫的变态率见图 2-26，随大蒜汁浓度的增加，幼虫的变态率先升高后降低，2 mg/L 处理组的变态率最高，为 43.33%，与其他各组差异显著（$P<0.05$），说明连续使用低剂量（2 mg/L）的大蒜汁可以有效地提高幼虫的变态率。

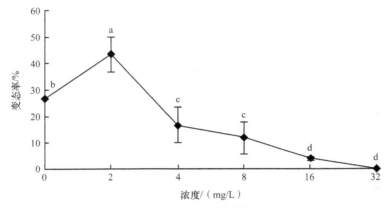

图 2-26　不同大蒜汁浓度下四角蛤蜊幼虫的变态率

连续使用大蒜汁对 15 日龄和 30 日龄稚贝存活率的影响见图 2-27。由其可见，长期连续使用大蒜汁对稚贝的存活产生了严重的抑制，30 日龄稚贝 32 mg/L 组的存活率为 0，16 mg/L 组的存活率为 4.67%。15 日龄与 30 日龄稚贝表现出相同的趋势，说明长期连续使用大蒜汁会降低稚贝的存活率。

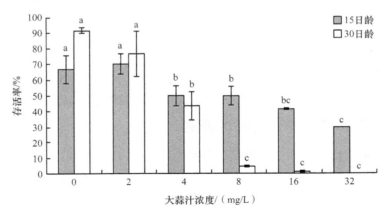

图 2-27　不同大蒜汁浓度下四角蛤蜊稚贝的存活率

3）停用大蒜汁后稚贝的生长发育

停用后第 25 天，4 mg/L 组相对日生长量均表现出明显优势，与对照组差异显著（$P<0.05$）（表 2-6）。

表2-6 停用大蒜汁后四角蛤蜊稚贝的相对日生长量（μm/d）

停用大蒜汁后天数	大蒜汁浓度			
	0 mg/L	2 mg/L	4 mg/L	8 mg/L
15	17.22±4.27[b]	55.28±6.64[a]	56.11±4.61[a]	31.33±8.21[b]
25	106.88±12.63[b]	139.00±11.95[ab]	152.58±20.98[a]	61.47±19.03[c]

2.3.4.3 讨论

大蒜中的大蒜素是抗菌消炎的主要成分，新鲜的大蒜中并没有游离大蒜素，当受到物理压榨后，大蒜中的蒜酶被激活与大蒜素的前体物质蒜氨酸反应产生大蒜素（姚连初，2002；梅四卫和朱涵珍，2009）。已有的研究表明，生蒜的抑菌作用极显著高于熟蒜（郭红珍等，2007）。因此，本研究采用传统的物理方法（捣碎）获得大蒜汁，并在实验过程中设置相应浓度的新鲜生大蒜汁。

本实验中大蒜汁浓度为 8 mg/L 时，四角蛤蜊受精卵的孵化率最高。而杨凤等（2010）研究了 2 mg/L、4 mg/L、8 mg/L、16 mg/L 和 32 mg/L 浓度大蒜汁对菲律宾蛤仔受精卵孵化率的影响，结果表明，任何浓度的大蒜汁都会降低菲律宾蛤仔受精卵的孵化率；Jarial（2001）对伊蚊（*Aedes*）卵的观察发现，大蒜能够抑制伊蚊卵的胚胎发育。这些结果与本研究有所不同，分析原因可能是物种对大蒜素的耐受性不同。

本实验结果显示，从 9 日龄开始，各组幼虫壳长随大蒜汁浓度增加而减小；幼虫的存活率和变态率均在大蒜汁浓度 2 mg/L 时最高，2 mg/L 浓度以上幼虫的变态率随大蒜汁浓度的增加而降低，变态时间出现延迟，变态规格也趋于小型化；稚贝的生长率和存活率也随大蒜汁浓度的增加而降低，30 日龄时大蒜汁浓度 32 mg/L 组稚贝的存活率为 0。

停用大蒜汁后，2 mg/L 组和 4 mg/L 组均表现出明显的补偿生长。因此，在生产实践中间歇性施用 2～4 mg/L 的新鲜大蒜汁能起到良好的抗病及促生长作用。

2.3.5 光照对稚贝生长及存活的影响

有关光照对四角蛤蜊生长及存活影响的研究国内外尚未见报道。本实验开展不同光照强度对四角蛤蜊稚贝生长存活影响的研究，以期探究四角蛤蜊稚贝生长存活的最适光照强度，为四角蛤蜊苗种规模化人工培育技术研发提供参考。

2.3.5.1 材料与方法

1. 材料

实验于 2012 年 9 月 1 日至 10 月 15 日在辽宁省庄河市海洋贝类养殖场苗种场进行。实验所用四角蛤蜊稚贝为人工繁育获得，平均壳长 2.22 mm。

2. 方法

实验设光照强度分别为 0~20 lx、60~80 lx、120~140 lx 和 180~200 lx 4 个组别（表 2-7），采用 500 mL 玻璃烧杯进行稚贝培养，外部通过不同透光程度的黑色遮光材料调节光照强度。取大小相近、健康无破损的四角蛤蜊稚贝 400 枚。每日早 7:30 和晚 17:00 投喂 2 次小球藻，水温 28.4~30.4℃，24 h 持续充气。每天早 7:00 投饵前全量换水，用筛绢网将稚贝滤出后冲净，适时拣出死亡个体，并记录统计。

表2-7 光照对四角蛤蜊稚贝生长及存活影响实验设计

光照/lx	稚贝数/个	培养密度/（个/mL）
0~20	100	0.2
60~80	100	0.2
120~140	100	0.2
180~200	100	0.2

2.3.5.2 结果

1. 不同光照强度对四角蛤蜊稚贝生长的影响

表 2-8 为实验进行 15 d、30 d 和 45 d 时不同光照强度下稚贝的壳长。光照强度不同，四角蛤蜊稚贝的生长情况也不同。0~20 lx 光照组稚贝壳长一直最大。在实验初期，4 组之间稚贝壳长相差不显著（$P>0.05$）；在实验进行到 30 d 的时候，180~200 lx 光照组稚贝壳长显著小于 0~20 lx 组（$P<0.05$），但与其他两组差异不显著（$P>0.05$）；实验进行到 45 d 时，180~200 lx 光照组稚贝壳长最小，与其他 3 组差异显著（$P<0.05$），但其他 3 组之间差异不显著（$P>0.05$）。

表2-8 不同光照强度下四角蛤蜊稚贝的壳长（mm）

光照强度/lx	15 d	30 d	45 d
0~20	2.37 ± 0.30^a	2.42 ± 0.35^b	2.60 ± 0.38^b
60~80	2.34 ± 0.29^a	2.36 ± 0.33^{ab}	2.39 ± 0.41^b
120~140	2.29 ± 0.36^a	2.35 ± 0.38^{ab}	2.39 ± 0.37^b
180~200	2.25 ± 0.29^a	2.27 ± 0.34^a	2.35 ± 0.36^a

2. 不同光照强度对四角蛤蜊稚贝存活率的影响

4 种不同光照强度对四角蛤蜊稚贝存活率的影响如图 2-28 所示。统计分析表明，180~200 lx 光照组的存活率显著低于 0~20 lx 组（$P<0.05$），且存活率随着光照强度的降低而上升。

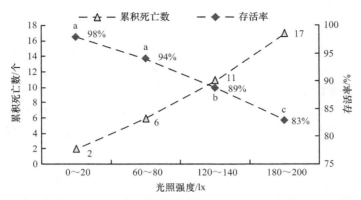

图 2-28　不同光照强度下四角蛤蜊稚贝的存活率

2.3.5.3　讨论

1. 光照强度对四角蛤蜊稚贝生长的影响

光是水生生物生长环境中极其重要的生态因子之一，光照强度的大小对养殖生物摄食、生长及存活都有直接或间接的影响。严正凛等（2001）在实验中得出九孔鲍（*Hallotis diversicolor*）幼虫及幼鲍最适光照强度在高温下为 700～1200 lx，在低温下为 1300～2000 lx；薛素燕等（2007）的实验说明，在室内不同光照条件下，刺参（*Stichopus japonicus*）幼参受强光处理组别的生长速度要显著高于受暗光处理的组别；王迎春和苏锦祥（1999）的实验结果则显示，黄盖鲽（*Pseudopleuronectes yokohamae*）受光照影响显著，在 40～60 lx 的光强下仔鱼生长最好，4000～7000 lx 光照越强仔鱼生长越差。可见不同种类的水生生物受光照强度的影响不尽相同。本次实验结果显示，0～20 lx 组四角蛤蜊稚贝的生长速度是最快的，但光照强度不同造成的生长差异性随着实验时间的增加才体现出来。这与闫喜武等（2010）对菲律宾蛤仔的研究结果相似。

2. 光照强度对四角蛤蜊稚贝存活的影响

本实验结果显示，180～200 lx 光照组的存活率显著低于 0～20 lx 组，且存活率随着光照强度的降低而上升。原因是光照较强时，容器壁及贝壳表面有大量藻类附着，藻类光合作用使环境 pH 升高，有时达到 9 以上，这使得四角蛤蜊稚贝生存环境恶化，摄食能力降低，生长缓慢，甚至死亡。所以，在四角蛤蜊苗种生产过程中，应该降低光照强度，提高存活率。

2.3.6　投饲频率对稚贝生长及存活的影响

投饲频率是影响养殖生物生长及养殖成本的重要因素。目前，投饲频率的研究以鱼类为主，鲤（*Cyprinus carpio*）（潘庆等，1998）、黄颡鱼（*Pelteobagrus fulvidraco*）（王武等，2007；孙丽慧等，2010）、罗非鱼（*Oreochroms mossambcus*）（强俊等，2008）、星斑川鲽（*Platichthys stellatus*）等都已有过报道，对虾也有过报道（周歧存等，2003；叶乐等，2005）。上述研究表明，分餐饱投能够有效促进养殖生物的生长，但达到某个值后，再加大投饲频率，生长速度不但无显著增加，反而会造成饲料的浪费。

四角蛤蜊幼虫培育饲料以湛江等鞭金藻及小球藻等活体藻类为主，过量投喂会恶化水质，影响四角蛤蜊苗种的生长及存活。本实验对不同投饲频率对四角蛤蜊稚贝生长和存活的影响进行了研究，以期为确定最佳投饲频率提供参考。

2.3.6.1　材料与方法

1. 材料

实验于 2012 年 9 月在辽宁省庄河市海洋贝类养殖场苗种场进行，实验所用四角蛤蜊稚贝为 2012 年 6 月人工繁育获得，平均壳长 2.32 mm。

2. 方法

1）实验设计

实验于 9 月 1 日开始，实验设 1 次/d、2 次/d、3 次/d 及 4 次/d 4 个投饲频率，实验为期 60 d。实验容器为 2 L 红色塑料桶，实验水温 28.4～30.4℃，24 h 连续充气。

2）日常管理

每天全量换水 1 次，用筛绢网将稚贝滤出，并将贝壳表面沉积的藻类冲洗干净，避免表面附着藻类对水质产生影响，拣出死亡个体并记数。每次投喂后观察饵料残留情况，作为下次投饵量的参考。不同组别投喂情况见表 2-9。

表2-9　投饲频率对四角蛤蜊稚贝生长及存活影响实验设计

投饲频率/（次/d）	投饵时间	稚贝个数/个	养殖容器/L	养殖密度/（个/L）
1	8:00	100	2	50
2	8:00 16:00	100	2	50
3	8:00 12:00 16:00	100	2	50
4	8:00 12:00 16:00 20:00	100	2	50

2.3.6.2　结果

实验期间四角蛤蜊稚贝生长情况如表 2-10 所示。随着投饲频率增加，四角蛤蜊稚贝的壳长呈上升趋势，实验 60 d 投饲频率 1 次/d 与 3 次/d 差异显著（$P<0.05$），2 次/d 与 3 次/d 差异显著（$P<0.05$），但 3 次/d 与 4 次/d 差异并不显著（$P>0.05$）。

表2-10　不同投饲频率对四角蛤蜊壳长的影响（mm）

投饲频率/（次/d）	实验时间					
	10 d	20 d	30 d	40 d	50 d	60 d
1	2.43±0.36ª	2.55±0.39[b]	2.62±0.37[b]	2.89±0.41ª	3.20±0.44[c]	3.66±0.57[b]
2	2.36±0.29[b]	2.36±0.27[c]	2.56±0.33[b]	2.95±0.38ª	3.05±0.39[bc]	3.61±0.58[b]
3	2.62±0.39ª	3.02±0.55ª	3.13±0.45ª	3.55±0.75ª	3.76±0.45[b]	4.30±0.39ª
4	2.45±0.37ª	3.08±0.56ª	3.24±0.43ª	3.35±0.51[b]	3.60±0.39[b]	3.96±0.39ª

实验结束后各组死亡个数及存活率统计见表 2-11。实验各组存活率都达 90% 以上，但投饲频率 4 次/d 组的最低。

表2-11　不同投饲频率对四角蛤蜊存活的影响

投饲频率/（次/d）	死亡个数/个	存活率/%
1	3	97ª
2	5	95ª
3	8	93ª
4	9	92ª

2.3.6.3　讨论

强俊等（2008）对奥尼罗非鱼（尼罗罗非鱼×奥利亚罗非鱼）幼鱼的实验得出投饲频率对其绝对生长率具有显著影响（$P<0.05$），最佳投饲频率为 3 次/d。周歧存等（2003）在对南美白对虾的投饲频率研究中发现，投饲频率由 3 次/d 提升到 5 次/d 的时候，南美白对虾增重率及绝对生长率显著提高，但提升到 7 次/d 的时候，并无显著提高。本次实验四角蛤蜊稚贝投饲频率由 1 次/d 及 2 次/d 提升至 3 次/d 时，实验 60 d 后壳长显著增长，当提升到 4 次/d 的时候，并没有显著变化，与上述实验结论相似，可初步认为四角蛤蜊的最佳投饲频率为 3 次/d。

投饲频率低，四角蛤蜊稚贝会出现消化后进食空缺的时间段，因此当增加投饲频率的时候，四角蛤蜊稚贝可以用更长时间摄取足够的食物，加快生长。但如果继续增加，其消化系统中的食物来不及消化，无法继续进食，造成饵料过剩而浪费，而且剩余饵料在水中会造成水质下降，影响稚贝的生长及存活。

实验过程中，4 组四角蛤蜊稚贝的存活率都超过 90%，各组差异不显著，但投饲频率 4 次/d 组的最低，也说明了投饲频率增加对稚贝存活会产生不良影响。

2.3.7　周期性饥饿再投喂对稚贝生长及存活的影响

动物继饥饿或营养不足一段时间后恢复喂食，在恢复生长阶段中出现的高于正常生长速度的快速生长现象称为补偿生长。目前，对于禽畜业动物补偿生长的研究已有许多报道，并在养殖过程中得到应用，对降低生产成本及节约生产资源起到了一定的作用。水产动物补偿生长方面的研究也有一些报道。秦艳杰等（2011）研究了饥饿对中间球海胆（*Strongylocentrotus intermedius*）代谢和生长的影响；鲁雪报等（2009）研究了中华鲟（*Acipenser sinensis*）幼鱼循环饥饿后的补偿生长和体成分变化；闫喜武等（2009）研究了饥饿对菲律宾蛤仔幼虫生长、存活、变态的影响；杨凤等（2008）研究了饥饿和再投喂对青蛤（*Cyclina sinensis*）幼虫生长、存活及变态的影响。目前，有关饥饿及再投喂对四角蛤蜊影响方面的研究尚未见报道。

2.3.7.1　材料及方法

1. 材料

实验于 2012 年 9 月在辽宁省庄河市海洋贝类养殖场苗种场进行。实验所用四角蛤蜊稚贝为人工繁育获得。

2. 方法

1）实验设计

选取 600 枚规格相近、健康的四角蛤蜊稚贝作为实验材料，从中随机抽取 100 枚进行初始壳长测量，平均壳长为 1.98 mm。然后随机分为 6 组，分别为对照组：每天正常投喂 2 次；S0.5F0.5 组：饥饿 0.5 d，恢复投喂 0.5 d，循环 48 次；S1F1组：饥饿 1 d，恢复投喂 1 d，循环 24 次；S2F2 组：饥饿 2 d，恢复投喂 2 d，循环 12 次；S4F4 组：饥饿 4 d，恢复投喂 4 d，循环 6 次；S8F8 组：饥饿 8 d，恢复投喂 8 d，循环 3 次。为满足稚贝饥饿后能量摄取需要，采取饱食投喂，并在饥饿前确保全换成新鲜海水培育。实验为期 48 d，每 8 d 采集一次数据。实验过程中稚贝放于 2 L 的塑料桶中培养，实验期间水温 28.4～30.4℃，24 h 连续充气。换水时拣出死亡个体，死亡标准为贝壳张开，刺激软体部无反应（表 2-12）。

表2-12　周期性饥饿再投喂对四角蛤蜊稚贝生长及存活影响实验设计

组别	稚贝个数/个	养殖容器/L	养殖密度/（个/L）
对照组	100	2	50
S0.5F0.5	100	2	50
S1F1	100	2	50
S2F2	100	2	50
S4F4	100	2	50
S8F8	100	2	50

2）日常管理

每天全量换水 1 次，用筛绢网将稚贝滤出，冲洗干净贝壳表面沉积的藻类，并将实验用容器及充气管清洗干净，避免表面附着的藻类影响水质，同时拣出死亡个体并记数。每天 8:00 和 18:00 各投喂 1 次，其中 S0.5F0.5 组在 18:00 投喂。

2.3.7.2　结果

由表 2-13 可见，S4F4 组的壳长最长，并显著高于对照组（$P<0.05$）；S0.5F0.5、S1F1 及 S2F2 组壳长与对照组差异不显著（$P>0.05$）；S8F8 组壳长显著小于对照组（$P<0.05$）。

表2-13　　周期性饥饿再投喂对四角蛤蜊稚贝壳长的影响（mm）

组别	实验时间					
	8d	16d	24d	32d	40d	48d
对照组	2.12 ± 0.39^b	2.25 ± 0.41^b	2.26 ± 0.48^b	2.36 ± 0.41^b	2.46 ± 0.48^b	2.52 ± 0.56^b
S0.5F0.5	2.12 ± 0.36^b	2.21 ± 0.43^{bc}	2.25 ± 0.46^b	2.28 ± 0.36^b	2.46 ± 0.55^b	2.51 ± 0.44^b
S1F1	2.17 ± 0.35^b	2.20 ± 0.33^{bc}	2.21 ± 0.40^{bc}	2.28 ± 0.40^b	2.37 ± 0.47^b	2.50 ± 0.40^b
S2F2	2.18 ± 0.32^b	2.23 ± 0.39^b	2.29 ± 0.46^b	2.32 ± 0.35^b	2.45 ± 0.45^b	2.52 ± 0.46^b
S4F4	2.28 ± 0.24^a	2.46 ± 0.32^a	2.58 ± 0.41^a	2.63 ± 0.39^a	2.83 ± 0.40^a	2.88 ± 0.39^a
S8F8	1.99 ± 0.28^c	2.01 ± 0.38^c	2.01 ± 0.39^c	2.21 ± 0.37^c	2.23 ± 0.40^c	2.33 ± 0.50^c

每天换水时将死亡个体挑出后，各组存活率如图 2-29 所示。存活率起初随着饥饿时间延长而逐渐升高，在 S2F2 组及 S4F4 组达到最高，但 S8F8 组的存活率显著低于 S4F4 组（$P<0.05$）。

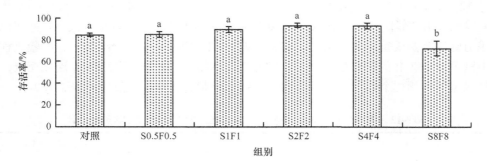

图 2-29　周期性饥饿再投喂对四角蛤蜊稚贝存活率的影响

2.3.7.3　讨论

在自然条件下，四角蛤蜊有时会面临食物匮乏而受到饥饿胁迫。鱼类的补偿生长根据生长程度共分为 4 类情况，即超补偿生长、完全补偿生长、部分补偿生长和无补偿生长。本实验 S4F4 组壳长显著超过对照组,表现为超补偿生长;S0.5F0.5 组、S1F1 组、S2F2 组壳长与对照组并无显著差异,属于完全补偿生长;S8F8 组虽然实验过程中持续生长,但始终不如对照组,只达到了部分补偿生长。姜海波和姜志强(2007)在对牙鲆(*Paralichthys olivaceus*)幼鱼进行周期性饥饿再投喂的实验中,S2F4 组(饥饿 2 d,恢复投喂 4 d)生长速度显著高于对照组,S4F8 组(饥饿 4 d,恢复投喂 8 d)生长速度显著低于对照组,本实验结果与其相似。

各实验组存活率与对照组相比呈上升趋势,直到 S2F2 组与 S4F4 组达到最高。S4F4 组补偿生长程度最高,存活率也最高;当饥饿时间延长至 8 d 时,许多个体无法承受,出现部分死亡。

2.3.8 干露和淡水浸泡对稚贝存活的影响

滩涂贝类苗种在运输及生活过程中,有时会处于露空(干露)状态或遭遇盐度突变,甚至淡水浸泡等。因此,研究滩涂贝类稚贝对干露和淡水浸泡的耐受性,对于确定运输距离和时间等具有重要指导意义。关于贝类干露或淡水浸泡的耐受性研究已见于海湾扇贝(于瑞海等,2007)、长牡蛎(于瑞海等,2006)、橄榄蚶(*Estellarca olivacea*)(周化斌等,2010)、毛蚶(曹琛等,2007)、长竹蛏(*Solen strictus*)(孙虎山,1992)和硬壳蛤(李忠泓和王国栋,2004)等。本实验旨在通过四角蛤蜊稚贝干露和淡水浸泡耐受性的研究,为四角蛤蜊苗种培育和敌害防治等提供科学依据。

2.3.8.1 材料与方法

1. 实验材料

实验所需材料为 2011 年 8 月通过人工育苗获得,为经中间育成培育至 60 日龄、平均壳长(2.62±0.19)mm 的四角蛤蜊稚贝。实验在辽宁省庄河市海洋贝类养殖场育苗场进行。

2. 实验设计与处理

1)干露实验

实验设置 0 h、8 h、12 h、16 h、20 h、24 h、28 h 和 32 h 共 8 个干露时间。具体方法为:取 8 个 2 L 红色塑料桶,用纱布和吸水纸擦干桶内水分,分别随机取 100 枚左右四角蛤蜊稚贝放在纱布上吸去壳表面水分,依次放入 8 个红色塑料桶中,按设置好的时间梯度进行干露实验,记录不同干露时间稚贝的死亡个数。干露完成后将稚贝直接放在常温沙滤海水中培养 72 h,分别记录稚贝 24 h、48 h 和 72 h 累计死亡个体数。实验在 25℃条件下进行,每次测量随机选取 10~15 枚稚贝,每个处理重复取样 3 次。若稚贝双壳不能正常闭合或稚贝足和内脏团无活动迹象，受到针刺等刺激无应激性反应则认为稚贝死亡。以不同干露时间下稚贝的直接死亡率[式（2-9）]和恢复到正常海水培养后稚贝 72 h 的死亡率[式（2-10）]作为四角蛤蜊干露耐受性的评价指标。

$$稚贝直接死亡率 = \frac{稚贝直接死亡个数}{抽样稚贝数} \times 100\% \qquad (2\text{-}9)$$

$$稚贝死亡率 = \frac{死亡稚贝个数}{抽样稚贝数} \times 100\% \qquad (2\text{-}10)$$

2）淡水浸泡实验

淡水浸泡实验设置 0 h、4 h、8 h、12 h、16 h、20 h、24 h、32 h 共 8 个时间梯度，具体为将 5000～6000 枚四角蛤蜊稚贝置于装有淡水（提前曝气，水温 23℃）的 10 L 塑料桶中，按照设置的时间梯度进行淡水浸泡实验。每次测量随机选取10～15 枚稚贝，每个时间梯度重复取样 3 次，计算直接死亡率[式（2-9）]，然后将存活的稚贝放在常温沙滤海水中培养 72 h，参照[式（2-10）]计算 72 h 内稚贝的死亡率。稚贝死亡判定标准同干露实验。

3. 数据处理

采用 SPSS 统计软件中 One-Way ANOVA（单因素方差分析）方法对数据进行分析处理，差异显著性设置为 $P < 0.05$，Excel 作图。

4. 稚贝死亡的确定

干露和淡水浸泡处理后，将稚贝置于自然海水中，24 h 后全量换水，24 h、72 h 后分别将稚贝放于培养皿中，置于低倍显微镜下观察，如稚贝鳃丝不动，双壳张开不能闭合，或虽两壳闭合但漂于水面，或能明显看到壳内有一气泡，则认定稚贝已死亡。

2.3.8.2 结果与分析

1. 干露实验

干露后恢复到正常海水中培养 24 h 的存活率如图 2-30 所示。从中可以看出，四角蛤蜊稚贝的存活率随干露时间的延长而下降，干露 12 h 组稚贝的存活率为100%，干露 32 h 组稚贝全部死亡。因此，四角蛤蜊稚贝对干露的耐受时间范围为12～32 h。稚贝干露后培养 48 h 和 72 h 的存活率与 24 h 无显著差异。方差分析表明，干露对四角蛤蜊稚贝存活率的影响均达到显著水平（$P < 0.05$）。

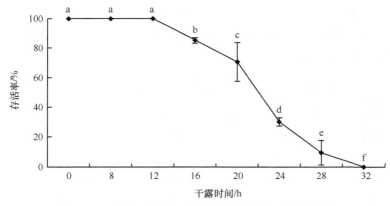

图 2-30 不同干露时间对四角蛤蜊稚贝存活率的影响

2. 淡水浸泡实验

不同淡水浸泡时间处理后,四角蛤蜊稚贝的直接死亡率和培养 24 h 死亡率见图 2-31。如图 2-31 所示,随淡水浸泡时间的延长,四角蛤蜊稚贝的直接死亡率和培养 24 h 死亡率均呈现上升的趋势。淡水浸泡 8 h 组稚贝出现死亡,浸泡 16 h 组死亡率为 100%。因此,四角蛤蜊对淡水浸泡的耐受时间范围是 8~16h。方差分析表明,淡水浸泡对四角蛤蜊稚贝直接死亡率的影响均达到显著水平($P < 0.05$)。

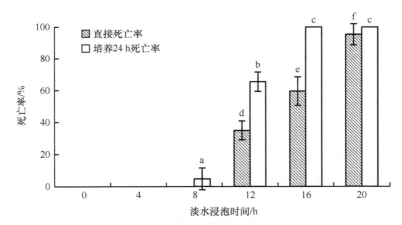

图 2-31 不同淡水浸泡时间对四角蛤蜊稚贝死亡率的影响
相同字母表示差异不显著($P > 0.05$),不同字母表示差异显著($P < 0.05$)

2.3.8.3 讨论

1. 对干露的耐受能力

本实验结果显示,平均壳长(2.62 ± 0.19)mm 的四角蛤蜊稚贝在 25℃条件下干露 12 h 仍 100%存活，随着干露时间的延长存活率迅速下降，干露 32 h 全部死亡。说明四角蛤蜊稚贝对干露有一定的耐受性，为四角蛤蜊苗种运输过程中通过干露清除敌害生物提供了重要参考。已有的研究表明，贝类耐干露的能力除了与种类、规格有关外，还受干露时间、温度、湿度的影响。例如，于瑞海等（2007）在对海湾扇贝和太平洋牡蛎的耐干露性研究中发现，气温 8～10℃处理组的成活率明显高于 20～22℃处理组；周化斌等（2010）对橄榄蚶的研究发现，随着温度的升高，橄榄蚶耐干露能力下降，死亡率升高；曹琛等（2007）对毛蚶苗干露耐受性研究结果表明，随着温度的升高，毛蚶苗的耐干露能力急剧下降；杨凤等（2012）研究了不同规格菲律宾蛤仔在不同温度下对干露的耐受性，同种规格稚贝耐干露能力随着温度升高而下降，相同温度下稚贝耐干露能力随规格的增加而增大。因此，在生产实践中，除严格控制露空时间外，保持低温和一定湿度可以有效地延长贝类耐干露时间，提高其成活率。

2. 对淡水浸泡的耐受能力

本实验结果显示，平均壳长（2.62±0.19）mm 的四角蛤蜊稚贝在 23℃条件下淡水浸泡 4 h 仍 100%存活，随着浸泡时间的延长存活率迅速下降，浸泡 16 h 全部死亡。已有的研究表明，贝类耐淡水浸泡的能力主要与种类、规格、浸泡时间、温度有关。例如，杨凤等（2008）研究了不同规格菲律宾蛤仔在不同温度下耐淡水浸泡能力，结果表明，菲律宾蛤仔耐淡水浸泡能力在稚贝壳长<9.5 mm 时，随规格增大而增大，当稚贝壳长>9.5 mm 时，耐淡水浸泡能力随规格的增大而减小。根据本实验结果，在四角蛤蜊稚贝中间育成过程中，不定期地用淡水浸泡稚贝 3～4 h，可以达到清除敌害和病原菌的目的。

2.4　室内人工苗种繁育技术研究

关于四角蛤蜊苗种培育、增养殖及开发利用的研究报道较多。崔广法等（1985）研究了四角蛤蜊的人工育苗技术；李霞（1998）开展了四角蛤蜊的人工刺激催产实验；赵匠（1992, 1999）研究了四角蛤蜊的形态与生活习性、胚胎发育及温度对稚贝、成贝生长存活的影响；张汉华等（1995）对广东白沙湖四角蛤蜊的生长、种群动态、繁殖期及增殖效果进行了研究；董景岳等（1991）对辽宁渤海湾四角蛤蜊的生物学进行了调查，并提出了开发利用建议；项福椿（1991）对辽宁沿海四角蛤蜊的生殖与生长及其开发养殖技术进行了探讨。但目前尚未见关于北方沿海四角蛤蜊人工育苗方面的报道。本实验对四角蛤蜊的人工育苗技术进行了研究，旨在为北方沿海地区进一步开展四角蛤蜊苗种规模培育提供参考。

2.4.1 催产孵化及幼虫、稚贝培育

2.4.1.1 亲贝来源

实验用四角蛤蜊亲贝于 2004 年 7 月底采自辽宁省庄河市海洋贝类养殖场的室外池塘,壳长为(33.97±2.90)mm,数量为 79 个,性腺成熟,随即进行人工催产。2006 年,为了补充 2004 年的实验数据,用采自大连庄河贝类养殖场海区、壳长为(39.62±2.78)mm 的四角蛤蜊 35 个又进行了人工育苗实验。两年所用亲贝均为 2 龄。

2.4.1.2 催产及孵化

将亲贝清洗干净,放入 100 L 的白色塑料桶中,自然产卵排精。2004 年共进行了 2 批催产:第一批亲贝(40 个)于 7 月 31 日 20:30 开始产卵,共产卵 3300 万粒,平均产卵量为 82.5 万粒/个,将受精卵分别放入 7 个 100 L 塑料桶中充气孵化,密度为 30~50 个/mL;第二批亲贝(39 个)于 8 月 2 日 3:00 开始产卵,共产卵 3070 万粒,平均产卵量为 76.8 万粒/个,将受精卵分别放入 9 个塑料桶中充气孵化,孵化水温为 24.0~25.4℃,盐度为 24,pH 为 8.0。

第一批卵到 8 月 1 日 14:30 孵化为 D 形幼虫,第二批卵到 8 月 2 日 23:00 孵化为 D 形幼虫。

2006 年催产,将 35 个亲贝放入 2 个 100 L 的塑料桶中,于 8 月 23 日 15:00 开始产卵,共产卵 224 万粒,平均产卵量为 13.2 万粒/个,将受精卵分别放入 3 个塑料桶中充气孵化。

2.4.1.3 幼虫和稚贝培育

2004 年 2 批共选育 D 形幼虫 6300 万个,孵化率近 100%。第一批幼虫分别放入 4 个塑料桶和 30 m^3 水泥池中进行培育,塑料桶中幼虫密度为 10~12 个/mL;第二批幼虫与第一批只差 2 d,放入水泥池中与第一批共同培养,密度为 2 个/mL。2006 年一个塑料桶中选育出 D 形幼虫 145 万个,孵化率为 64.7%,分别放入 2 个桶中进行培育,密度为 7~8 个/mL。幼虫培育期间,水温为 22.4~25.6℃,盐度为 22~24,pH 为 7.8~8.4。桶中日全量换水 1 次,水泥池中日换水 2 次,每次换 1/2,每 3 天倒池 1 次。全天微量充气。以巴夫藻、湛江等鞭金藻为饵料混合投喂(1:1),日投饵量为 $4×10^4$~$8×10^4$ cells/mL。用无基质采苗,即幼虫直接附着在桶底或池底。稚贝饵料同幼虫培育,但投饵量增加到 $8×10^4$~$12×10^4$ cells/mL。

2.4.1.4 测定指标和数据处理

将亲贝解剖后用吸管取少量性腺放入昆虫培养皿中,在显微镜下观察,确认雌、雄。在显微镜下用目微尺测量卵径、幼虫和稚贝大小,每次随机测量 30 个个

体。D 形幼虫存活率为幼虫存活个体数与幼虫总数之比；变态率为变态稚贝（出次生壳）数与后期面盘幼虫数的比值；存活率为稚贝存活个体数与刚变态稚贝数的比值。

用 SPSS 11.0 统计软件对数据进行分析处理。

2.4.2 亲贝性比和产卵量

由表 2-14 可知，2006 年四角蛤蜊的性比为 1：1.05，35 个亲贝共产卵 224 万粒，平均产卵量为 13.2 万粒/个；2004 年两个批次亲贝的平均产卵量为 79.7 万粒/个。2004 年与 2006 年亲贝规格有所差异，平均产卵量也不相同。

表2-14 四角蛤蜊亲贝的性状、性比和产卵量（$x \pm s$）

年份	壳长/mm	壳高/mm	壳宽/mm	鲜重/（g/个）	性比	平均产卵量/（万粒/个）
2004（n=79）	33.97±2.90	—	—	10.43±2.85	—	79.7±4.0
2006（n=35）	39.62±2.78	33.74±2.93	22.86±1.86	13.53±2.29	1：1.05	13.2

2.4.3 胚胎发育

2.4.3.1 胚胎发育观察

四角蛤蜊的卵为沉性，呈圆形，颜色较浅，在显微镜下呈半透明状。受精卵在水温为 25.4℃、盐度为 22、pH 为 8.0 的条件下，经过 20 h 30 min 发育为 D 形幼虫。胚胎发育过程见表 2-15。

表2-15 四角蛤蜊的胚胎发育（2006年）

发育阶段	发育时间	发育阶段	发育时间
受精卵	0	16 细胞	5 h 36 min
第一极体	36 min	32 细胞	6 h
第二极体	1 h 20 min	桑葚期	6 h 30 min
2 细胞	2 h 20 min	囊胚期	7 h 8 min
4 细胞	4 h 30 min	担轮幼虫	14 h 30 min
8 细胞	5 h	D 形幼虫	20 h 30 min

2.4.3.2 卵径、受精率、孵化率和 D 形幼虫规格

四角蛤蜊的卵径和 D 形幼虫较小。2004 年卵的受精率和孵化率均很高，接近 100%；2006 年的受精率也很高，接近 100%，但孵化率较低，为 64.83%，两年差异较大（表 2-16）。

表2-16 四角蛤蜊的卵径、受精率、孵化率和D形幼虫大小

类别	2004 年	2006 年
卵径（±SD）/μm	—	50.58±0.92
受精率（±SD）/%	99.83±0.28	99.73±0.31
孵化率（±SD）/%	95.64±0.85	64.83±2.86
D 形幼虫大小（±SD）/μm	70.96±0.92	70.45±0.99

2.4.4 幼虫的生长、存活及变态

如图 2-32 所示，在幼虫期（0、1、3、5、7、10 日龄），壳长、壳高与日龄呈现线性关系，其生长具有同步现象，其关系式见表 2-17。壳顶初期，幼虫生长较慢，生长速度为 7.83～8.83 μm/d；壳顶中、后期，生长较快，生长速度为 11.38～14.99 μm/d。幼虫（0、1、3、5、7、10 日龄）的存活率曲线如图 2-33 所示，总体存活率在 80% 以上，7～10 日龄，存活率由（91.97±1.43）% 降至（80.37±1.86）%。变态期间，幼虫的面盘脱落，运动方式由用面盘浮游转为用足爬行；先是出现鳃

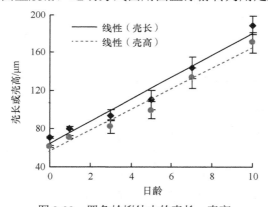

图 2-32 四角蛤蜊幼虫的壳长、壳高

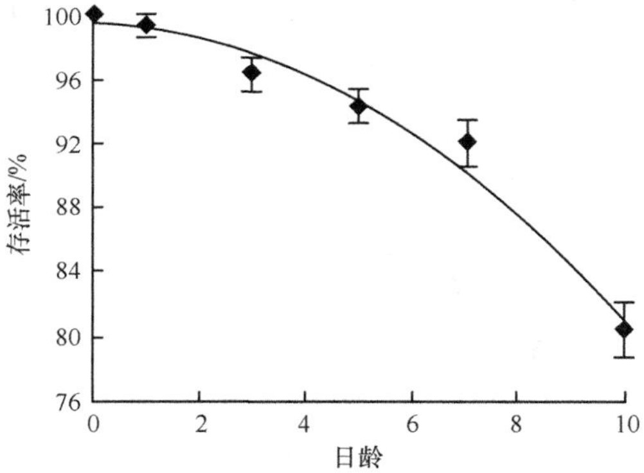

图 2-33 四角蛤蜊幼虫的存活率

丝，并逐渐增多，最后形成鳃，用来呼吸和摄食，摄食能力明显加强，整个过程未见眼点；在初生壳边缘长出次生壳，变态率高达（95.48±3.64）%（表2-18）。对个体而言幼虫变态很迅速，变态时间仅为 1 d 左右，不同于其他滩涂贝类；对群体而言，参差不齐，持续变态时间长达 5～6 d。

表2-17　四角蛤蜊幼虫、稚贝大小与日龄的线性方程

时期	类别（Y）	线性方程	R^2	日龄（X）
幼虫期	壳长（μm）	$Y=11.605X+64.140$	0.9678	$0 \leqslant X \leqslant 10$
	壳高（μm）	$Y=10.879X+55.314$	0.9711	$0 \leqslant X \leqslant 10$
稚贝期	壳长（μm）	$Y=57.751X-458.29$	0.9782	$10 < X \leqslant 45$
	壳高（μm）	$Y=47.799X-348.99$	0.9706	$10 < X \leqslant 45$

表2-18　四角蛤蜊的足面盘幼虫规格，变态率，变态规格，单水管稚贝、双水管稚贝规格

类别	规格及变态率
足面盘幼虫规格（±SD）/μm	164.00±3.54
变态率规格（±SD）/%	95.48±3.64
变态规格（±SD）/μm	186.00±4.22
单水管稚贝规格（±SD）/μm	212.00±5.46
双水管稚贝规格（±SD）/μm	496.00±9.87

2.4.5　稚贝的生长、存活

如图 2-34、图 2-35、表 2-19 所示，在稚贝期（10～45 日龄），壳长、壳高与日龄呈现线性关系，其生长具有分离现象，壳长、壳高关系式见表 2-17。稚贝存活率随日龄增长依次降低。在 10～15 日龄，稚贝生长较慢，生长速度为 32.15～36.82 μm/d，但远高于幼虫的生长速度，存活率近乎 100%；在 15～30 日龄，生长

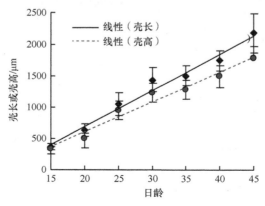

图 2-34　四角蛤蜊稚贝的壳长、壳高

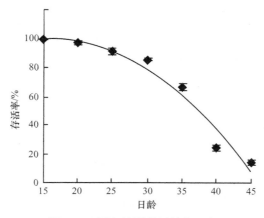

图 2-35　四角蛤蜊稚贝的存活率

速度最快，达（71.20±9.91）μm/d，存活率在（85.30±1.28）%以上；在 30～45 日龄，生长速度较快，达（49.30±7.12）μm/d，存活率迅速下降，最后为（14.10±1.61）%，尤其是在 35～40 日龄，稚贝出现大量死亡现象，这也许与水温由 23.6～25.4℃降到 22.4～23.6℃及原有生活方式（由埋栖到无附着基）的改变有关。

表2-19　四角蛤蜊幼虫、稚贝生长速度的比较

类别	2005 年生长速度/（μm/d）	2006 年生长速度/（μm/d）
壳顶初期（0～3 日龄，±SD）	8.33±1.67	7.83±1.84
壳顶中期（3～8 日龄，±SD）	13.53±2.69	11.38±1.78
壳顶后期（8～10 日龄，±SD）	12.28±2.32	14.99±2.23
稚贝期（10～15 日龄，±SD）	32.15±7.96	36.82±6.24
稚贝期（15～30 日龄，±SD）	—	71.20±9.91
稚贝期（30～45 日龄，±SD）	—	49.30±7.12

2.4.6　幼虫、稚贝规格及变态率

如表 2-18 所示，四角蛤蜊足面盘幼虫规格、变态率、变态规格，以及单水管和双水管稚贝规格分别为（164.00±3.54）μm、（95.48±3.64）%、（186.00±4.22）μm、（212.00±5.46）μm、（496.00±9.87）μm。

2.4.7　苗种繁育及产业前景探讨

辽宁沿海四角蛤蜊性比为 1：1.05，与江苏 1：1、天津大港区 1：1.08 相近，繁殖季节辽宁为 5～9 月，江苏为 3～6 月，广东沿海为 9～12 月及翌年 2～3 月，繁殖时间主要受温度影响（项福椿，1991；张汉华等，1995；崔广法等，1985）。

四角蛤蜊的卵为沉性，刚产出呈圆形，卵的颜色较浅，在显微镜下呈半透明状，卵径为（50.58±0.92）μm，这与江苏四角蛤蜊的卵径 78～88 μm 不同，差异很大，可能与长时间的地理隔离有关（项福椿，1991）。受精卵在温度 25.4℃、pH 8.0、盐度 22 的条件下，经过 20 h 30 min 全部孵化为 D 形幼虫，在一定温度范围（13～30℃），胚胎发育速度随着温度的升高而加快（赵匠，1992）。在 5 月中旬出现第一次产卵盛期，6 月初出现第二次产卵，有少量在 6 月中旬出现第三次产卵，8 月上旬又有少量的产卵，9 月上旬再次出现产卵现象。怀卵量的多少与种贝大小有关，而产卵量的多少与性腺的成熟度及产卵批次有关。

　　幼虫期间，其生长与日龄呈线性关系，存活率较高。变态期间，对于个体而言，1 d 左右就可以完成变态；对于群体而言，需要 5～6 d，也就是说，存在持续变态，由于变态时间短，从生长上看，并没有影响生长，这不同于其他滩涂贝类。稚贝期间，刚刚完成变态的个体，2 d 左右出现出水管，变为单水管稚贝，此时摄食能力加强，活力加强；变态后 10 d 左右，全部出现进水管，成为双水管稚贝，摄食能力、活力进一步加强，进入快速生长期。当稚贝生长到 1.5 mm 左右时，生长突然变得缓慢，经过 5～6 d，此时稚贝出现大量死亡，这也许与原有生活方式的改变有关。在天然条件下，稚贝本该由匍匐爬行专为埋栖生活，但由于人为控制，稚贝还得生活在桶底，仍然要进行匍匐生活，不能实现生活方式的改变，出现大量死亡，这与毛蚶稚贝在 2～3 mm 时会大量脱落（杨玉香等，2004）相似。所以在以后的生产中，利用稚贝在室内的快速生长期，当稚贝生长到 1.5 mm 左右时转到池塘中，采用菲律宾蛤仔三段法养殖模式进行中间育成（闫喜武，2005），可以大大提高成活率，并且有效地降低育苗成本。

　　根据实地观察，四角蛤蜊在辽宁沿海潮间带自然分布很广，资源面积约 15.9 万亩[①]，占辽宁潮间带贝类资源分布总面积的 28.3%，居滩涂栖息贝类之首；资源量约 8 万 t，居滩涂贝类产量第三位（仅低于菲律宾蛤仔和文蛤）（董景岳，1991）。5～6 月繁殖的子代经过 12～16 个月可以生长到 3 cm，这时即可收获。如果提前在 3～4 月采捕种贝，在室内控温促熟，能够比自然海区提前 2 个月成熟产卵，若在虾池中养殖，其生长速度会更快，能够做到当年育苗、当年养成并收获（赵匠，1993）；如果秋季繁殖的存活率低、生长缓慢，至翌年 4 月上旬只有 3～5 mm，需要 16～20 个月可以达到商品规格（项福椿，1991）。由此可见，四角蛤蜊人工苗种繁育具有生长快、产量高、经济效益显著、养殖周期短的特点。

2.5　生态促熟及室内人工苗种繁育研究

　　四角蛤蜊的繁殖季节较短，只有 15 d 左右（项福椿，1991；董景岳，1991），

----

① 1 亩≈666.7 m²

繁殖盛期难以把握，成为限制其人工繁育的关键因素。闫喜武等（2005）在菲律宾蛤仔人工苗种繁育研究中发现，土池养殖方法可以使菲律宾蛤仔保持性腺成熟状态长达 5 个月。本研究旨在利用生态土池促熟原理，结合组织学方法，系统地研究生态土池促熟过程中四角蛤蜊性腺的发育规律及幼虫、稚贝生长特点，以丰富四角蛤蜊的繁殖生物学，为四角蛤蜊全人工育苗提供理论依据。

2.5.1 采集及生态池促熟

2.5.1.1 材料

2011 年 3 月中旬将在大连庄河浅海滩涂收集的 1206 枚 2 龄四角蛤蜊个体，按 20 个/层装于网笼中，在生态池中促熟。吊养一周后，从 4 月初到 8 月初每月取样一次，每次随机取 30～50 枚进行数据采集，同时随机选取海区滩涂同等数目的 2 龄个体作为对照。吊养期间，不定期清理污物及附着生物并更换网笼，观察记录生长存活状况及水温变化。

2.5.1.2 方法

1. 样本测量

用游标卡尺（0.02 mm）测量壳长、壳高、壳宽，用电子天平称取鲜贝重和软体部重，以肥满度作为性腺发育程度的评价指标，肥满度=软体部重/鲜贝重×100%。

2. 组织切片的制作与观察

随机取 15～20 个样本的性腺，用 Bouin's 固定液固定 24 h 后，置于 75%的乙醇中保存，常规石蜡切片，切片厚度为 7 μm，HE 染色，树胶封片保存，Olympus 光学显微镜下观察、拍照。参照 Yan 等（2005）的方法，根据四角蛤蜊性细胞本身的特点和发育规律将其性腺发育划分为 5 期。

3. 人工繁育及幼虫、稚贝的生长与存活

于 2011 年 6 月 10 日随机选取 58 个性腺成熟的个体作为繁殖群体，将临产状态的四角蛤蜊阴干 12 h，流水刺激 20～30 min 后，置于装有沙滤海水的 60 L 白色塑料桶中待产，3 h 后便开始集中排放精卵；洗卵后，在 60 L 白色塑料桶中进行孵化、幼虫培养；幼虫变态后，调整密度，继续在室内培养，进行室内中间育成，此期视摄食情况适当增加投饵量，饵料以湛江等鞭金藻和小球藻混合投喂；稚贝长到 5 mm 左右时，移至室外池塘进行后期养成，定期清理污物及附着敌害生物并更换不同规格网袋。

2.5.1.3　数据处理

使用 SPSS 13.0 统计软件对数据进行处理，Excel 作图。

2.5.2　肥满度比较

本实验中，4 月四角蛤蜊的肥满度较高，为（24.88±3.14）%。不同月份生态池和海区四角蛤蜊的肥满度见图 2-36。由图 2-36 可见，海区 5 月性腺的肥满度迅速增长到最高值（29.07±4.02）%，说明此期为成熟期；6 月肥满度迅速下降，说明 5～6 月精卵大量排放，为排放期；7 月肥满度持续下降，8 月初下降至最低，为（15.31±3.97）%，说明此阶段进入休止期。生态池 5 月性腺肥满度为（28.75±3.84）%，6 月肥满度继续增加，为（29.23±3.39）%，对比海区性腺肥满度，可以认为，5 月到 6 月均为成熟期，7 月肥满度迅速下降，8 月初降至最低（16.75±1.80）%，说明 7 月初精卵大量排放。所以，在生态池，从 5 月、6 月一直到 7 月初的这段时间虽然性腺一直处于排放期，但由于缺少像自然海区涨落潮、盐度骤变等刺激精卵排放的因素，精卵并没有大量排放。这样性腺成熟时期由原来的 15 d 延长到 60 d 左右，性腺发育的可调控性和可操作性明显增强。

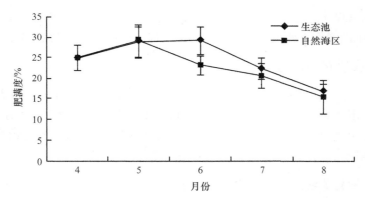

图 2-36　不同月份生态池和自然海区四角蛤蜊的肥满度

2.5.3　性腺组织切片观察

4～8 月，生态池和自然海区四角蛤蜊性腺发育的组织学变化见图 2-37。4 月初，四角蛤蜊的卵巢已经发育到生长期（图 2-37：1），部分发育到成熟期（图 2-37：2）；5 月初，生态池和自然海区四角蛤蜊的性腺均发育到排放期（图 2-37：3、4），针刺或轻压性腺可见成熟卵子流出，遇水即散；6 月初，生态池中四角蛤蜊的性腺仍为排放期（图 2-37：5），但自然海区已进入休止期（图 2-37：6）；7 月初，生态池中四角蛤蜊的性腺处于排放期末，开始进入休止期，但仍可见部分未排净的成熟卵子（图 2-37：7），自然海区的四角蛤蜊性腺处于休止期末，并开始下一时期的增殖，可见部分结缔组织增生（图 2-37：8）；8 月初，生态池和自然海区均处于休止期，结缔组织增生明显（图 2-37：9、10）。

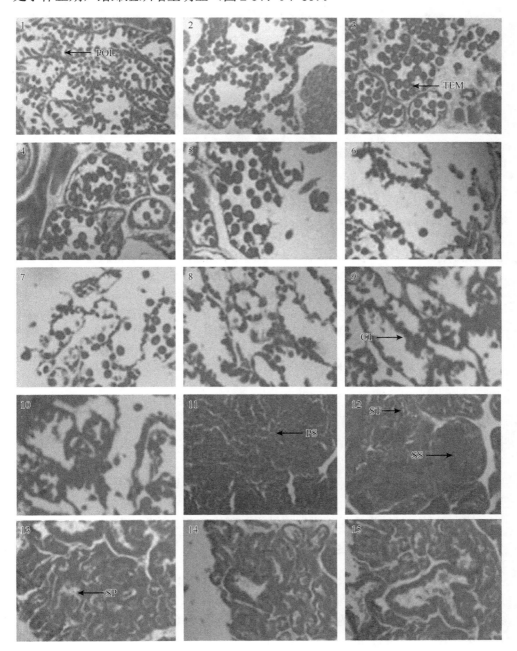

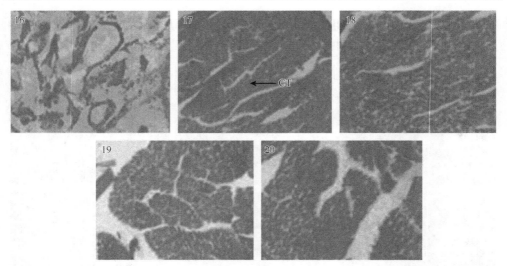

图 2-37　池塘和自然海区滩涂四角蛤蜊不同月份性腺发育的组织切片（×100）（彩图请扫封底二维码）

1. 生态池 4 月（♀，生长期）；2. 生态池 4 月（♀，成熟期）；3. 生态池 5 月（♀，排放期）；4. 海区 5 月（♀，排放期）；5. 生态池 6 月（♀，排放期）；6. 海区 6 月（♀，休止期）；7. 生态池 7 月（♀，排放期）；8. 海区 7 月（♀，休止期）；9. 生态池 8 月（♀，休止期）；10. 海区 8 月（♀，休止期）；11. 生态池 4 月（♂，生长期）；12. 生态池 4 月（♂，成熟期）；13. 生态池 5 月（♂，排放期）；14. 海区 5 月（♂，排放期）；15. 生态池 6 月（♂，排放期）；16. 海区 6 月（♂，休止期）；17. 生态池 7 月（♂，休止期）；18. 海区 7 月（♂，休止期）；19. 生态池 8 月（♂，休止期）；20. 海区 8 月（♂，休止期）；POL：卵黄形成后期的初级卵母细胞；TEM：成熟卵子；CT：结缔组织；PS：初级精母细胞；SS：次级精母细胞；ST：精细胞；SP：精子

精巢的发育规律与卵巢相似。4 月初，四角蛤蜊的精巢已经发育到生长期（图 2-37：11），部分发育到成熟期（图 2-37：12）；5 月初，生态池和自然海区四角蛤蜊的精巢均发育到排放期（图 2-37：13、14），精子遇水即散；6 月初，生态池中的四角蛤蜊仍为排放期（图 2-37：15），但海区的四角蛤蜊已进入休止期（图 2-37：16），结缔组织开始增生；7 月和 8 月，可以清晰地看到结缔组织增生明显，滤泡消失（图 2-37：17～20）。

综上可见，性腺发育组织学研究结果与肥满度测量结果一致。

2.5.4　幼虫及稚贝生长与存活

从图 2-38～图 2-40、表 2-20 可以看出，四角蛤蜊幼虫及稚贝的生长与日龄呈线性相关，相关系数均达到 0.95 以上。变态规格为（188.33±2.92）μm，群体变态时间持续 5～6 d；幼虫的存活率均>40%，生长速度也较快，90 日龄幼贝规格已到达（16.17±0.43）mm。

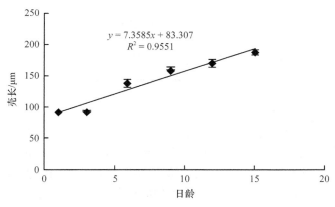

图 2-38　四角蛤蜊幼虫的壳长

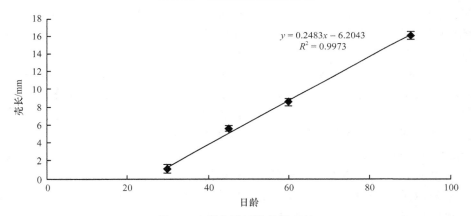

图 2-39　四角蛤蜊稚贝的壳长

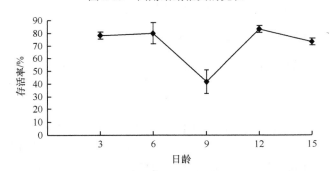

图 2-40　四角蛤蜊幼虫的存活率

表2-20　四角蛤蜊各时期的生长速度及规格

时期	日龄	生长速度/（μm/d）	规格/μm
幼虫期	0~9	7.83±1.33	159.33±2.14
变态期	10~15	8.45±2.56	188.33±2.92

时期	日龄	生长速度/（μm/d）	规格/μm
稚贝期	16～45	127.67±37.50	5 430±250
幼贝期	46～90	268.21±55.33	16 170±430

2.5.5　生态池促熟的探讨

Yan 等（2005）对菲律宾蛤仔的研究认为，生态池中水温回升快、饵料丰富、无涨落潮等海况的剧烈变化，性腺能够始终保持成熟状态而不排卵。阎斌伦等（2005）在对毛蚶的研究中提出，毛蚶的性腺发育存在生殖细胞的积累和排放的生理过程，并指出精卵排放需要一定理化因子的刺激。本研究中，在生态池，5月和 6 月四角蛤蜊的性腺已发育成熟，但并未集中排放，说明生态池的促熟方法有效地延长了四角蛤蜊的繁殖期。但 6 月 26～29 日，出现了持续的强降雨，强降雨结束后，随机抽样观察，发现四角蛤蜊的性腺已经集中排放，与 7 月初的组织切片研究结果一致，可以认为，强降雨使生态池中的盐度骤降，加上此期水温已到达 27～28℃，导致四角蛤蜊精卵的集中排放。因此，在生态池中促熟，要密切留意天气变化，并定期对水质指标进行监测，如水温、盐度等。若遇到暴雨及连阴雨等恶劣天气，应提前将种贝移至室内养殖池，避免精卵的排放。值得注意的是，在转移过程中，应严格控制水温、盐度等与生态池相一致，防止外界条件刺激导致精卵排放。另外，四角蛤蜊人工繁育的过程中，在准确把握成熟度的前提下，可以通过改变外界生态条件刺激其精卵排放。

生态池促熟过程中，四角蛤蜊 7 月、8 月的存活率仅为 20%～30%（其他月份均近 100%），原因是四角蛤蜊种贝繁殖后会出现大量死亡。因此，四角蛤蜊产卵后应加强管理，特别是水质监测，必要时可使用水质改良剂以改善水质，提高其存活率。

2.5.6　生态池促熟与精卵集中排放

四角蛤蜊同毛蚶（阎斌伦等，2005）、菲律宾蛤仔（Yan et al., 2005；王迎春和苏锦祥，1999；良兴明和方建光，1998）、文蛤（林志华等，2004）、青蛤（白胡木吉力图和马汝河，2008）、波纹巴非蛤（吴洪流等，2002）等其他滩涂贝类一样，具有多次产卵的习性。菲律宾蛤仔可以间歇性持续产卵排精，10～15 d 为一个周期（董景岳，1991；杨玉香等，2004），原因是菲律宾蛤仔的性细胞发育具有不同步性，次级卵母细胞经短期营养物质的积累和恢复，便可再次成熟排放（王如才等，1993；闫喜武，2005）。但本研究中，生态池促熟的四角蛤蜊集中排放后便进入长时间的休止期，因为水温、盐度等理化因子相对恒定，无外界环境条件的刺激，从而抑制了精卵的排放，使次级卵母细胞有时间继续发育至成熟，最终导致性腺发育具高度同步性，繁殖盛期比较集中，因而需要长时间的发育、增殖才开始下一次的成熟排放。

参 考 文 献

白胡木吉力图, 马汝河, 等. 2008. 大连海区青蛤的性腺发育和生殖周期[J]. 大连水产学院学报, (3): 196-199.

毕庶万, 徐宗发, 于光溥, 等. 1996. 海湾扇贝控温育苗采卵时间的预报方法[J]. 海洋与湖沼, (1): 93-97.

曹琛, 匡少华, 姜超, 等. 2007. 干露及盐度变化对毛蚶苗的影响试验[J]. 河北渔业, (5): 38, 51.

陈朝晖, 周志明. 1995. 泥蚶工厂化育苗技术的研究[J]. 海洋科学, (6): 10-12.

陈远, 陈冲, 王笑月, 等. 1998. 文蛤工厂化人工育苗技术研究[J]. 大连水产学院学报, (2): 75-78, 80.

崔广法, 于业绍, 于志华, 等. 1985. 四角蛤蜊人工育苗的初步研究[J]. 海洋科学, (3): 36-40.

董景岳, 李金明, 何贵如. 1998. 渤海湾南部四角蛤蜊渔业生物学及开发利用研究[J]. 齐鲁渔业, (4): 41-44.

杜爱芳, 叶均安, 于涟. 1998. 复方大蒜油添加剂对中国对虾免疫机能的增强作用[J]. 浙江农业大学学报, (3): 91-94.

郭红珍, 姚越红, 王秋芬. 2007. 大蒜抑菌作用的研究[J]. 安徽农业科学, (2): 414-415.

郭丽丽, 严云志, 席贻龙. 2008. 黄山浦溪河光唇鱼的性腺发育周年变化[J]. 淡水渔业, 38(6):6.

何义朝, 张福绥. 1986. 贻贝胚胎发育的有效温度范围的变化[C]//李玉成, 黄宝玉. 贝类学论文集(第 2 辑). 北京: 科学出版社.

姜海波, 姜志强. 2007. 周期性饥饿——再投喂对牙鲆幼鱼生长和饲料利用的影响[J]. 大连水产学院学报, (3): 231-234.

李华琳, 李文姬, 张明. 2004. 培育密度对长牡蛎面盘幼虫生长影响的对比试验[J]. 水产科学, (6): 20-21.

李嘉泳, 邹仁林, 王秋, 等. 1962. 胶州湾两种习见帘蛤(*Venerupis semidecussata* 和 *Venerupis philippinarum*)的生殖周期[J]. 山东海洋学院学报, (1): 43-64.

李琪, 尾定诚, 森胜义, 等. 2001. 三丁基氧化锡(TBTO)对太平洋牡蛎性成熟的影响[J]. 青岛海洋大学学报(自然科学版), (5): 701-706.

李霞. 1998. 四角蛤蜊人工刺激催产的初步研究[J]. 松辽学刊(自然科学版), (3): 29-31.

李忠泓, 王国栋. 2004. 硬壳蛤稚贝对淡水浸泡、干露和低温的耐受能力[J]. 水产科学, 23(6): 14-16.

良兴明, 方建光. 1998. 胶州湾菲律宾蛤仔的性腺发育[J]. 海洋水产研究, 19(1): 18-23.

廖承义, 徐应馥, 王远隆. 1983. 栉孔扇贝的生殖周期[J]. 水产学报, (1): 1-13.

林志华, 单乐州, 柴雪良, 等. 2004. 文蛤的性腺发育和生殖周期[J]. 水产学报, (5): 510-514.

刘德经, 王家溁, 肖华霖, 等. 2003. 西施舌生长的研究[J]. 湛江海洋大学学报, (1): 17-21.

鲁雪报, 肖慧, 张德志, 等. 1991. 中华鲟幼鱼循环饥饿后的补偿生长和体成分变化[J]. 淡水渔业, 39(3): 63-67.

梅四卫, 朱涵珍. 2009. 大蒜研究进展[J]. 中国农学通报, 25(8): 154-158.

潘庆, 刘胜, 梁桂英. 1998. 投喂频率对草鱼鱼种的生长、鱼体和组织营养成分组成的影响[J]. 上海水产大学学报, 7(增刊): 186-190.

强俊, 李瑞伟, 王辉. 2008. 投喂频率对奥尼罗非鱼幼鱼生长效应的研究[J]. 海洋与渔业, (4): 23-25.

秦艳杰, 李霞, 吴立新, 等. 2011. 饥饿和再投喂对中间球海胆代谢和生长的影响[J]. 大连海洋大学学报, 26(6): 521-525.

沈伟良, 尤仲杰, 施祥元. 2007. 饵料种类和密度对毛蚶浮游幼虫生长的影响[J]. 河北渔业, (9): 18-20.

孙虎山. 1992. 长竹蛏苗的潜沙及耐干露能力研究[J]. 烟台师范学院学报(自然科学版), (Z1): 67-69, 73.

孙丽慧, 王际英, 丁立云, 等. 2010. 投喂频率对星斑川鲽幼鱼生长和体组成影响的初步研究[J]. 上海海洋大学学报, 19(2): 190-195.

唐雪蓉, 李敬欣, 高伯棠. 1997. 蒜硫胺在对虾饲料中的应用[J]. 饲料工业, 18(12): 39-40.

王德秀, 任素莲, 绳秀珍. 1999. 海南泥蚶人工育苗的初步研究[J]. 海洋湖沼通报, (1): 45-50.

王如才, 王昭萍, 张建中. 1993. 海水贝类养殖学[M]. 青岛: 中国海洋大学出版社.

王武, 周锡勋, 马旭洲, 等. 2007. 投喂频率对瓦氏黄颡鱼幼鱼生长及蛋白酶活力的影响[J]. 上海水产大学学报, (3): 224-229.

王迎春, 苏锦祥. 1999. 光照对黄盖鲽仔鱼生长、发育及摄食的影响[J]. 水产学报, 23(1): 6-12.

王子臣, 刘吉明, 朱岸, 等. 1984. 鸭绿江口中国蛤蜊生物学初步研究[J]. 水产学报, (1): 33-44.

吴洪流, 王红勇, 王珺. 2002. 波纹巴非蛤性腺发育分期的研究[J]. 海南大学学报(自然科学版), (1): 41-47.

吴洪喜, 徐爱光, 蔡志飞. 1998. 文蛤 Meretrix meretrix Linnaeus 工厂化人工育苗试验[J]. 海洋湖沼通报, (3): 57-63.

向枭, 刘长忠, 周兴华. 2002. 大蒜素对淡水白鲳生长影响的研究[J]. 水产科技情报, 29(5): 222-225.

项福椿. 1991. 辽宁沿海四角蛤蜊生殖与生长及其开发养殖技术的探讨[J]. 水产科学, (4): 16-19.

肖亚梅, 刘姣, 陈丽莉, 等. 2009. 黄鳝生殖发育不同时期性腺差异蛋白的初步研究[J]. 湖南师范大学自然科学学报, 32(1):4.

徐信, 钱玲妹, 李建英, 等. 1988. 淀山湖河蚬性腺发育分期的研究[J].动物学报, 8(4):320-324+387-388.

薛素燕, 方建光, 毛玉泽, 等. 2007. 不同光照强度对刺参幼参生长的影响[J]. 海洋水产研究, (6): 13-18.

闫喜武, 吕波, 杨卫东, 等. 1998. 有效氯对浮游植物生长的影响[J]. 水产科学, (5): 17-22.

闫喜武, 姚托, 张跃环, 等. 2009. 冬季饥饿再投喂对菲律宾蛤仔生长、存活和生化组成的影响[J]. 应用生态学报, 20(12): 3063-3069.

闫喜武, 张国范, 杨凤, 等. 2005. 菲律宾蛤仔莆田群体与大连群体生物学比较[J]. 生态学报, (12): 3329-3334.

闫喜武, 张跃环, 左江鹏, 等. 2008. 北方沿海四角蛤蜊人工育苗技术的初步研究[J]. 大连水产学院学报, (5): 348-352.

闫喜武. 2005. 菲律宾蛤仔养殖生物学、养殖技术与品种选育[D]. 青岛: 中国科学院研究生院(海洋研究所)博士学位论文.

严正凛, 陈建华, 吴萍茹. 2001.光照强度对九孔鲍幼虫及幼鲍生长存活的影响[J]. 水产学报, 25(4): 336-341.

阎斌伦, 许星鸿, 郑家声, 等. 2005. 毛蚶的性腺发育和生殖周期[J]. 海洋湖沼通报, (4): 92-98.

杨凤, 谭文明, 闫喜武, 等. 2012. 干露及淡水浸泡对菲律宾蛤仔稚贝生长和存活的影响[J]. 水产科学, 31(3): 143-146.

杨凤, 闫喜武, 张跃环, 等. 2010. 大蒜对菲律宾蛤仔早期生长发育的影响[J]. 生态学报, 30(4): 989-994.

杨凤, 张跃环, 闫喜武, 等. 2008. 饥饿和再投喂对青蛤(Cyclina sinensis)幼虫生长、存活及变态的影响[J]. 生态学报, (5): 2052-2059.

杨玉香, 余晓亭, 郑国富. 2004. 毛蚶幼贝生活习性研究[J]. 水产科学, 23(12): 18-20.

姚连初. 2002. 大蒜的开发利用研究概况[J]. 中国药业, 11(6): 78-79.

叶乐, 林黑着, 李卓佳, 等. 2005. 投喂频率对凡纳滨对虾生长和水质的影响[J]. 南方水产, (4): 55-59.

于瑞海, 王昭萍, 孔令锋, 等. 2006. 不同发育期的太平洋牡蛎在不同干露状态下的成活率研究[J]. 中国海洋大学学报(自然科学版), (4): 617-620.

于瑞海, 辛荣, 赵强, 等. 2007. 海湾扇贝不同发育阶段耐干露的研究[J]. 海洋科学, (6): 6-9.

于业绍, 周琳, 杨世俊, 等. 1998. 青蛤工厂化育苗[J]. 上海水产大学学报, (2): 121-129.

曾虹, 任泽林, 郭庆. 1996. 大蒜素在罗非鱼饲料中的应用[J]. 中国饲料, (21): 29-30.

张国范, 闫喜武. 2010. 蛤仔养殖学[M]. 北京: 科学出版社.

张汉华, 梁超愉, 李茂照. 1995. 白沙湖四角蛤蜊的生长与种群动态的研究[J]. 南海研究与开发, (4): 52-55.

张梁. 2003. 大蒜素对嗜水气单胞菌的药效学研究[J]. 水利渔业, (6): 49-50, 59.

赵匠. 1992a. 四角蛤蜊的温度试验研究[J]. 松辽学刊(自然科学版), (4): 26-28.

赵匠. 1992b. 四角蛤蜊的形态和习性[J]. 松辽学刊(自然科学版), (1): 41-44.

赵匠. 1993. 温度对四角蛤蜊存活的影响[J]. 松辽学刊(自然科学版), (3): 32-35.

赵匠. 1999. 四角蛤蜊稚贝的温度试验初探[J]. 松辽学刊(自然科学版), (1): 29-32.

郑家声, 王梅林, 王志勇, 等. 1995. 泥蚶的性腺发育和生殖周期[J]. 青岛海洋大学学报, (4): 503-510.

周化斌, 张永普, 肖国强, 等. 2010. 几种环境因子对橄榄蚶成贝存活的影响[J]. 温州大学学报(自然科学版), 31(2): 30-35.

周琳, 于业绍, 陆平. 1999. 青蛤幼虫饵料的研究[J]. 海洋科学, (5): 6-7.

周歧存, 郑石轩, 高雷, 等. 2003. 投喂频率对南美白对虾(*Penaeus vannamei* Boone)生长、饲料利用及虾体组成影响的初步研究[J]. 海洋湖沼通报, (2): 64-68.

周瑋. 1991. 海湾扇贝性腺发育的生物学零度[J]. 水产学报, (1): 82-84.

周卫川, 吴宇芬, 蔡金发, 等. 2001. 褐云玛瑙螺发育零点和有效积温的研究[J]. 福建农业学报, (3): 25-27.

Allen J C. 1976. A Modified Sine Wave Method for Calculating Degree Days[J]. Environmental Entomology, 5(3): 388-396.

Buchmann K, Jensen P B, Kruse K D. 2003. Effect of sodium percarbonate and garlic extracts on *Ichthyophthirius multifiliis* theronts tomcysts: *in vitro* experiments[J]. North American Journal of Aquaculture, 65(1): 21-24.

Guo X, Ford S, Zhang F, et al. 1999. Molluscan aquaculture in China[J]. J Shellfish Res, 18(1): 19-31.

Jarial M. 2001. Toxic effect of garlic extracts on the eggs of *Aedes Aegypti* (Diptera Culicidae): a scanning electron microscopic study[J]. Journal of Medical Entomology, 38(3): 446-450.

López-Peraza D J, Hernández-Rodríguez M, Barón-Sevilla B, et al. 2013. Histological Analysis of the Reproductive System and Gonad Maturity of *Octopus rubescens*[J]. International Journal of Morphology, 31(4):1459-1469.

Sasmal D, Babu C S, Abeham T J. 2005. Effect of garlic (*Allium sativum*) extracts on the growth and disease resistance of *Carassius auratus* (Linnaeus, 1758)[J]. Indians Journal of Fisheries, 52(2): 207-214.

Shalaby A M, Khattab Y A, Abdel Rahman A M. 2006. Effect of garlic (*Allium sativum*) chloramphenical on growth performance physiologocal parameters and survival of Nile tilapia (*Oreochromis niloticus*)[J]. Journal of Venomous Animal and Toxins Including, 12(2): 172-201.

Yan X W, Zhang G F, Yang F. 2005. Effects of diet, stocking density, and environmental factors on growth, survival, and metamorphosis of Manila clam *Ruditapes philippinarum* larvae[J]. Aquaculture, 253(1): 350-358.

第三章　薄片镜蛤繁殖生物学

薄片镜蛤（*Dosinia laminata*）隶属于软体动物门（Mollusca）瓣鳃纲（Lamellibranchia）（又称双壳纲 Bivalvia）帘蛤目（Veneroida）帘蛤科（Veneridae）镜蛤属（*Dosinia*），俗称黑蛤、蛤叉，在我国大连庄河沿海分布较广（庄启谦，2001），其味道鲜美独特，营养丰富，属名特优海洋经济贝类。薄片镜蛤栖息于潮间带中、低区的泥沙底质中，壳质薄而脆，外套窦深，先端略圆，水平伸向贝壳中央，水管在伸展时可达壳长的 4～5 倍，成体壳长 5～6 cm，个体重为 20～60 g。近几年薄片镜蛤市场供不应求，价格不断攀升。以前薄片镜蛤的天然产量很高，但由于滥采滥捕，自然资源遭到极大破坏，一些传统产区也难觅其踪迹。因此，开展薄片镜蛤人工育苗技术研究，是解决苗种短缺和资源恢复问题的有效途径。目前，对镜蛤属的研究较少，王年斌等（1992）研究了黄海北部镜蛤的生物学，并对其资源状况进行了调查。本课题组对大连庄河地区薄片镜蛤的繁殖季节和习性、繁殖期雌雄区别、繁殖力等繁殖生物学进行了研究，并对其胚胎和胚后发育进行了观察，旨在为薄片镜蛤苗种繁育、资源保护及修复提供参考。国内外关于薄片镜蛤的研究报道较少，对薄片镜蛤性腺发育周期的研究尚未见报道。本研究调查了大连庄河地区薄片镜蛤的繁殖周期和海区环境因子的周年变化，以期为薄片镜蛤野生种质资源的保护及人工苗种繁育的开展提供科学依据。

3.1　性腺发育周年观察

3.1.1　采集及性腺观察

3.1.1.1　采样海区与样品采集

实验用薄片镜蛤采自大连庄河自然海区，地理坐标为东经 122°45′～122°55′，北纬 39°40′～39°50′。2013 年 8 月至 2014 年 7 月，每月中旬采样一次，每次采集壳形完整、无明显机械损伤的个体 80～100 个，运回实验室，暂养 24 h 待用。选取 30 个薄片镜蛤，测量壳长、壳高、壳宽、总重、鲜重、软体部重。

3.1.1.2　环境因子

2013 年 8 月至 2014 年 7 月，每月中旬用海水表层温度计和便携式盐度计现场测定海区的温度和盐度，同时采集海区水样 4～5 L，避光保存，与采集的薄片镜蛤一起运回实验室，采用《渔业水质标准》（GB11607—89）中的方法对叶绿素

a 的含量进行测定。

3.1.1.3　CI 指数

　　每月取活力好的薄片镜蛤 10～15 个，解剖，将软体部和壳完全分离，使用电热鼓风干燥箱在温度 105℃下将软体部烘干至恒重，准确称量每个软体部干重和其对应的壳干重（精确到 0.01 g），按下式计算 CI 指数（Walne，1976）。

$$CI 指数=（软体部干重/壳干重）\times 100\% \qquad (3\text{-}1)$$

3.1.1.4　GI 指数

　　每月薄片镜蛤性腺发育分期的统计结果按下式计算，得出 GI 指数（Seed and Brown，1975）。雌雄分别计算。

$$GI 指数=（\sum 每个时期的个体数\times 分期等级）/每月总个体数 \qquad (3\text{-}2)$$

　　各分期等级用以下数字表示：0（休止期）、1（耗尽期）、2（排放期）、3（形成期）、4（增殖期）、5（成熟期）。

3.1.1.5　组织学

　　每月取 40～50 个薄片镜蛤，解剖后切取 1 cm 厚的性腺内脏团组织，立即放入 Bouin's 固定液中固定，24 h 后将固定好的内脏团组织放入 70%的乙醇中保存。用解剖刀将固定好的样品进一步修整成形状规则的小块，乙醇梯度脱水，石蜡包埋切片（6 μm），二甲苯脱蜡，HE 染色，二甲苯未挥干前用中性树脂封片。制得的组织学切片置于显微镜下观察，区分雌雄，并按表 3-1 中的标准统计每月薄片镜蛤的发育情况。每月选取 5～8 张雌性薄片镜蛤的组织学切片，每张至少随机测量 3 个滤泡中的卵细胞直径。

表3-1　薄片镜蛤的形态学描述（$n=30$）

日期	壳长/cm	壳宽/cm	壳高/cm	总重/g	软体部重/g	壳重/g
2013.08	47.61±3.44	19.58±1.32	47.09±3.22	24.69±4.83	7.06±1.39	11.12±2.56
2013.09	53.06±3.51	21.16±1.66	51.30±3.76	34.03±6.98	8.98±2.00	15.26±2.96
2013.10	54.64±4.46	21.80±2.26	52.67±4.85	36.85±10.19	10.27±2.76	16.38±4.30
2013.11	47.57±3.89	18.41±1.97	45.01±3.67	23.12±5.59	7.86±2.17	10.06±2.38
2013.12	45.68±2.72	18.35±1.39	44.17±2.41	21.20±3.63	4.93±0.93	9.33±1.57
2014.01	49.10±2.32	19.67±1.45	48.42±2.51	27.27±5.07	6.10±1.16	12.55±2.23
2014.02	52.46±2.34	21.57±1.26	51.27±2.54	33.94±5.34	8.17±1.50	15.55±2.76
2014.03	49.15±2.41	19.61±1.06	47.30±2.64	25.98±4.04	5.76±1.01	11.40±2.01
2014.04	51.49±2.61	20.73±1.28	50.40±2.19	30.77±4.99	6.92±1.02	14.02±2.67

续表

日期	壳长/cm	壳宽/cm	壳高/cm	总重/g	软体部重/g	壳重/g
2014.05	51.58±2.69	21.21±1.54	49.49±3.42	31.05±5.56	8.92±1.54	14.09±2.48
2014.06	54.48±2.44	21.77±1.12	52.23±2.95	34.95±5.38	11.52±2.03	15.54±2.44
2014.07	47.46±4.46	17.88±3.69	45.69±5.19	28.81±5.28	8.41±1.90	13.15±2.38

3.1.1.6　数据分析

数据统计分析采用 SPSS 19.0 软件进行。对 CI 指数数据的月间差异采用单因素方差分析（One-Way ANOVA）Duncan 多重比较进行显著性检验（$P<0.05$）。性比数据进行 χ^2 检验。

3.1.2　性腺发育及性比周年变化

3.1.2.1　环境因子的周年变化

采样海区海水温度、盐度的月变化曲线（图 3-1）表明，海水温度从 2013 年 8 月至次年 2 月逐渐降低，随后逐步回升，呈现春天上升、夏天稳定、秋天降低、冬天保持在较低水平的变化规律。全年最高气温和最低气温分别出现在 2013 年 8 月和 2014 年 2 月，水温周年变化范围为−3.8～25.2℃。盐度的周年变化范围为 26～32，最低值出现在 2013 年 8 月。

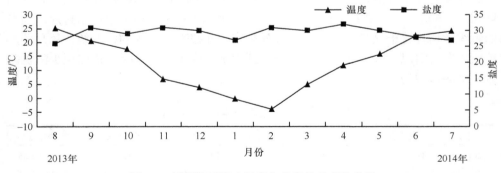

图 3-1　采样海区海水温度和盐度的月变化曲线

采样海区海水叶绿素 a 含量的月变化曲线（图 3-2）显示，2013 年 11 月叶绿素 a 含量最低（3.67 μg/L），随后持续上升，2014 年 6 月达到最大值（13.20 μg/L）。结果表明，叶绿素 a 含量春、夏季高，秋、冬季低，有明显的季节规律。

3.1.2.2　形态学和 CI 指数的周年变化

薄片镜蛤形态的周年变化如表 3-1 所示。

薄片镜蛤 CI 指数的月变化曲线（图 3-3）显示，2013 年 8 月开始，CI 指数逐渐上升，11 月达到全年最大值 17.86%，12 月至次年 4 月，CI 指数波动不大，变化于 9.79%～12.05%，从 5 月起 CI 指数逐渐上升，6 月迎来了全年的次高峰，CI 指数为 16.91%，之后下降。

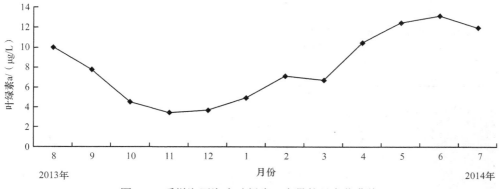

图 3-2　采样海区海水叶绿素 a 含量的月变化曲线

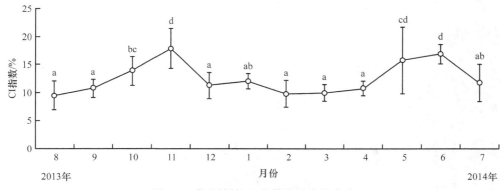

图 3-3　薄片镜蛤 CI 指数的月变化曲线

不同的小写字母表示差异显著（$P<0.05$），下同

3.1.2.3　繁殖周期

性腺发育分期参考 Delgado 和 Prez Camacho（2005）对性腺发育分期的描述，将薄片镜蛤发育过程分成 6 期（表 3-2）。

表3-2　薄片镜蛤性腺发育分期及描述

时期	性腺发育过程
休止期	无性腺滤泡，结缔组织和肌肉组织充满从消化腺到足的整个区域，不能分辨雌性
形成期	无法从外观上鉴别雌雄。雌雄个体中开始有性腺滤泡出现，滤泡数量增加，体积不断增大 雌性个体滤泡呈椭圆状，滤泡表面出现卵母细胞（图 3-4：1）；雄性个体滤泡狭长，滤泡壁中加夹杂着 2～3 层精原细胞，滤泡腔中空或出现少量精原细胞和精母细胞（图 3-4：7）
增殖期	性腺占据了内脏团的绝大部分。肌肉和结缔组织的含量进一步下降。在形成期后期，雌性个体的生殖细胞大量增殖，滤泡腔中央出现少量游离的卵，卵母细胞通过短柄附着在滤泡壁上（图 3-4：2）；雄性个体滤泡腔中充满了精细胞和精母细胞，并有少量精子出现（图 3-4：8）

时期	性腺发育过程
成熟期	大部分个体发育成熟。雌性个体滤泡壁很薄，成熟的卵子脱离滤泡壁，大量的成熟卵子充满滤泡腔（图3-4：3、4）；雄性个体滤泡中充满了成熟的精子，精子呈辐射状排列（图3-4：9、10）
排放期	成熟的配子排出。由于配子的排放程度不同，不同个体、同一个体不同性腺滤泡形成的空腔也大小不一，滤泡壁破裂，滤泡之间出现空隙（图3-4：5、11）
耗尽期	滤泡相对较空，分布松散，滤泡间隙充满结缔组织。滤泡中只有少量未排尽的精子和卵子（图3-4：6、12）

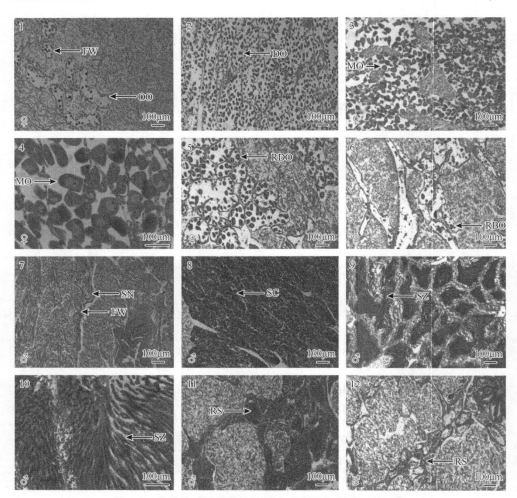

图3-4　薄片镜蛤性腺发育分期（彩图请扫封底二维码）

1、7. 形成期；2、8. 增殖期；3、4、9、10. 成熟期；5、11. 排放期；6、12. 耗尽期；FW：滤泡壁；OO：卵原细胞；DO：未成熟卵子；MO：成熟卵子；RDO：残留的卵子；RBO：被重吸收的卵子；SN：精原细胞；SC：精母细胞；SZ：精子；RS：残留精子。标尺=100 μm

　　图 3-5 显示了薄片镜蛤性腺发育的月变化规律。观察组织切片发现，薄片镜蛤的性腺发育有明显的季节性，在一个生殖周期中雌雄发育基本同步。6 月，分别有 42.1%和 20.0%的雌雄个体处于成熟期。7 月，性腺进一步发育，分别有 76.5%和 72.2%的雌雄个体处在成熟期。配子的排放集中在 7 月、8 月两个月，7 月，23.5%的雌性个体和 27.8%的雄性个体处在排放期。8 月，45.5%的雌性个体和 20.3%的雄性个体处于排放期，54.5%雌性个体和 78.2%雄性个体处于耗尽期。9 月至次年 2 月，薄片镜蛤性腺发育一直停留在形成期，变化不大，其中 9～11 月，性腺略有生长。雌性的增殖期始于 3 月，雄性的增殖期始于 2 月。周年切片观察未发现休止期。

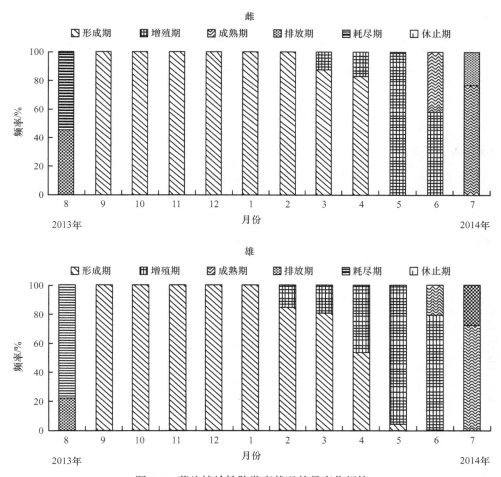

图 3-5　薄片镜蛤性腺发育状况的月变化规律

3.1.2.4　性比

　　共对 587 个薄片镜蛤个体进行了组织切片观察，性别百分比月变化如图 3-6 所示，雌性平均占比 53.7%，雄性占 46.3%，未发现雌雄同体现象。性比为 1.160∶1。经 χ^2 检验，该比例与期望比值（雌∶雄=1∶1）间无显著差异（χ^2=3.15；df=1；P>0.05）。

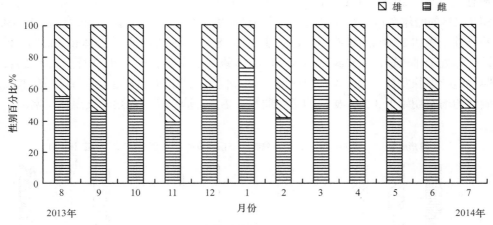

图 3-6　薄片镜蛤性别百分比月变化分布

3.1.2.5　雌性生殖细胞大小

图 3-7 显示了薄片镜蛤雌性生殖细胞直径的月变化趋势。9 月到次年 4 月，绝大多数的雌性个体处于形成期，其中 9 月、10 月、11 月三个月，性腺有一定程度的发育，12 月至次年 4 月，雌性生殖细胞直径变化很小（22.8～25.5 μm），全年最小值出现在 12 月（22.8 μm）。5 月，多数个体进入增殖期，雌性生殖细胞直径迅速增大，7 月达到全年最大值（56.9 μm）。

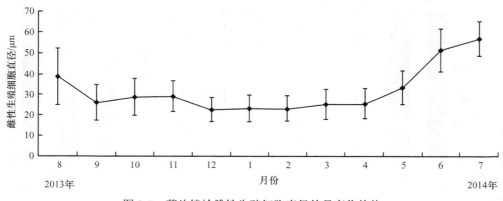

图 3-7　薄片镜蛤雌性生殖细胞直径的月变化趋势

3.1.2.6　GI 指数的周年变化

图 3-8 显示了薄片镜蛤 GI 指数的月变化趋势。8 月，薄片镜蛤配子大规模排

放，GI 指数出现全年最低值（雌 1.45；雄 1.22），9 月至次年 1 月，全部个体处于形成期，GI 指数无变化，形成期过后，性腺逐渐成熟，GI 指数随之升高，在 6 月达到全年最大值（雌 4.42；雄 4.20）。雌雄 GI 指数的变化趋势相似，雌雄发育基本同步。

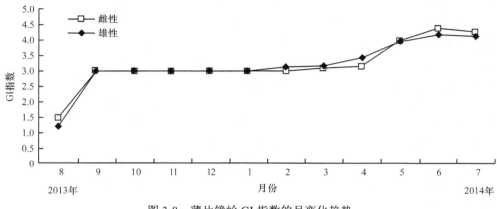

图 3-8　薄片镜蛤 GI 指数的月变化趋势

3.1.3　影响薄片镜蛤性腺发育因素的探讨

　　海洋贝类从配子形成到产卵一系列的生殖过程都受外部因素的影响和内部因素的调控（Normand et al., 2008; Enríquez-Díaz et al., 2009）。有研究表明，水温影响海洋贝类的新陈代谢速率和食物丰度，进而影响海洋贝类配子的发生和产卵（Ojea et al., 2004; Park et al., 2011; Urrutia et al., 2001; Mann, 1979）。海洋贝类配子发育受温度影响，温度条件不满足会抑制配子发育。Mann（1979）的研究表明，在温度低于 10.5℃时长牡蛎配子停止发育。林志华等（2000）认为繁殖期水温上升过快抑制大西洋浪蛤性腺发育。本实验观察到，薄片镜蛤在 8 月产卵之后，很快进入下一个繁殖周期，但 12 月至次年 2 月，海水温度较低，薄片镜蛤性腺发育停滞，3 月水温回升后，薄片镜蛤性腺发育进入增殖期。水温不仅影响海洋贝类的性腺发育，还会影响海洋贝类的产卵。Mann（1979）的研究表明，长牡蛎产卵需要最低温度，达不到一定的温度即便性腺发育成熟也无法产卵。本实验观察到，薄片镜蛤的排放期处在全年水温最高的两个月（2013 年 8 月为 25.2℃，2014 年 7 月为 24.1℃），这表明薄片镜蛤配子的排放需要较高的温度。

　　食物丰度也是影响海洋贝类繁殖周期的重要因素。海洋贝类的主要食物来源是浮游植物，叶绿素 a 的含量能够有效地反映浮游植物现存量和初级生产力水平（Joaquim et al., 2008）。本实验观察到，取样海区叶绿素 a 含量呈现春夏高、秋冬低的变化规律，2013 年 8～11 月，叶绿素 a 的含量持续下降，但是 9～11 月，薄片镜蛤性腺仍然略有发育，雌性生殖细胞直径有小幅度增长，可能是水温仍在薄片镜蛤性腺发育的生物学零度以上；2013 年 12 月至次年 2 月，虽然叶绿素 a 的含量有所回升，但是因为水温较低，薄片镜蛤性腺发育停滞；2014 年 3～7 月，随着水温升高，叶绿素 a 的含量大幅上升，为薄片镜蛤性腺发育提供了良好的条件，性腺发育逐渐进入增殖期和成熟期，雌性生殖细胞直径也逐步增加。

本实验中，雌性生殖细胞直径的变化趋势能够很好地反映薄片镜蛤的繁殖周期，在配子的形成阶段，雌性生殖细胞直径有小幅度的增长，随后性腺发育停滞，雌性生殖细胞直径下降，一直保持在一个较低水平，并呈现极缓慢的增长，当性腺再次发育时，雌性生殖细胞直径迅速增长，产卵前达到最大值，产卵后急剧下降。因此，雌性生殖细胞直径可以作为衡量薄片镜蛤性腺成熟度的指标。Joaquim 等（2008）和 Kim 等（2005）也有相似的报道。通过组织切片观察，作者认为 12 月雌性生殖细胞直径下降并非排卵所致，可能是因为冬季食物匮乏，部分卵细胞中储存的能量物质被用于维持薄片镜蛤的生命活动。本实验还发现，薄片镜蛤的 CI 指数在配子形成时期迅速上升，11 月达到全年最高；性腺发育停滞时回落并保持稳定；进入增殖期和成熟期时上升；进入排放期和休止期时下降。许多学者的报道都表明，海洋贝类在排放期过后，会进入休止期（Yan et al., 2010; Dove and O'connor, 2012; Matias et al., 2013），通常有软体部消瘦、雌雄难辨、滤泡萎缩、消失，充满结缔组织的特点，休止期一般持续 3～4 个月，标志着一个繁殖周期的结束和下一个繁殖周期的开始，海洋贝类在休止期会储存营养物质，为配子的形成提供能量（阮飞腾等，2014；孙虎山和黄清荣，1993）。本实验组织学切片观察表明，8 月大部分薄片镜蛤个体处于耗尽期，9 月全部薄片镜蛤个体进入形成期，未观察到休止期。孙虎山和黄清荣（1993）的研究表明，山东烟台海区二龄以上的日本镜蛤排放期集中，休止期只出现在 8 月中旬至下旬（表层水温 28.0～28.5℃）一段很短的时间内，很快进入下一个生殖周期。本实验未观察到休止期，原因可能是薄片镜蛤休止期极短，取样间隔时间长，错过了休止期，这可以通过下个繁殖季节增加取样频率进行组织学观察加以验证。本实验通过计算 GI 指数，将薄片镜蛤的发育分期加以量化，直观地反映其性腺发育成熟度，结果表明，薄片镜蛤在 5～7 月成熟度最高。

本次薄片镜蛤繁殖周期和环境因子的研究结果表明，辽宁大连庄河海区薄片镜蛤的繁殖周期可以划分为两部分：9 月至次年 3 月，性腺发育相对静止；4～8 月，性腺发育活跃。从保护野生种质资源的角度考虑，建议将 4～8 月定为薄片镜蛤的禁捕期。薄片镜蛤的性腺成熟和产卵发生在海区温度及叶绿素 a 含量较高的月份，温度较低时，若低于性腺发育生物学零度，性腺发育受阻。在人工育苗亲贝促熟过程中，可以尝试采用提高水温、增加投饵的方法促进亲贝的性腺成熟。

3.2　生化组分周年变化

生物由无机物和有机物组成。无机物主要包括水分和无机元素，水分是生物组分中占比最大的物质，对生物的代谢和生命活动的维持有重要作用。无机元素不能为生命活动提供能量，不能在生物体内合成，除随排泄过程离开生物体外，不能在代谢过程中消失，但无机元素是构成生命体和维持代谢活动所必需的。有机物主要是糖原、脂肪、蛋白质。

蛋白质是生命的物质基础，维持组织的生长、更新和修复，必要时还可转变成糖类和脂肪。脂肪是动物能量的主要来源，是主要的储能物质，也是组成生命体的重要成分。糖原是能量供应的首要物质，也是生物体碳源的主要供给者。有关海洋贝类生化成分方面的工作相对比较多地集中在蛋白质、糖原、脂肪含量的季节性变化（Dridi et al., 2007; Gabbott and Holland, 1978; Thompson and Macdonald, 2006; Park, 2011; Li et al., 2006）。

有研究报道，海洋无脊椎生物生化成分的含量可以在一定程度上反映其繁殖周期和生存环境（Kim et al., 2005; Muniz et al., 1986; Castro et al., 1987; Camacho et al., 2003）。配子的发生和排放都需要能量供应，海洋贝类可以利用先前储存在体内的能源物质或食物中的能量。根据物种的不同和生存环境的不同，海洋贝类能量物质的储存部位、能源物质利用的先后顺序、各能源物质在组织间的相互转移都会有所不同。要确定海洋贝类的繁殖策略，必须对雌性和雄性贝类不同组织的生化组分进行分析。

目前国内学者对薄片镜蛤的研究报道主要集中在人工育苗技术和幼虫养殖生态等方面（闫喜武等，2008；王海涛等，2010；王成东等，2014），对薄片镜蛤繁殖周期生化成分的研究尚未见报道。本研究调查了大连庄河海区薄片镜蛤生化成分的周年变化，以期为薄片镜蛤野生种质资源的保护及人工育苗的开展提供科学依据。

3.2.1　采集及生化组分测定

3.2.1.1　采样海区与样品采集

实验用薄片镜蛤采自大连庄河海区。2013 年 8 月至 2014 年 7 月，每月中旬采样一次，每次采取壳形完整、无明显机械损伤的个体 80～100 个，鲜活运回实验室，暂养 24 h 待用。取 40～50 个活力旺盛的薄片镜蛤，编号、解剖，镜检区分雌雄（镜检无法区分则通过组织学切片判断），将每个个体的闭壳肌、外套膜、性腺-内脏团及足分装，-80℃保存待测。

3.2.1.2　糖原含量测定

采用蒽酮比色法，蒽酮溶液现用现配。对每月的样品分雌雄、分组织进行冷冻干燥处理，取研磨好的样品 0.05 g，加入 30%的 KOH 3mL，煮沸皂化 30 min，冷却后用移液枪移取 10 μL，用超纯水稀释到 1 mL，加入 5mL 0.2%预冷的蒽酮-硫酸溶液，混合均匀，放入沸水浴中，准确计时 10 min，取出后迅速冷却，于 620 nm 处比色，测定吸光度。用标准葡萄糖溶液（0.1 mg/mL）制作标准曲线，计算糖原含量占样品干重的百分比。

3.2.1.3　脂肪含量测定

采用索氏提取法。将滤纸折成一边开口的滤纸筒，编号后烘干至恒重，称重（精确到 0.0001 g）；取干燥至恒重的样品 0.2 g，准确称量记录（精确到 0.0001 g）；将样品全部转移到滤纸包内。用镊子将装有样品的滤纸包转移到索氏提取器内，加入石油醚，调节水浴温度，控制回流速度 7 次/h 以上，抽提 8 h。将滤纸包取出，待石油醚挥干后 105℃烘干至恒重，称重（精确到 0.0001 g）。计算脂肪占样品干重的百分比。

3.2.1.4　蛋白质含量测定

采用考马斯亮蓝法，选用南京建成生物工程研究所有限公司的总蛋白定量试剂盒 A045-2。准确称取待测样品的重量，按重量（g）体积（mL）比 1：9，加入 9 倍体积生理盐水，冰浴条件下制成 10%的匀浆，2500 r/min 离心 10 min，取上清用生理盐水制成 1%的组织匀浆，待测。样品管、标准管、空白管中分别加入 50 μL 的待测样、标准蛋白（0.563 g/L）、超纯水，加 3 mL 考马斯亮蓝显色剂，混匀，静置 10 min，于 595 nm 处比色，测定吸光度。

$$待测样品蛋白含量 = \frac{样品管OD值 - 空白管OD值}{标准管OD值 - 空白管OD值} \times 标准品蛋白浓度 \qquad (3\text{-}3)$$

3.2.1.5　RNA/DNA 值测定

采用 Nakano（1988）的方法，将待测样品制成 5%的组织匀浆，加入 4℃预冷的 10%三氯乙酸溶液，用 95%的乙醇沉淀核酸，反复三次，核酸用乙醇、乙醚（体积比 3：1）洗涤两次。RNA 用 1 nmol/L 的 KOH，在 37℃下，经 16 h 水解，于 260 nm 处测 RNA 的吸光度，DNA 用 5%的高氯酸，90℃下，经 20 min 水解，于 260 nm 处测定 DNA 的吸光度，计算 RNA/DNA 值。

3.2.1.6　数据分析

数据统计分析采用 SPSS 19.0 软件进行。对雌雄薄片镜蛤各组织生化成分的月间差异采用单因素方差分析进行显著性检验（$P < 0.05$）。对同一月份雌雄各组

织的生化成分进行 *t* 检验。

3.2.2 糖原含量周年变化

图 3-9 反映了薄片镜蛤各组织糖原含量的周年变化。

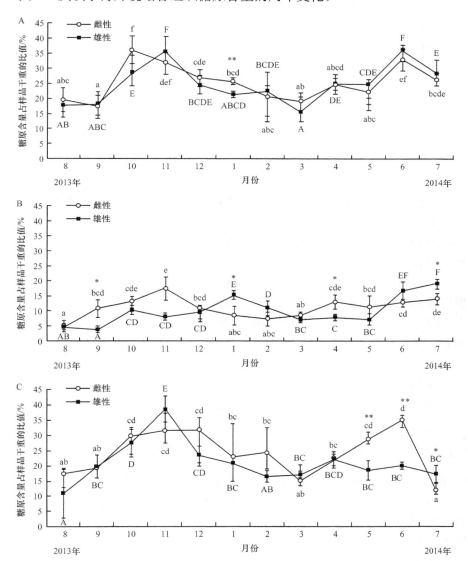

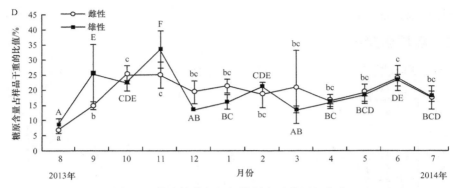

图 3-9　薄片镜蛤各组织糖原含量的周年变化

A. 闭壳肌；B. 外套膜；C. 性腺-内脏团；D. 足。图中不同小写字母和大写字母分别表示雌性和雄性薄片镜蛤糖原含量月间差异显著（$P<0.05$）和极显著（$P<0.01$）。*和**分别表示雌雄个体间糖原含量差异显著（$P<0.05$）和极显著（$P<0.01$）

　　8～11 月，雄性薄片镜蛤性腺-内脏团中的糖原含量急剧升高，糖原含量占样品干重的百分比变动范围为 10.93%～38.57%，其中，8 月为全年最小值（10.93%），11 月达到全年最大值（38.57%），此后糖原含量大幅下降，次年 1～7 月，糖原含量变化不显著。

　　8～12 月，雌性薄片镜蛤性腺-内脏团中的糖原含量总体呈上升趋势，性腺-内脏团糖原含量变动范围为 17.35%～31.92%，12 月至次年 3 月，糖原含量逐渐降至 14.97%，3～6 月，雌性薄片镜蛤性腺-内脏团中的糖原含量迎来了第二次快速增长，变动范围为 14.97%～35.11%，其中 6 月为全年最大值（35.11%），之后的 7 月，糖原含量迅速降低至全年最低水平（11.99%）。

　　雌性和雄性的性腺-内脏团糖原含量变化趋势相似。

　　闭壳肌、外套膜和足中的糖原含量变化趋势大体相同，在 8～11 月和 3～6 月糖原含量都有不同程度的升高。

3.2.3　脂肪含量周年变化

　　图 3-10 反映了薄片镜蛤各组织脂肪含量的周年变化。

　　9～11 月，雄性性腺-内脏团中的脂肪含量呈平稳下降趋势，11 月至次年 4 月，雄性性腺-内脏团中的脂肪含量剧烈波动，其中 1 月为全年最大值（17.60%），2 月降至全年最低（6.58%），4～6 月，脂肪含量逐渐升高，并在 6 月达到脂肪含量的全年次高点（15.36%）。

　　雌性性腺-内脏团中的脂肪含量在 10 月至次年 2 月平稳增长，3 月，脂肪含量急剧下降至全年最低水平（7.13%），4～6 月，脂肪含量快速增加，6 月达到全年最高水平（16.30%）。

雄性闭壳肌中的脂肪含量全年呈无规则波动，雌性闭壳肌中脂肪含量除 4 月
（13.46%）外，其余月份均处在较低水平，波动范围为 2.23%～8.25%。

雌性和雄性的外套膜脂肪含量在 8 月至次年 2 月变化不大，3～4 月大幅增长，
随后在 5 月下降，6 月、7 月，雄性外套膜脂肪含量迅速升高，7 月达到全年最大
值（14.88%），雌性外套膜脂肪含量保持稳定。

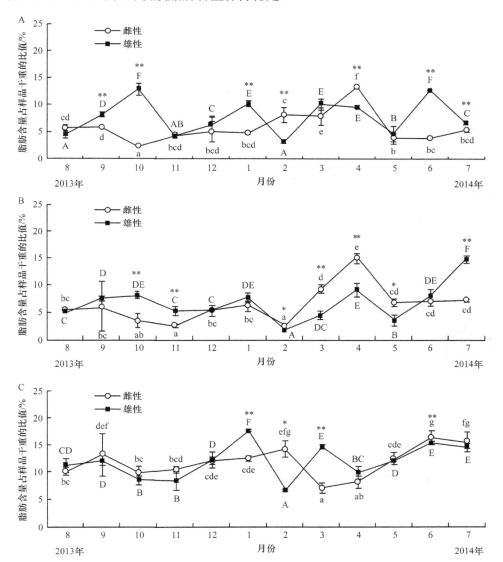

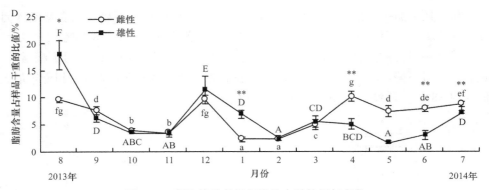

图 3-10　薄片镜蛤各组织脂肪含量的周年变化

A. 闭壳肌；B. 外套膜；C. 性腺-内脏团；D. 足。图中不同小写字母和大写字母分别表示雌性和雄性薄片镜蛤脂肪含量月间差异显著（$P<0.05$）和极显著（$P<0.01$）。*和**分别表示雌雄个体间脂肪含量差异显著（$P<0.05$）和极显著（$P<0.01$）

　　8 月至次年 3 月，雌性和雄性足的脂肪含量变化规律相同，4～7 月，雌性和雄性足的脂肪变化趋势相同，但雌性足脂肪含量极显著高于雄性足脂肪含量（除 5 月外）。

3.2.4　蛋白质含量周年变化

　　图 3-11 反映了薄片镜蛤各组织蛋白质含量的周年变化。

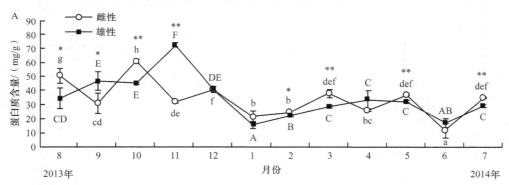

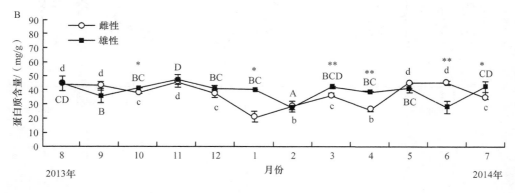

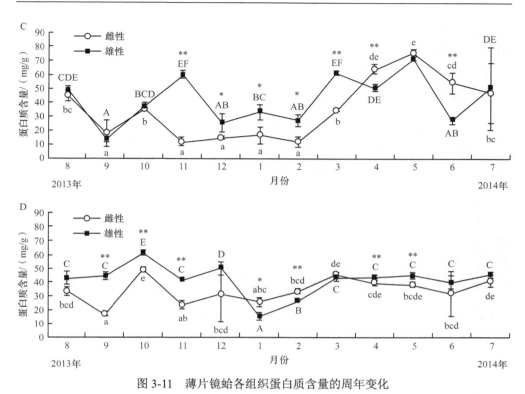

图 3-11 薄片镜蛤各组织蛋白质含量的周年变化

A. 闭壳肌；B. 外套膜；C. 性腺-内脏团；D. 足。图中不同小写字母和大写字母分别表示雌性和雄性薄片镜蛤蛋白质含量月间差异显著（$P < 0.05$）和极显著（$P < 0.01$）。*和**分别表示雌雄个体间蛋白质含量差异显著（$P < 0.05$）和极显著（$P < 0.01$）

8～10 月，雌性和雄性薄片镜蛤性腺-内脏团的蛋白质含量都呈现先下降后上升的变化规律，11 月，雄性性腺-内脏团蛋白质含量继续上升，而雌性性腺-内脏团蛋白质含量下降，12 月至次年 2 月，雌性和雄性薄片镜蛤性腺-内脏团蛋白质含量都稳定在一个相对较低的水平，且雄性性腺-内脏团蛋白质含量显著高于雌性（$P < 0.05$）。2～5 月，雌性和雄性薄片镜蛤性腺-内脏团蛋白质含量均呈上升趋势，都于 5 月达到全年最高水平（雌性 76.45 mg/g；雄性 72.30 mg/g）。

8～11 月，雄性薄片镜蛤闭壳肌中的蛋白质含量升高，11 月达到全年最高水平（72.08 mg/g），之后两个月持续降低，1 月降至全年最低水平（15.69 mg/g），1～5 月，蛋白质含量缓慢增长，6 月降至全年次低点（16.74 mg/g）。雌性薄片镜蛤闭壳肌中的蛋白质含量呈无规律波动，最大值和最小值分别出现在 10 月和 6 月（10 月为 60.49 mg/g；6 月为 11.84 mg/g）。

雄性薄片镜蛤外套膜中的蛋白质含量周年变化较平稳。雌性薄片镜蛤外套膜中的蛋白质含量在 11 月至次年 1 月降低，1 月达到全年最低值（21.41 mg/g），2～6 月总体呈上升趋势，6 月达到全年最高值（45.14 mg/g）。

　　雌性和雄性薄片镜蛤足的蛋白质含量周年变化趋势相似，10 月出现一个峰值，1～3 月缓慢上升，3～7 月保持稳定。但多数月份雌雄之间足的蛋白质含量存在显著差异（$P<0.05$）。

3.2.5　RNA/DNA 值周年变化

　　图 3-12 反映了薄片镜蛤各组织 RNA/DNA 值的周年变化。

　　雌性和雄性薄片镜蛤性腺-内脏团的 RNA/DNA 值变化趋势相似，全年有两个峰值，分别出现在 11 月和 5 月。

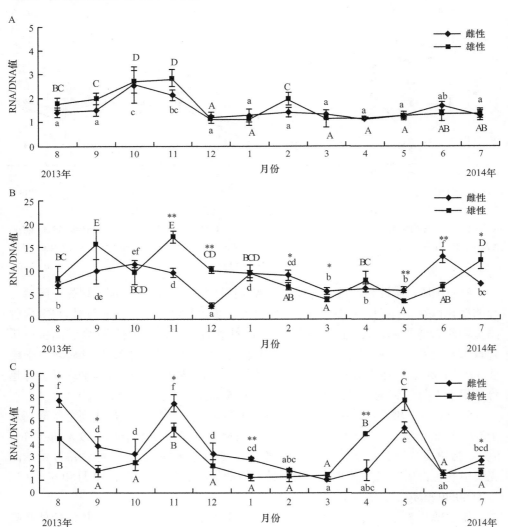

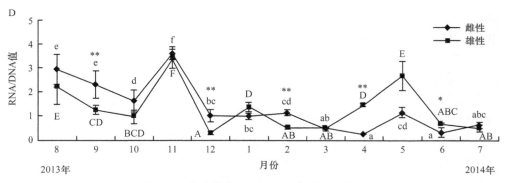

图 3-12　薄片镜蛤 RNA/DNA 值的周年变化

A. 闭壳肌；B. 外套膜；C. 性腺-内脏团；D. 足。图中不同小写字母和大写字母分别表示雌性和雄性薄片镜蛤 RNA/DNA 值月间差异显著（$P<0.05$）和极显著（$P<0.01$）。*和**分别表示雌雄个体间 RNA/DNA 值差异显著（$P<0.05$）和极显著（$P<0.01$）

雌性和雄性薄片镜蛤闭壳肌的 RNA/DNA 值全年无显著差异（$P>0.05$），自 8 月起比值升高，雌性和雄性分别在 10 月和 11 月达到全年最大值（雌性 2.56，雄性 2.78），之后迅速下降，12 月至次年 7 月均无明显波动。

雌性和雄性薄片镜蛤外套膜的 RNA/DNA 值变化趋势不同，雌性的变化趋势平稳，12 月出现最低值（2.83），6 月出现最高值（13.05），其他月份相差不大，雄性呈无规律波动，最大值出现在 11 月（17.25），最小值出现在 5 月（3.67）。

足的 RNA/DNA 值变化趋势与性腺-内脏团相似。

雌雄薄片镜蛤各组织的 8 组数据中，大多数的 RNA/DNA 值有两个峰值，分别出现在 10～11 月和 5～6 月。

3.2.6　生化组分周年变化探讨

本研究结果表明，薄片镜蛤各组织的生化组成与其繁殖周期密切相关。Bayne（1976）根据配子发生过程中能量来源的不同，将海洋贝类的繁殖模式分为两种，保守种（conservative species）和机会种（opportunistic species），前者配子发生利用的是储存在体内的能量物质，后者则是直接通过食物获取能量。糖原是海洋贝类配子发育的主要能源物质（Barber and Blake, 1981; Li et al., 2000; Berthelin et al., 2000）。薄片镜蛤在产卵之后马上进入下一个繁殖周期，配子发生起始于温度较高、食物丰富的秋季，8～11 月，性腺-内脏团的糖原含量上升，配子发生和糖原累积同步进行；在随之而来的冬季，配子的发育停滞，性腺-内脏团糖原含量下降，著者认为薄片镜蛤在食物匮乏时利用存储的糖原维持生命活动。3～6 月，海水温度逐渐回升，食物丰度增加，此时配子恢复发育，逐渐成熟，雌性性腺-内脏团中的糖原累积也同步进行，卵子排出后，糖原含量迅速下降；5～6 月，雄性性腺-内脏团糖原含量无明显升高，与雌性性腺-内脏团糖原含量差异极显著，通常认为，糖原在性腺成熟过程中分解成葡萄糖，释放能量，经过转化后参与合成卵细胞中的甘油三酯，而雄性性腺发育中甘油三酯的合成需求远低于雌性，著者推测，这造成了对糖原需求量的下降，以及雌雄性腺-内脏团糖原含量的极显著差异；此外，还考虑是雌雄糖原储存位置不同所致。配子发育和糖原累积同步进行的现象在小狮爪海扇蛤中也有发现（Arellano et al., 2004）。根据糖原储存-利用模式可以看出，薄片镜蛤配子发生和成熟主要利用食物中的能量，属于机会种。

研究表明，脂肪在海洋双壳贝类的繁殖过程中有重要作用（Park et al., 2001; Ojea et al., 2004; Pollero et al., 1979; Besnard et al., 1989），在双壳贝类配子形成过程中，脂肪储存在配子中，为双壳贝类的胚胎和幼虫的发育提供能量。雌性和雄性薄片镜蛤的性腺-内脏团在个体处于增殖期和成熟期期间，脂肪含量逐渐上升，进入排放期后，脂肪含量下降，说明储存在配子中的脂肪随配子的排放而流失，在智利扇贝（Martinez, 1991）和太平洋牡蛎（Li et al., 2000）中也观察到类似现象。通常认为，贝类配子成熟过程中存在糖原向脂肪转化的现象，糖原转化成脂肪储存在配子中，两者呈负相关（Ojea et al., 2004; Dridi et al., 2007）。本研究未观察到此现象，在薄片镜蛤配子成熟的过程中，性腺-内脏团的脂肪含量同步上升，随着配子的排放，性腺-内脏团的脂肪含量下降。这种配子成熟过程中糖原、脂肪同步累积的现象也出现在 Park 等（1984）对韩国沿岸毛蚶的相关研究中。

闭壳肌、性腺-内脏团和足三种组织中的蛋白质含量在初冬季节均达到较高水平，随后海水温度降低、叶绿素 a 含量处在较低水平，组织中蛋白质含量下降，表明在食物匮乏的情况下，蛋白质亦可作为能源物质，维持薄片镜蛤的生命活动。雌性薄片镜蛤性腺-内脏团的蛋白质含量在 2～5 月大幅增长，与该时间段雌性生殖细胞直径的变化趋势相同，这可能与卵黄蛋白在雌性性腺中的大量累积有关。6～7 月，卵子逐渐成熟，但雌性薄片镜蛤性腺-内脏团的蛋白质含量下降，考虑可能是该阶段新陈代谢旺盛，对能量的需求增加，部分蛋白质被用于能量供应。外套膜的蛋白质含量周年变化不大，说明外套膜不是薄片镜蛤储存蛋白质的主要部位。

RNA/DNA 值可以反映细胞内蛋白质的合成情况（Roddick et al., 1999; Clarke et al., 1990; Nakata et al., 1994）。本研究中，四种组织（闭壳肌、外套膜、性腺-内脏团、足）的 RNA/DNA 值在 10～11 月出现第一个峰值，该时间段 CI 指数也大幅度上升，说明薄片镜蛤合成了大量的蛋白质并储存在体内，是个体生长的主要时期；5～6 月出现第二个明显的峰值，雌性生殖细胞直径在此阶段内有大幅度增长，表明在配子成熟阶段，薄片镜蛤蛋白质合成速度加快，性腺中卵黄蛋白大量合成。

3.3　生态环境因子对幼虫及稚贝生长发育的影响

3.3.1　温度和盐度对幼虫生长与存活的影响

3.3.1.1　材料和方法

1. 材料

实验用 2～3 龄薄片镜蛤亲贝于 2013 年 7 月采集于大连庄河近海,壳长（45.81±3.43）mm,壳高（44.62±3.64）mm,壳宽（18.94±1.22）mm。将采集的亲贝吊养于辽宁省庄河市海洋贝类养殖场生态虾池中进行自然促熟。

2. 方法

1）受精卵孵化

定期取样观察亲贝性腺发育状况,待亲贝性腺发育成熟时,将亲贝洗刷干净,阴干 12～15 h 后放入 50 L 聚乙烯桶中待其排放精卵。精卵排放完毕后,用筛绢网洗去脏污,取部分受精卵作为孵化期的实验材料,孵化实验设 5 个温度梯度、6 个盐度梯度,每组设置 3 个重复。24 h 后统计各组孵化率;其余受精卵继续培养,培育用水为二级沙滤海水并经 300 目筛绢网过滤,水温 25.2～26.5℃,盐度 25～26,孵化密度 30 个/mL;24 h 后发育至 D 形幼虫,用于温度和盐度实验。

2）温度实验

温度实验的温度梯度为 18℃、22℃、26℃、30℃和 34℃,盐度 26。实验在 2 L 的聚乙烯桶中进行,各组温度控制采用加热管及人工冰袋进行控温,各组的温度精度控制在±0.5℃。孵化密度 30 个/mL,浮游幼虫培育密度 10 个/mL。每 2 d 全量换等温海水一次。每天投饵两次,金藻和小球藻（体积比 1:1）混合投喂,日投饵量 $4×10^4$～$6×10^4$cells/mL。各实验梯度均设 3 个重复,每 2 d 取样 1 次,测定幼虫的生长和存活率。

3）盐度实验

盐度实验的盐度梯度为 10、15、20、25、30 和 35,温度 25～26℃。实验在 2 L 的塑料桶中进行,每个组设 3 个重复。通过向海水中加淡水和添加人工海水晶控制各组的盐度,用日本爱拓公司生产的手持盐度折射仪校对盐度。孵化密度为 30 个/mL,浮游幼虫培育密度为 10 个/mL。换水和投饵方案同温度实验。每 2 d 随机测量各组幼虫的生长和存活率。

4）数据分析

测量时每次随机抽取 30 个幼虫,在显微镜下测量幼虫的壳长、壳高。用 Excel 2007 软件对数据进行处理,用 SPSS 17.0 软件进行单因素方差分析和 Duncan 多重比较，显著性水平设为 0.05。

$$\text{孵化率} = \text{D 形幼虫数}/\text{受精卵数} \times 100\% \qquad (3\text{-}4)$$
$$\text{幼虫存活率} = \text{浮游幼虫数}/\text{实验开始时幼虫总数} \times 100\% \qquad (3\text{-}5)$$

3.3.1.2　结果

1. 温度对孵化率的影响

如图 3-13 所示，在 18～34℃，孵化率随着温度的升高先升高后降低，26℃时孵化率最高（91.00%±3.60%），略高于 34℃（86.00%±2.64%）和 30℃（87.67%±7.50%）的孵化率（$P > 0.05$），显著高于 18℃（33.67%±4.04%）和 22℃（57.67%±5.50%）的孵化率（$P < 0.05$）。18℃时发育缓慢，24 h 后大部分个体仍处于担轮幼虫期，且畸形率较高。

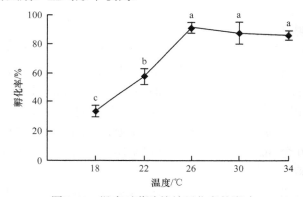

图 3-13　温度对薄片镜蛤孵化率的影响

标有不同小写字母者表示组间有显著性差异（$P < 0.05$），标有相同小写字母者表示组间无显著性差异（$P > 0.05$），下同

2. 温度对幼虫生长和存活的影响

如表 3-3、图 3-14 所示，温度对薄片镜蛤浮游幼虫壳长生长影响趋势基本相同。发育至 9 日龄时，22℃、26℃和 30℃条件下的幼虫生长较快，壳长分别为（141.66±1.04）μm、（145.50±1.00）μm、（142.00±2.19）μm；显著性检验结果表明，22℃、26℃和 30℃条件下的幼虫生长与 18℃和 34℃（129.50±3.12）μm×（106.67±2.84）μm、（131.50±1.73）μm×（108.50±3.91）μm 差异显著（$P < 0.05$）。26℃时壳长最大，且壳长日增长率最大，为 4.10 μm/d。

表3-3　不同温度下薄片镜蛤幼虫壳长（μm）

温度	1 日龄	3 日龄	5 日龄	7 日龄	9 日龄
18℃	107.12±0.65[a]	110.84±3.35[a]	120.31±0.76[a]	125.72±2.42[a]	129.50±3.12[a]
22℃	107.57±0.11[a]	113.65±2.00[ab]	122.65±1.92[a]	133.22±0.75[b]	141.66±1.04[b]

温度	1 日龄	3 日龄	5 日龄	7 日龄	9 日龄
26℃	108.54±0.08[b]	117.09±0.52[bc]	126.42±2.13[b]	136.36±2.41[b]	145.50±1.00[c]
30℃	110.30±0.52[c]	116.15±0.60[bc]	126.62±0.78[b]	135.83±0.76[b]	142.00±2.19[bc]
34℃	108.54±0.08[b]	117.57±1.01[c]	122.59±2.27[a]	126.87±1.82[a]	131.50±1.73[a]

注：标有不同小写字母者表示组间有显著性差异（$P<0.05$），标有相同小写字母者表示组间无显著性差异（$P>0.05$），下同

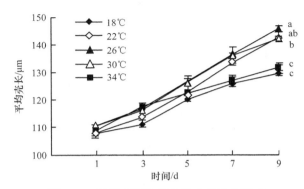

图 3-14　温度对薄片镜蛤幼虫壳长的影响

如图 3-15 所示，温度对浮游幼虫的存活率影响较大。3 日龄时，34℃实验组已出现幼虫活力下降、下沉等现象，存活率大幅度降低；9 日龄时，幼虫存活率为 46.33%±2.08%，与其他各组差异显著（$P<0.05$）。18～30℃各组均有较高的存活率，18℃组最低，但也达到 68.00%±2.00%。26℃组存活率最高（77.67%±1.52%），与 22℃（72.67%±2.51%）和 30℃组（70.33%±1.52%）差异显著（$P<0.05$）。

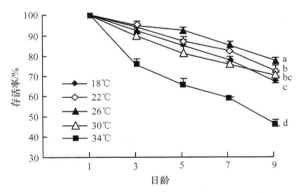

图 3-15　温度对薄片镜蛤幼虫存活率的影响

3. 盐度对孵化率的影响

如图 3-16 所示，盐度对薄片镜蛤的孵化率有较大的影响。受精 24 h 后，20

和 25 盐度组的孵化率较高，分别为 82.00%±5.29%、83.50±3.12%，显著高于
10 和 35 盐度组（$P<0.05$）。盐度 10 和 35 两组孵化率较低，分别为 25.33%±
4.16%、20.33%±6.80%，绝大部分胚胎发育至担轮幼虫期前后发育缓慢，且畸
形率较高。

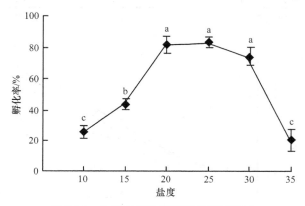

图 3-16　盐度对薄片镜蛤孵化率的影响

4. 盐度对幼虫生长和存活的影响

如图 3-17、表 3-4 所示，盐度对浮游幼虫的生长有显著影响，低盐、高盐都
会抑制幼虫的生长和发育。9 日龄时，10 和 35 盐度组壳长较小，分别为（120.83±
2.75）μm、（131.50±1.00）μm 与 15、20、25、30 盐度组（138.33±2.02）μm、
（142.50±2.65）μm、（144.66±2.47）μm、（142.83±2.36）μm 差异显著（$P>0.05$）。
其中，15、20、25 和 30 盐度组中 15 盐度组壳长最小，且与其他盐度组差异显著
（$P<0.05$）。20、25、30 盐度实验组的壳长日均增长率分别为 3.93 μm/d、4.02 μm/d、
3.87 μm/d。

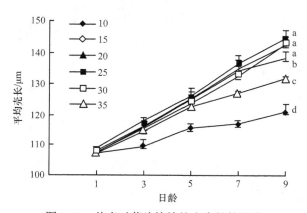

图 3-17　盐度对薄片镜蛤幼虫壳长的影响

表3-4 不同盐度下薄片镜蛤幼虫壳长（μm）

盐度	1 日龄	3 日龄	5 日龄	7 日龄	9 日龄
10	107.24±2.04[a]	109.45±2.23[a]	115.36±1.49[a]	116.80±1.08[a]	120.83±2.75[a]
15	107.42±0.13[a]	115.34±0.74[bc]	125.16±1.26[c]	133.93±1.90[bc]	138.33±2.02[c]
20	107.12±0.66[a]	116.28±1.25[bc]	126.24±2.38[c]	134.71±2.90[bc]	142.50±2.65[d]
25	108.53±0.55[a]	117.89±0.79[c]	125.95±1.30[c]	136.54±2.35[c]	144.66±2.47[d]
30	108.04±1.35[a]	115.42±2.19[bc]	123.57±0.89[bc]	132.45±1.07[b]	142.83±2.36[d]
35	107.37±1.12[a]	114.21±0.50[b]	122.42±0.13[b]	126.95±0.57[a]	131.50±1.00[b]

如图 3-18 所示，当盐度为 35 时，5 日龄幼虫成活率开始大幅度下降，发育至 9 日龄时幼虫存活率仅为 41.00%±2.65%，与其他实验组差异显著（$P<0.05$），10 和 15 低盐组的存活率分别为 52.67%±2.08% 和 55.67%±2.08%，与 20、25、30 盐度组差异显著（$P<0.05$），25 盐度组的存活率最高，为 73.33%±2.89%，与其他实验组差异显著（$P<0.05$）。

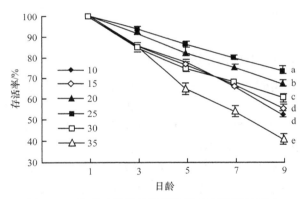

图 3-18 盐度对薄片镜蛤浮游幼虫存活率的影响

3.3.1.3 讨论

温度和盐度是影响水产动物生理和行为的重要环境因子，在海洋生态系统中，这两个环境因子决定了生物的分布和生存（Ana et al., 2005）。温度和盐度对海洋贝类的孵化、幼虫的生长与存活有重要影响，贝类的生活习性与地理分布也直接影响其对温度和盐度的耐受力。而随着贝类的发育，其对环境因子的耐受力也有所变化，浮游幼虫期对环境因子比较敏感，因此，掌握浮游幼虫生存适宜的温度和盐度十分必要，可为贝类的人工育苗提供参考。

1. 温度对孵化率、生长和存活的影响

研究表明，温度对贝类的浮游幼虫的孵化、存活和生长发育均有明显影响，温度过高或过低均会影响幼虫的生长和发育（吉红九等，2000）。由本实验结果可知，薄片镜蛤的适宜孵化温度为 26～34℃，孵化的适温范围略高于毛蚶（沈伟良等，2009）和青蛤（王丹丽等，2005），高于栉孔扇贝（梁玉波和张福绥，2008）。说明薄片镜蛤胚胎对高温的耐受性强于低温，这主要与薄片镜蛤夏季繁殖的习性有关。

贝类幼虫生长速度与温度关系密切，幼虫的生长速度一般表现为在达到最适温度前，随温度的升高而增加，超过最适温度后，随着温度继续升高会下降（吉红九等，2000）。本实验中，18℃下浮游幼虫有较高的存活率，但是幼虫生长缓慢，不适宜幼虫的生长，所以薄片镜蛤的浮游幼虫的适宜生长温度为 22～30℃。适宜温度范围与缢蛏（林笔水和吴天明，1984）相近，但高于栉孔扇贝（梁玉波和张福绥，2008），这可能与薄片镜蛤与缢蛏同样具有营埋栖生活的生活习性有关。虽然较高的温度可以加快幼虫的生长，但从本实验结果可以看出，高温对薄片镜蛤的幼虫存活率影响较大。主要原因可能是温度较高时不但加速了幼虫的生长，同时也加速了水中致病性生物及有害细菌的生长，从而增加了耗氧，降低了饵料利用率（Cook et al.，2005）。所以实际生产中不建议采用较高的水温培育浮游幼虫。

2. 盐度对孵化率、生长和存活的影响

关于盐度对贝类孵化率的影响已有较多报道，国内外学者研究了海湾扇贝（Tettelbach and Rhodes，1981）、青蛤（王丹丽等，2005）、栉孔扇贝（梁玉波和张福绥，2008）和文蛤（陈冲等，1999）等不同盐度下的孵化率，结果表明盐度显著影响幼虫的孵化率。本实验中，薄片镜蛤的适宜孵化盐度为 20～30，孵化率均可达到 70%以上。这比李琼珍等（2004）研究的大獭蛤的胚胎发育适宜盐度范围 26.6～31.9 要宽，和沈伟良等（2009）研究的毛蚶的胚胎发育适宜盐度范围 18～30 相近。

近年来，关于盐度对贝类幼虫生长和发育影响的研究已广泛开展（潘英等，2008；林志华等，2002；陈爱华等，2008；何义朝等，1999；林君卓和许振祖，1997；尤仲杰等，2001，2003）。研究发现，不同的海产动物对盐度的适应能力有显著差异（Wayne and Norm，2004）。本实验结果表明，15 盐度组的幼虫生长和存活均受到较大的影响，与盐度 20、25、30 实验组差异显著（$P<0.05$），这主要是盐度的改变导致海水渗透压的改变，已经超出了幼虫自身的调节能力，使其无法适应低盐的环境，最终导致幼虫死亡。海洋无脊椎动物幼体在过高或过低盐度中生存，出现生长缓慢、发育延迟的主要原因可能在于机体在极端盐度中的能量利用效率降低（Forcucci and Lawrence，1986）。本实验中，薄片镜蛤幼虫生长的适宜盐度为 20～30。与青蛤幼虫（王丹丽等，2005）的生长适宜盐度范围相比要窄，

较缢蛏（林笔水和吴天明，1984）的最适盐度 12.4 要高，这主要与薄片镜蛤的生活习性和庄河当地的海区环境有关。

Berger 和 Kharazova（1997）研究发现，不适宜的盐度会降低海洋贝类幼虫对不良环境的抵抗能力、对食物的消化吸收效率，严重影响机体的生长和存活。本研究表明，高盐度和低盐度都会造成薄片镜蛤幼虫生长缓慢，成活率降低。尽管部分幼虫在盐度 10 和 35 下能够存活，但是存活个体中畸形数量较多。通过观察，发现低盐和高盐组幼虫活力下降，摄食量也较小，解剖发现胃中饵料较少，最终导致部分个体下沉后死亡。可能是由于幼虫体内积累了一定的营养物质，在不利环境中，幼虫仍然可依靠自身积累的营养物质以及从卵中吸收和储存的营养物质继续生长，但当体内的营养物质耗尽后生长则停止（Tettelbach and Rhodes, 1981）。

3.3.2 饵料种类和培育密度对幼虫生长的影响

饵料种类和培育密度是影响贝类幼虫生长的重要非生物因子，掌握合适的培育密度和有效的饵料投喂种类可以提高幼虫的成活率、缩短培育周期、提高养殖效益。目前学者对饵料种类和培育密度对贝类浮游幼虫的生长影响进行了广泛研究。金启增等（1982）在马氏珠母贝幼虫培育中发现幼虫培育密度与生长速度之间为显著的负相关关系，培育密度越大，生长越缓慢，且成活率也较低。何庆权和周永坤（2000）研究发现合浦珠母贝幼虫培育密度过高易造成缺氧现象，水质也容易恶化，幼虫发育不但缓慢，规格也参差不齐，甚至出现大量死亡现象。张善发等（2008）研究了 6 种饵料组合对华贵栉孔扇贝幼虫生长和成活的影响，实验结果表明，混合投喂金藻和亚心形扁藻效果最好，单独投喂小球藻或亚心形扁藻时效果最差，投喂酵母的实验组具有较高的成活率。

不同的培育密度对浮游幼虫会有较大的影响（赵越等，2011），如果密度过大，会造成浮游幼虫死亡率的升高，过低又不利于提高养殖效益，造成养殖空间的浪费。所以掌握合理的培育密度至关重要。即便掌握了合理的培育密度，在合理范围内，密度的不同也会对幼虫造成影响。学者普遍认为贝类的培育密度在 10 个/mL 时较适宜（李大成等，2003；李华琳等，2004；翁笑艳等，1997）。目前关于饵料种类和培育密度对薄片镜蛤浮游幼虫生长影响的研究还未见相关报道，本实验研究了两种饵料的 3 种投喂方式和 4 种不同培育密度对薄片镜蛤浮游幼虫的生长影响，旨在为薄片镜蛤的人工养殖提供参考。

3.3.2.1 材料和方法

1. 材料

实验用 2~3 龄薄片镜蛤亲贝于 2013 年 7 月采集于大连庄河近海，壳长 45.81 mm±3.43 mm，壳高 44.62 mm±3.64 mm，壳宽 18.94 mm±1.22 mm。将采集的亲贝吊养于辽宁省庄河市海洋贝类养殖场生态虾池中促熟。

2. 方法

1）受精卵的孵化

定期取样观察性腺发育状况，待亲贝性腺发育成熟时，将亲贝洗刷干净，阴干 12～15 h 后放入 50 L 塑料桶中待其排放精卵。精卵排放完毕后用筛绢网洗去脏污，受精卵继续培养，培育用水为二级沙滤海水并经 300 目筛绢过滤，水温 25.5～28℃，盐度 23～25，孵化密度 30 个/mL，24 h 后发育至 D 形幼虫，用以饵料和培育密度实验。

2）饵料实验

实验选用 3 种饵料组合，小球藻（*Chlorella vulgaris*），酵母单独投喂和小球藻、酵母（1∶1）混合投喂。每个实验组设置 3 个重复，实验在 50 L 的塑料桶中进行，浮游幼虫的培育密度为 5 个/mL，每 2 d 全量换水一次。每天投饵两次，日投饵量 4×10^4～6×10^4cells/mL，每 2 d 取样测量幼虫的壳长。

3）培育密度实验

实验设置 5 个/mL、10 个/mL、15 个/mL、20 个/mL 4 个培育密度，每个实验组设置 3 个平行，实验在 50 L 的塑料桶中进行。实验中小球藻（*Chlorella vulgaris*）、酵母（1∶1）混合投喂，日投饵量 4×10^4～6×10^4 cells/mL。换水和测量方案同饵料实验。

4）数据分析

测量时每次随机抽取 30 个幼虫，在显微镜下测量幼虫的壳长。用 Excel 2007 软件对数据进行处理，用 SPSS 17.0 软件进行单因素方差分析和 Duncan 多重比较，显著性水平设为 0.05。

3.3.2.2　结果

1. 不同饵料对薄片镜蛤浮游幼虫生长的影响

不同饵料投喂下薄片镜蛤浮游幼虫的生长情况经取样测量和数据分析发现，幼虫壳高的变化和壳长相似，所以此处不再对壳高进行分析。如表 3-5，图 3-19 所示，实验第 1 天和 3 天各组幼虫生长情况差异不显著（$P>0.05$）。实验第 5 天开始，各组开始出现差异，第 5 天和第 7 天时，酵母组幼虫壳长较小，与小球组和混投组差异显著（$P<0.05$）。第 9 天时，酵母组和混投组差异显著（$P<0.05$），混投组幼虫壳长较大，小球组和其他组差异不显著（$P>0.05$）。实验结束时，混投组幼虫平均壳长最大，达到（186.67±3.01）μm，且日增长率也最大，为 8.98 μm/d。酵母组幼虫平均壳长最小，为（177.50±3.12）μm，日增长率为 8.07 μm/d。

表3-5 不同饵料对薄片镜蛤幼虫壳长的影响（μm）

饵料组合	1 日龄	3 日龄	5 日龄	7 日龄	9 日龄
小球组	105.33±2.36^a	129.33±3.32^a	165.67±1.52^b	172.50±2.59^b	181.00±3.27^{ab}
酵母组	104.83±0.76^a	130.83±2.88^a	151.50±1.80^a	160.16±2.08^a	177.50±3.12^a
混投组	105.83±1.04^a	130.33±0.57^a	163.00±1.73^b	175.00±1.80^b	186.67±3.01^b

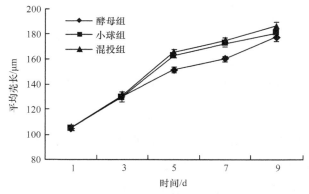

图 3-19 不同饵料对薄片镜蛤幼虫生长的影响

2. 不同培育密度对薄片镜蛤浮游幼虫生长的影响

不同的培育密度下薄片镜蛤浮游幼虫的生长情况如表 3-6、图 3-20 所示。由实验结果可以看出，实验第 1 天，各组幼虫生长情况差异不显著。第 3 天时，幼虫生长情况开始显现出差异，培育密度 5 个/mL 和 10 个/mL 组幼虫生长较快，壳长与其他两组差异显著（$P<0.05$）。第 7 天时，5 个/mL、10 个/mL 组仍保持较快的生长，壳长较大，但培育密度为 5 个/mL 时，幼虫的生长更快，平均壳长为（175.00±1.80）μm，与 10 个/mL 组差异不显著，与其他各组差异均显著（$P<0.05$）。实验结束时，培育密度为 5 个/mL 的实验组平均壳长最大，为（186.66±3.01）μm，和其他实验组差异显著（$P<0.05$）。平均壳长较小的为 15 个/mL、20 个/mL 实验组，分别为（176.17±2.51）μm 和（174.00±1.80）μm。

表3-6 不同培育密度对薄片镜蛤幼虫壳长的影响（μm）

培育密度	1 日龄	3 日龄	5 日龄	7 日龄	9 日龄
5 个/mL	105.83±1.04^a	130.33±0.57^b	163.00±1.73^b	175.00±1.80^c	186.66±3.01^c
10 个/mL	105.50±0.00^a	129.16±1.15^b	163.16±2.02^b	170.76±1.50^{bc}	180.00±3.28^b
15 个/mL	106.00±2.17^a	124.33±1.60^a	160.33±1.75^b	169.50±3.10^{ab}	176.17±2.51^{ab}
20 个/mL	105.66±1.89^a	123.33±2.56^a	154.00±4.58^a	165.83±2.75^a	174.00±1.80^b

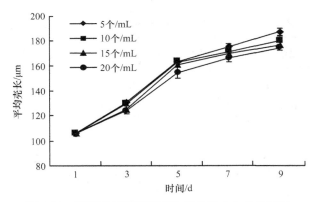

图 3-20 不同培育密度对薄片镜蛤幼虫生长的影响

3.3.2.3 讨论

1. 不同饵料对薄片镜蛤浮游幼虫生长的影响

在贝类育苗过程中，饵料的种类和投喂方式是影响贝类浮游幼虫生长的重要因子。如果饵料不适宜，会造成幼虫生长缓慢、成活率下降，也会对幼虫变态过程产生较大影响，可能造成幼虫无法变态或变态率较低。赵越等（2011）研究发现，单独投喂小球藻会造成幼虫变态率降低，单独投喂金藻会造成幼虫成活率降低。本实验选用小球藻和酵母两种饵料的三种不同投喂方式，研究了不同饵料种类对薄片镜蛤浮游幼虫的生长影响。小球藻因其本身具有抗污染特性，极易培养，在贝类育苗过程中普遍应用，酵母在水产养殖过程中也被有效地利用，酵母菌中含有大量蛋白质和促生长因子。所以本实验选用小球藻和酵母两种饵料，采用单独投喂和混合投喂，研究不同饵料对薄片镜蛤浮游幼虫生长的影响。

从实验结果可以看出，混投组幼虫的生长最快，实验结束时平均壳长最大，小球组次之，酵母组幼虫平均壳长最小。可知小球藻和酵母混投的方式对幼虫的生长有促进作用，这一结果和张善发等（2008）研究的饵料对华贵栉孔扇贝浮游幼虫生长的影响结果相同。这主要是因为小球藻有细胞壁，早期浮游幼虫虽然可以摄食小球藻，但是因为不易消化影响幼虫的生长。然而酵母对水产动物消化酶活性具有一定促进作用，可提高水产动物对饵料的利用率，对水产动物生长具有促进作用（王洛洋等，2011），所以混投组的幼虫生长较好。实验中酵母组幼虫生长最差，这可能是因为酵母投喂中，如果投喂过量，会影响水质，而且单一投喂酵母可能破坏幼虫体内的微生态。本实验中的酵母投喂量可能不是最适量，以后应进一步开展对酵母合理投喂的研究。本实验中只选了两种饵料，还应对其他贝类养殖中常用的饵料进行研究。

2. 培育密度对薄片镜蛤浮游幼虫生长的影响

贝类养殖中，苗种的培育密度是重要的非生物因素，影响贝类苗种的生长和最终的出苗量，从而影响养殖的经济效益。培育密度过大会造成幼虫发育迟缓或大规模死亡，对养殖造成损失。如果密度较小，就不能有效地利用养殖资源，对设备、养殖空间、饵料造成浪费，不利于提高养殖经济效益，找到贝类育苗中最适的培育密度至关重要。我国双壳贝类育苗中浮游幼虫培育密度一般控制在 2~10 个/mL，15 个/mL 常被认为是养殖过程中的密度上限。本实验设置 5 个/mL、10 个/mL、15 个/mL、20 个/mL 4 个培育密度，研究了培育密度对薄片镜蛤浮游幼虫生长的影响。

由实验结果可知，当培育密度为 5 个/mL 时，幼虫生长最快，实验结束时幼虫平均壳长最大，20 个/mL 时幼虫生长最慢，实验结束时幼虫平均壳长最小。这和李大成等（2003）研究的菲律宾蛤仔浮游幼虫培养的最适培育密度结果相同。但在生产实践中，为了充分利用养殖资源，建议采用 5~10 个/mL 的培育密度。本实验中未对幼虫的存活率进行统计，所以由死亡导致的培育密度的变化对幼虫的影响不能准确地体现，以后应开展培育密度对幼虫存活率的研究。

3.4　受精及早期胚胎发育细胞学观察

国内外学者用光学显微镜、荧光显微镜、电子显微镜等对贝类受精细胞进行了大量研究，以深入了解贝类的受精机制。目前学者对牡蛎、珠母贝、泥蚶、扇贝等主要经济贝类的受精过程都有较深入的研究，在受精过程和机制、受精过程中亚细胞结构（如纺锤体）动态、多倍体和非整倍体形成的受精机制、杂交受精等方面取得了一些进展，加速了对贝类育种技术的完善（Chen and Longo, 1983；Longo and Hedgecock, 1993；任素莲等，1999，2000；沈亦平等，1993；杨爱国等，1999；孙慧玲等，2000）。国内外对薄片镜蛤的胚胎发育报道不多，闫喜武等（2008）在水温 24.5~25.5℃、盐度 27、pH 7.5 条件下对薄片镜蛤的早期胚胎发育过程进行了细胞学观察。王海涛等（2009）在 24.2~25.3℃的水温条件下，对薄片镜蛤的早期胚胎发育过程进行了细胞学观察。但未见利用荧光显微镜观察薄片镜蛤受精过程中精卵的结合方式和受精生物学的研究报道。本实验利用荧光显微镜观察了薄片镜蛤的受精过程，早期卵裂的核相变化，这不仅丰富了薄片镜蛤繁殖生物学的研究内容，还可为薄片镜蛤人工育苗和繁育过程中的人工授精技术提供理论依据和基础资料。

3.4.1　早期胚胎采集及观察

3.4.1.1　材料

实验所用亲贝 2013 年 8 月采自大连庄河近海，壳长（45.81±3.43）mm，壳高（44.62±3.64）mm，壳宽（18.94±1.22）mm。培育用水为二级沙滤海水，并经 300 目筛绢过滤，水温 25～26℃，盐度 26。固定液为 4%的海水甲醛溶液。

3.4.1.2 实验方法

将实验所用的亲贝吊养于辽宁省庄河市海洋贝类育苗场生态虾池中进行自然促熟。定期取样观察性腺发育状况，待亲贝性腺发育成熟时，将亲贝洗刷干净，阴干 12～15 h 后放入 50 L 聚乙烯桶中待其排放精卵。将刚产出精卵的亲贝挑出，分别放入 3 L 的小桶中继续排放精卵。选择质量较好的精卵在 3 L 小桶中混合，以精子与卵子混匀为起始时间，连续取样用 4%的海水甲醛溶液固定。

固定后需要将在光学显微镜下观察早期胚胎发育的样品做成水装片，荧光显微观察的样品经含 8%蔗糖的 0.1 mol/L 磷酸缓冲液（pH=7.4）清洗 3 次后，加入 DAPI 染色 1 h，在荧光显微镜（Leica DM 2000）下观察、拍照，并记录各阶段发育时间。

3.4.2 受精的细胞学观察

薄片镜蛤为体外受精，精子和卵子必须同时排放，克服水环境的影响，依靠精子的运动能力，找到同类的卵子。精子运动既可以由卵子分泌的化学诱导物质激活，也可以由卵子产生的多肽类物质激活，引导精子和卵子结合。薄片镜蛤成熟的未受精卵子呈圆形（图 3-21：1），直径约为 65 μm，多数核相处于第一次成熟分裂中期。精子在荧光显微镜下为一蓝色荧光亮点，通过尾巴的摆动找到成熟的卵子并附着在卵子表面（图 3-21：2），然后进入卵子内。观察发现，薄片镜蛤精子的入卵位置一般较为随机。

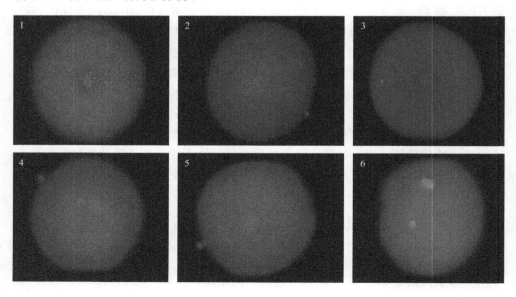

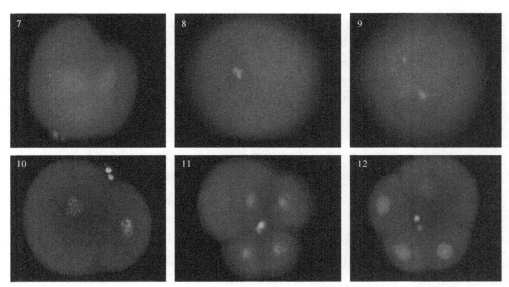

图 3-21　薄片镜蛤受精及早期胚胎发育过程的荧光显微镜观察（彩图请扫封底二维码）

1. 成熟卵；2. 精子附卵；3. 精子入卵；4. 排出第一极体；5. 排出第二极体；6. 雌、雄原核的形成；7. 雌、雄原核的靠近并移至卵子中央；8. 雌、雄原核的染色体联合；9. 第一次卵裂后期；10. 第二次卵裂中期；11. 第二次卵裂后期；12. 4 细胞期

精子进入卵子后，在卵胞质作用下精核染色质去致密，体积开始明显膨大（图 3-21：3）。此时卵子的染色体在纺锤丝的牵引下向卵膜移动，之后排放第一极体（图 3-21：4），接着会以同样的方式排放第二极体，第二极体在第一极体正下方（图 3-21：5）。

次级卵母细胞第二次成熟分裂完成后，精子的染色质变为体细胞型（Luttmer and Longo, 1988）。核膜重新构建，雄原核形成。卵核以同样的方式形成雌原核（图 3-21：6）。雌、雄原核形成后分别慢慢向卵子中央移动，最后雌、雄原核的核膜破裂，在卵子中央变成两组染色体（图 3-21：8），两组染色体在卵子中央结合。联合后的染色体整齐地排列在赤道板上，之后在纺锤丝的作用下，染色体向两极移动，开始进行第一次卵裂（图 3-21：9）。第一次卵裂结束后，形成两个卵裂球，卵裂球中的染色体重新又变为染色质（图 3-21：10），核膜也开始重建，接着第二次卵裂开始。第二次卵裂和第一次卵裂方式基本相同，只是方向与第一次卵裂垂直（图 3-21：11）。第二次卵裂完成后形成一大三小 4 个分裂球，此时期称为 4 细胞期（图 3-21：12）。

3.4.3　早期胚胎发育观察

3.4.3.1　受精过程

对于体外受精的水产贝类来说，精卵互相作用实际上是一种特殊形式的细胞识别，精子依靠其运动能力，找到同类的卵子与其结合。从本实验观察结果看出薄片镜蛤的精子入卵位置一般较为随机，观察到的均为单精入卵，虽然可能会有多精入卵的情况，但在本实验中未观察到。研究表明即使会有多精入卵的情况发生，但是最终和卵子结合的精子只有一个，随后受精卵便相继排放第一、二极体。本实验中在水温 26℃，盐度 26 条件下，受精后 10 min 受精卵排放第一极体（图 3-22：4）。

3.4.3.2　卵裂期

动物受精卵分裂的形式，与卵子类型有很大的关系，薄片镜蛤的卵子为均黄卵，受精卵的分裂为螺旋型分裂，属于完全卵裂且分裂球大小不等。薄片镜蛤早期胚胎发育时间见表 3-7。本实验中受精后 24 min，卵细胞开始第一次卵裂，卵子自极体处发生纵向分裂，形成 2 个大小不等的卵裂球，二者之间的卵裂沟清晰可见，此时称为 2 细胞期（图 3-22：4）。第一次卵裂完成后 8 min，卵裂球的细胞质向植物极移动，胚胎进入第二次卵裂（图 3-22：3）。在 43 min 时第二次卵裂完成，形成一大三小 4 个分裂球，此时期称为 4 细胞期（图 3-22：5）。之后开始第三次卵裂，受精后 60 min，完成第三次卵裂，胚胎变为大小不等的 8 个分裂球，动物极的分裂球较小，植物极的分裂球较大，且二者不在同一直线上，此时期称为 8 细胞期（图 3-22：6）。分裂球这样不断地分裂，胚胎进一步经历 16 细胞期（图 3-22：7）、32 细胞期（图 3-22：8）、64 细胞期，分裂球的数量不断增多，以至肉眼无法分辨分裂球的数量。但胚胎总体积并不会明显增大，所以分裂球体积是不断变小的，1 h 53 min 时进入了桑葚期（图 3-22：9）。

表3-7　薄片镜蛤早期胚胎发育

胚胎发育阶段	开始发育时间	胚胎发育阶段	开始发育时间
受精卵	5 min	桑葚期	1 h 53 min
第一极体	10 min	囊胚期	2 h 42 min
2 细胞	24 min	原肠期	3 h 43 min
4 细胞	43 min	担轮幼虫期	9 h 28 min
8 细胞	60 min	D 形幼虫期	20 h 20 min
16 细胞	1 h 22 min	壳顶幼虫期	8 d
32 细胞	1 h 41 min	匍匐幼虫期	12 d

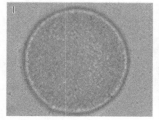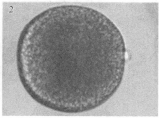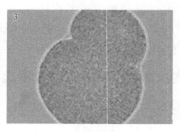

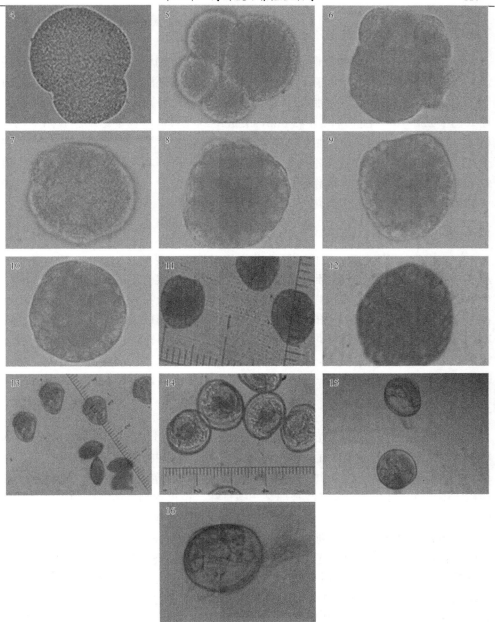

图 3-22　薄片镜蛤早期胚胎发育过程的显微镜观察（彩图请扫封底二维码）

1. 卵子；2. 排出第一极体；3. 第二次卵裂中期；4.2 细胞期；5.4 细胞期；6.8 细胞期；7.16 细胞期；8.32 细胞期；9. 桑葚期；10. 囊胚期；11. 原肠期；12. 担轮幼虫期；13.D 形幼虫期；14. 早期壳顶幼虫；15. 后期壳顶幼虫；16. 稚贝

3.4.3.3　囊胚期与原肠期

受精后 2 h 42 min 桑葚期的胚胎进一步发育，植物极一端的大部分分裂球慢慢陷入胚体内部，胚体变为囊状，虽然肉眼无法看到胚胎表面密布短纤毛，但由于纤毛的摆动，可以看到胚胎在原地不停地转动，此特点可以判断胚胎进入囊胚期（图 3-22：10）。受精后 3 h 43 min，囊胚继续发育，动物半球细胞开始下包，植物半球细胞向内陷入，胚胎形态发生变化，即进入了原肠期（图 3-22：11）。由于卵子的类型及卵裂的方式不同，形成的囊胚也不同，本实验结果显示，薄片镜蛤形成的为腔囊胚。经原肠作用后，在植物极留下的开口称为胚孔或原口，内陷的腔为原肠，将来发育为消化管。

3.4.3.4　担轮幼虫

在水温 26℃下，薄片镜蛤的胚胎发育相对较慢。受精 9 h 28 min 后，胚胎逐渐变长类似梨形，原口移动到胚胎的腹面，在原口前端会形成一纤毛束，由于纤毛的存在，担轮期的幼虫可以自由地游动。因为本实验在光学显微镜下利用相机拍摄，所以并未记录下纤毛的形状，但通过对胚胎外形以及胚胎的运动能力的观察和与囊胚期外形的对比，可判断此时的胚胎已进入担轮幼虫期（图 3-22：12）。担轮幼虫虽然可以自由游动，但消化道尚未形成，它依然依靠内源性营养。这一时期，壳腺已经形成，为进一步形成幼虫壳做好了准备。

3.4.3.5　幼虫发育

担轮幼虫进一步发育，壳腺发育成幼虫壳，口前的纤毛环变为面盘，形成面盘幼虫。根据发育阶段的不同面盘幼虫可分为初期面盘幼虫、早期面盘幼虫、后期壳顶幼虫。初期面盘幼虫的幼虫壳形成后从侧面看呈英文字母 "D" 形，故称为 D 形幼虫（图 3-22：13）；也因其铰合部呈一条直线，也可称为直线铰合幼虫。面盘是幼虫的运动器官，面盘的后方是口沟，口沟接食道，胃包埋在消化盲囊之中，肠开口在后闭壳肌附近的肛门。刚形成的直线铰合幼虫靠卵黄物质提供营养，消化道形成后，靠面盘纤毛有规律地摆动，使海水中的单细胞藻类随着海水进入口沟，通过口纤毛进入胃。早期壳顶幼虫（图 3-22：14）的特点是靠近直线铰合部的两侧，壳顶隆起，面盘发达，外套膜明显。后期壳顶幼虫（图 3-22：15）的壳顶较早期壳顶幼虫隆起大，足已形成，所以此时的幼虫既能浮游，又能用足在附着基上匍匐移动。

3.4.3.6　讨论

1. 影响胚胎发育的因素

影响贝类胚胎发育的因素较多，主要包括亲贝质量、生殖细胞质量、外部环境因素（温度、盐度、光照、饵料等）。亲贝的生殖腺如果发育不成熟，产出的卵子的受精率、孵化率都会较低。精卵的成熟度对胚胎发育也有着决定性作用,未成熟的精子活力较差可能无法正常受精;未成熟的卵子因为能量的储备不够会造成胚胎畸形。温度是影响胚胎发育的主要因素,胚胎阶段对温度较敏感,主要是因为胚胎对外界环境的变化适应能力较弱,一般在适宜温度范围内,温度越高胚胎的发育速度会越快。胚胎对光照无明显反应,但担轮幼虫有趋光性,如果光照较强,担轮幼虫会上浮至水面,影响胚胎的发育甚至导致大量死亡。

2. 精子入卵时机与雌雄原核结合方式

　　本实验中薄片镜蛤成熟且未受精的卵子多数处于第一次成熟分裂中期,这与其他学者对双壳贝类的受精细胞学研究结果相似,如泥蚶(Huiling et al., 2000)、栉孔扇贝(Ren et al., 2000)、虾夷扇贝(Yang et al., 2002)、大西洋浪蛤(Luttmer and Longo, 1988)。精子入卵的位置取决于卵子的类型,薄片镜蛤为均卵黄,精子可以从任意位置进入(孙慧玲等,2000),入卵位置一般较为随机,在其他贝类中已经得到证实。受精的唯一性是指每个卵细胞只能接受一个精子的遗传物质,从而保证胚胎后续发育的正常进行(樊启昶和白书农,2002)。多精入卵现象在其他双壳贝类中出现概率较小,但也有报道(沈亦平等,1993),本实验中未发现有多精入卵的现象。如果最终只有一个精子的雄原核与雌原核结合,多余的精子会在卵内被破坏消解(陈锦民等,2004)。多精子入卵现象不仅与精子运动能力、卵子质量和精卵浓度等密切相关,还与外界的受精条件等诸多环境因素密切相关(董迎辉等,2011)。

　　不同动物雌雄原核的结合方式也不相同,可分为两种,一种为原核的融合,另一种为原核的联合。本实验结果显示薄片镜蛤为原核融合,即雌核雄核慢慢靠拢,最终紧贴在一起,核膜进而融合。融合过程最先开始于原核的一侧,外膜先融合,然后内膜融合,最终形成合子核,之后进入第一次卵裂过程(毕克等,2004)。日本珍珠贝(Komaru et al., 1990)、太平洋牡蛎(任素莲等,1999)和栉孔扇贝(任素莲等,2000)、紫贻贝等的原核结合方式为联合,即两原核核膜不融合,直到2细胞期时,亲本基因组才首次存在于同一核中。

3.5　苗种繁育技术

3.5.1　催产、孵化及幼虫、稚贝培育

3.5.1.1　材料

　　亲贝于2007年5月采自大连庄河市大郑镇滩涂贝类养殖场,将采集的300 kg亲贝用笼吊养于辽宁省庄河市海洋贝类养殖场生态池中进行促熟。亲贝规格(壳长×壳高×壳厚,下同)为(60.90±2.24)mm×(58.85±2.06)mm×(24.90±1.23)mm,

鲜重为（51.33±5.55）g。

3.5.1.2 方法

1. 催产及孵化

室内人工育苗实验于 2007 年 6 月 9 日进行。用肉眼和显微镜经常观察性腺的发育状况，待性腺充分发育成熟后，挑选壳形规整、无损伤的个体作为繁殖群体。本实验中共催产 10 批。

每批实验将亲贝洗刷干净，阴干 12 h，于次日早上放入 100 L 白色聚乙烯桶中，亲贝于中午开始自然排放精卵。待亲贝排放完毕，用 150 目筛绢网过滤掉亲贝排放的脏物，再将受精卵分桶孵化，密度为 50～100 粒/mL。孵化期间，微充气，加入 5 mg/L 的青霉素钾，并观察受精卵在各个发育阶段的形态变化及所需时间。

2. 幼虫和稚贝培育

D 形幼虫用 300 目筛绢网做成的网箱选育后，在 100 L 白色聚乙烯桶中进行培育。D 形幼虫培育密度为 10～12 个/mL，随着幼虫的生长调整培育密度，附着前为 2～3 个/mL，日全量换水 1 次，饵料为绿色巴夫藻和小球藻混合投喂（1∶1），日投饵 3 次。D 形幼虫至壳顶前期，日投饵 $0.5×10^4～1×10^4$cells/mL；壳顶中期至变态期，日投饵 $3×10^4～5×10^4$cells/mL；稚贝期，日投饵 $8×10^4～10×10^4$cells/mL，投喂量根据幼虫和稚贝的摄食情况适量增减。幼虫和稚贝培育期间，水温为 24～28℃，盐度为 24～29，pH 为 7.5～8.4。

3. 附着基实验

设置海泥（粒径≤0.13 mm）、细沙（粒径≤0.7 mm）、泥沙混合（泥沙比 1∶1）、聚乙烯网片及无附着基 5 种情况，实验均在 100 L 白色聚乙烯桶中进行，每种附着基实验设置 3 个重复。海泥、细沙和泥沙混合附着基厚度为 10 cm 左右；聚乙烯网片悬挂在桶中，规格为 40 cm×60 cm。发现幼虫出足后，放入到不同附着基的桶中，足面盘幼虫密度为 1 个/mL，每桶放足面盘幼虫约 10 万个。

4. 指标的测定

孵化率为 D 形幼虫数与受精卵数的比值；幼虫存活率为每次测量存活的个体数与 D 形幼虫数的比值；变态率为稚贝（以出次生壳为标志）数与足面盘幼虫数量的比值；稚贝存活率为每次测量存活的个体数与刚变态稚贝数的比值，方法同变态率的计算。幼虫和稚贝的壳长、壳高在目微尺（40×）下测量，测量时每次随机抽取 30 个个体。在附着基实验中，泥或沙中稚贝总数以 1 g 泥或沙中的稚贝数进行推算；聚乙烯网片上的稚贝总数以单位面积网片上的稚贝数进行推算；无附着基桶中稚贝总数通过单位质量的稚贝数推算。

3.5.2 产卵量、卵径、孵化率及 D 形幼虫大小

壳长为（60.90±2.24）mm 的雌性个体每次产卵量可达 200 万粒，卵径为（70.33±1.06）μm，孵化率为（50.0±15.23）%，D 形幼虫大小（壳长×壳高，下同）为（100.33±1.30）μm×（81.07±1.72）μm。

3.5.3 幼虫生长、存活及变态

如图 3-23 所示，在幼虫期（0～10 日龄），壳长与壳高大小呈逐渐接近的趋势，且壳长、壳高与日龄表现出明显的线性关系。在水温 24～26℃、盐度 24～28、pH 7.5～8.2 及投喂小球藻和绿色巴夫藻的条件下，幼虫壳长、壳高的生长速度分别为（8.28±0.70）μm/d、（9.19±0.76）μm/d。

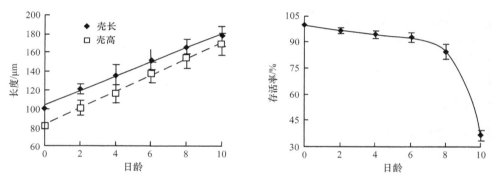

图 3-23　薄片镜蛤幼虫生长与存活率

8 日龄以前，幼虫存活率在 80% 以上；到 10 日龄，幼虫存活率急剧下降到（36.8±3.78）%。当幼虫规格达（177.67±10.96）μm×（169.67±11.96）μm 时（表3-8），足发达，伸缩频繁，面盘脱落，为匍匐幼虫期；变态规格为（213.33±8.02）μm×（202.00±5.96）μm 时，变态率为（5.0±1.25）%；变态期间壳长、壳高生长速度分别为（8.46±0.42）μm/d、（8.04±0.45）μm/d，变态时间持续 4～5 d。

表3-8　薄片镜蛤在不同发育阶段中的大小（$\bar{x}\pm s$）

不同发育阶段	壳长×壳高/（μm×μm）
壳顶幼虫前期	（120.67±5.33）×（100.33±7.87）
壳顶幼虫中期	（135.50±11.01）×（115.83±9.75）
壳顶幼虫后期	（166.50±8.11）×（154.67±11.44）
匍匐幼虫期	（177.67±10.96）×（169.67±11.96）
变态期	（213.33±8.02）×（202.00±5.96）
单水管稚贝期	（309.17±9.17）×（301.67±10.81）
双水管稚贝期	（1158.33±9.31）×（1067.50±10.84）

　　当薄片镜蛤壳顶幼虫规格为（177.67±10.96）μm×（169.67±11.96）μm 时，幼虫由原来的浮游生活过渡到附着生活，此时可投放附着基。由表 3-9 可见，附着基不同，变态期间生长速度、变态率也不同；实验结束时，各种附着基培育的稚贝大小不等，彼此间差异显著（$P<0.05$），海泥中稚贝最大；从存活率上看，海泥中培育的稚贝存活率最高。综合生长、变态和存活指标，初步认为海泥是薄片镜蛤比较理想的附着基。

表3-9　薄片镜蛤不同附着基育苗效果的比较（$\bar{x} \pm s$）

附着基	足面盘幼虫				稚贝		
	壳长/μm	变态时间/d	变态期间生长速度/（μm/d）	变态率/%	壳长/μm	生长速度/（μm/d）	存活率/%
海泥（D≤0.13mm）	177.67±10.96	4	8.89±0.75ᵃ	25.36±5.84ᵃ	1820.00±336.35ᵃ	64.28±5.94ᵃ	96.56±5.81ᵃ
细沙（D≤0.7mm）	177.67±10.96	5	8.36±0.98ᵃ	3.68±0.72ᶜ	1320.00±256.47ᶜ	44.28±4.63ᶜ	68.20±5.21ᶜ
泥∶沙=1∶1	177.67±10.96	4	8.77±0.84ᵃ	12.69±4.06ᵇ	1520.17±280.64ᵇ	52.28±5.20ᵇ	90.13±7.28ᵃ
聚乙烯网片	177.67±10.96	5	8.08±0.67ᵃ	2.12±0.55ᶜ	1163.33±248.28ᵉ	38.00±4.82ᵉ	12.23±3.87ᵈ
无附着基	177.67±10.96	4	8.46±0.42ᵃ	5.00±1.25ᶜ	1248.00±234.69ᵈ	41.40±3.82ᵈ	81.20±3.30ᵇ

3.5.4　稚贝的生长与存活

　　由图 3-24 可见，刚变态稚贝的壳长与壳高几乎相等，随着稚贝的生长，壳长与壳高之比逐渐增大。在水温 25～28℃、盐度 26～29、pH 7.8～8.4 及投喂小球藻和绿色巴夫藻的条件下，稚贝摄食量增加，生长速度加快。当稚贝规格达（309.17±9.17）μm×（301.67±10.81）μm 时（表 3-8），出现单水管，壳长、壳高生长速度分别为（32.19±20.63）μm/d、（28.75±19.71）μm/d；当稚贝规格达（1158.33±9.31）μm×（1067.50±10.84）μm 时（表 3-8），出现双水管，壳长、壳高生长速度分别为（53.07±40.43）μm/d、（47.86±38.22）μm/d。稚贝的存活率随着日龄的增加而下降，40 日龄时，存活率为（81.20±3.30）%。

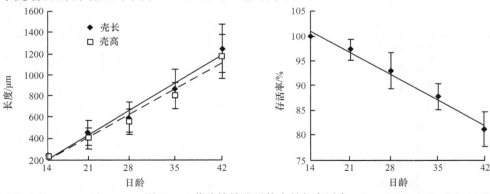

图 3-24　薄片镜蛤稚贝的生长与存活率

3.5.5　环境因子对幼虫及稚贝生长存活影响的探讨

　　环境因子对滩涂贝类卵孵化，幼虫生长、存活、变态，稚贝生长、存活有重要影响（Yan et al., 2006；陈觉民等，1989；李世英等，1999；林笔水和吴天明，1984；林笔水等，1983；孙虎山等，1999；汪心沅等，1985）。本实验期间，曾连续一个星期下大雨，造成海水盐度由原来的 27 下降到 23～24，pH 也由 8.4 下降到 7.5，这是否是幼虫变态率和存活率低的主要原因，有待于进一步研究。因此，应进一步开展盐度、温度、光照、pH、氨态氮等环境因子对薄片镜蛤卵孵化，幼虫生长、存活、变态，稚贝生长、存活影响的研究，确定幼虫和稚贝培育的最适水质指标及水质调控方法。饵料种类、搭配比例及饵料质量是影响育苗效果的重要因素，多种饵料混合投喂效果好于单一饵料投喂（何进金等，1981，1986；周荣胜等，1984）。本实验期间正值高温多雨季节，饵料品种比较单一，只有绿色巴夫藻和小球藻两种饵料，这也可能是幼虫和稚贝生长偏慢、存活率偏低的另一个原因。解决途径一是除金藻和小球藻，还应培养角毛藻、盐藻等耐高温品种，尽量做到饵料多样化；二是进行亲贝人工促熟，提早繁育时间，避开高温多雨季节。

　　附着基种类也是影响滩涂贝类幼虫变态和稚贝生长的重要因素（Yan et al., 2006；林志华等，2002b；赵玉明等，2005；闫喜武，2005）。本实验结果表明，海泥的采苗效果好于其他附着基，这可能与薄片镜蛤的生活习性有关。

参　考　文　献

毕克, 包振民, 黄晓婷, 等. 2004. 菲律宾蛤仔受精及早期胚胎发育过程的细胞学观察[J]. 水产学报, (6): 623-627.

陈爱华, 张志伟, 姚国兴, 等. 2008. 环境因子对大竹蛏稚贝生长及存活的影响[J]. 上海水产大学学报, (5): 559-563.

陈冲, 王志松, 随锡林. 1999. 盐度对文蛤孵化及幼体存活和生长的影响[J]. 海洋科学, (3): 16-18.

陈锦民, 康现江, 李少菁, 等. 2004. 锯缘青蟹受精过程核相变化的研究[J]. 厦门大学学报(自然科学版), (5): 688-692.

陈觉民, 王恩明, 李何. 1989. 海水中某些化学因子对魁蚶幼虫、稚贝及成体的影响[J]. 海洋与湖沼, (1): 15-22.

董迎辉, 林志华, 姚韩韩. 2011. 斧文蛤精子超微结构与受精过程的细胞学变化[J]. 水产学报, 35(3): 356-364.

樊启昶, 白书农. 2002. 发育生物学原理[M]. 北京: 高等教育出版社: 48-55.

何进金, 齐秋贞, 韦信敏, 等. 1981. 菲律宾蛤仔幼虫食料和食性的研究[J]. 水产学报, (4): 275-284.

何进金, 韦信敏, 许章程. 1986. 缢蛏稚贝饵料和底质的研究[J]. 水产学报, (1): 29-39.

何庆权, 周永坤. 2000. 合浦珠母贝优质贝苗培育的技术措施[J]. 中国水产, (2): 34-35.

何义朝, 张福绥, 王萍, 等. 1999. 墨西哥湾扇贝稚贝对盐度的耐受力[J]. 海洋学报(中文版), (4): 87-91.

吉红九, 于志华, 姚国兴, 等. 2000. 几项生态因子与文蛤幼苗生长的关系[J]. 海洋渔业, (1): 17-19.

金启增, 魏贻尧, 姜卫国. 1982. 合浦珠母贝人工育苗的研究 II 幼虫和幼苗的培养[J]. 南海海洋科学集刊, (3): 99-110.

李大成, 刘忠颖, 王笑月, 等. 2003. 培育密度对菲律宾蛤仔浮游幼虫生长与成活的影响[J]. 水产科学, (3): 29-30.

李华琳, 李文姬, 张明. 2004. 培育密度对长牡蛎面盘幼虫生长影响的对比试验[J]. 水产科学, (6): 20-21.

李琼珍, 陈瑞芳, 童万平, 等. 2004. 盐度对大獭蛤胚胎发育的影响[J]. 广西科学院学报, (1): 33-34.

李世英, 鲁男, 蒋双, 等. 1999. 温度、盐度对滑顶薄壳鸟蛤面盘幼虫存活和生长的影响[J]. 大连水产学院学报, (2): 66-69.

梁玉波, 张福绥. 2008. 温度、盐度对栉孔扇贝(*Chlamys farreri*)胚胎和幼虫的影响[J]. 海洋与湖沼, (4): 334-340.

林笔水, 吴天明, 黄炳章. 1983. 温度和盐度对菲律宾蛤仔稚贝生长及发育的影响[J]. 水产学报, (1): 15-23.

林笔水, 吴天明. 1984. 温度和盐度对缢蛏浮游幼虫发育的影响[J]. 动物学报, (4): 385-392.

林君卓, 许振祖. 1997. 温度和盐度对文蛤幼体生长发育的影响[J]. 福建水产, (1): 27-33.

林志华, 柴雪良, 方军, 等. 2002a. 文蛤工厂化育苗技术[J]. 上海水产大学学报, (3): 242-247.

林志华, 柴雪良, 方军, 等. 2002b. 硬壳蛤对环境因子适应性试验[J]. 宁波大学学报(理工版), (1): 19-22.

林志华, 方军, 牟哲松, 等. 2000. 大西洋浪蛤(*Spisula solidissima*)生态习性的初步观察[J]. 中国海洋大学学报(自然科学版), 30(2): 242-246.

潘英, 陈锋华, 李斌, 等. 2008. 管角螺对几种环境因子的耐受性试验[J]. 水产科学, (11): 566-569.

任素莲, 王德秀, 绳秀珍, 等. 2000. 栉孔扇贝(*Chlamys farreri*)受精过程的细胞学观察[J]. 海洋湖沼通报, (1): 24-29.

任素莲, 王德秀, 王如才. 1999. 太平洋牡蛎受精过程中的精核扩散与成熟分裂[J]. 海洋湖沼通报, (1): 34-39.

阮飞腾, 高森, 李莉, 等. 2014. 山东沿海魁蚶繁殖周期与生化成分的周年变化[J]. 水产学报, 38(1): 47-55.

沈伟良, 尤仲杰, 施祥元. 2009. 温度与盐度对毛蚶受精卵孵化及幼虫生长的影响[J]. 海洋科学, 33(10): 5-8.

沈亦平, 刘汀, 姜海波, 等. 1993. 合浦珠母贝受精细胞学观察[J]. 武汉大学学报(自然科学版), (5): 115-120.

孙虎山, 黄清荣. 1993. 日本镜蛤的性腺发育和生殖周期[J]. 烟台师范学院学报(自然科学版), (3): 68-72.

孙虎山, 许高君, 董小卫, 等. 1999. pH对紫彩血蛤幼虫发育的影响[J]. 中国水产科学, (1): 55-57.

孙慧玲, 方建光, 王清印, 等. 2000. 泥蚶受精过程的细胞学荧光显微观察[J]. 水产学报, (2): 104-107, 195.

汪心沅, 张德华, 季道荣, 等. 1985. 氨对牡蛎幼虫与幼贝的毒性影响[J]. 海洋湖沼通报, (4): 66-71.

王成东, 聂鸿涛, 闫喜武, 等. 2014. 温度和盐度对薄片镜蛤孵化及幼虫生长与存活的影响[J]. 大连海洋大学学报, 29(4): 364-368.

王丹丽, 徐善良, 尤仲杰, 等. 2005. 温度和盐度对青蛤孵化及幼虫、稚贝存活与生长变态的影响[J]. 水生生物学报, (5): 495-501.

王海涛, 王世党, 郑春波, 等. 2009. 薄片镜蛤室内人工育苗技术研究[J]. 中国水产, (3): 46-47.

王海涛, 王世党, 郑春波, 等. 2010. 薄片镜蛤室内人工育苗技术研究[J]. 科学养鱼, (4): 36-37, 85.

王洛洋, 胡宗仁, 纪政, 等. 2011. 酵母作为水产动物饲料的几点思考[J]. 科学养鱼, (6): 67.

王年斌, 马志强, 桂思真. 1992. 黄海北部凸镜蛤生物学及其生态的调查[J]. 水产学报, (3): 237-246.

翁笑艳, 庄凌峰, 邱其樱, 等. 1997. 岐脊加夫蛤幼虫培育密度的初步探讨[J]. 福建水产, (1): 22-26.

闫喜武, 左江鹏, 张跃环, 等. 2008. 薄片镜蛤人工育苗技术的初步研究[J]. 大连水产学院学报, (4): 268-272.

闫喜武. 2005. 菲律宾蛤仔养殖生物学、养殖技术与品种选育[D]. 青岛: 中国科学院海洋研究所博士学位论文.

杨爱国, 王清印, 孔杰, 等. 1999. 栉孔扇贝受精卵减数分裂的细胞学研究[J]. 中国水产科学, (3): 97-99.

尤仲杰, 陆彤霞, 马斌, 等. 2003. 几种环境因子对墨西哥湾扇贝幼虫和稚贝生长与存活的影响[J]. 热带海洋学报, (3): 22-29.

尤仲杰, 徐善良, 边平江, 等. 2001. 海水温度和盐度对泥蚶幼虫和稚贝生长及存活的影响[J]. 海洋学报(中文版), (6): 108-113.

张国范, 闫喜武. 2010. 蛤仔养殖学[M]. 北京: 科学出版社: 30-31.

张善发, 邓岳文, 王庆恒, 等. 2008. 几种饵料对华贵栉孔扇贝浮游幼虫生长和成活率的影响[J]. 水产科学, (4): 184-186.

赵玉明, 顾润润, 于业绍. 2005. 海泥附着基的青蛤工厂化育苗试验[J]. 南方水产, (1): 54-56.

赵越, 王金海, 张丛尧, 等. 2011. 培育密度及饵料种类对四角蛤蜊幼虫生长、存活及变态的影响[J]. 水产科学, 30(3): 160-163.

周荣胜, 陈德富, 陈绍贵, 等. 1984. 菲律宾蛤仔幼虫食料的研究[J]. 福建水产, (3): 27-30.

庄启谦. 2001. 中国动物志: 软体动物门·双壳纲·帘蛤科[M]. 北京: 科学出版社.

Ana D R, Diaz F, Sierra E, et al. 2005. Effect of salinity and temperature on thermal tolerance of brown shrimp *Farfantepenaeus aztecus* (Ives)(Crustacea, Penaeidae)[J]. Journal of Thermal Biology, 30(8): 618-622.

Arellano-Martnez M, Racotta I, Ceballos-Vzque Z B, et al. 2004. Biochemical composition, reproductive activity and food availability of the lion's paw scallop *Nodipecten subnodosus* in the Laguna Ojo de Liebre, Baja California Sur, Mexico[J]. Journal of Shellfish Research, 23(1): 15-24.

Barber B J, Blake N J.1981. Energy storage and utilization in relation to gametogenesis in *Argopecten irradians concentricus*(Say)[J]. Journal of Experimental Marine Biology and Ecology, 52(2): 121-134.

Bayne B. 1976. Aspects of reproduction in bivalve molluscs[J]. Estuarine Processes, 1: 432-448.

Beninger P G, Lucas A. 1984. Seasonal variations in condition, reproductive activity, and gross biochemical composition of two species of adult clam reared in a common habitat: *Tapes decussatus* L. (Jeffreys) and *Tapes philippinarum* (Adams & Reeve)[J]. Journal of Experimental Marine Biology & Ecology, 79(1): 19-37.

Berger V J, Kharazova A D. 1997. Mechanisms of salinity adaptations in marine molluscs[J]. Hydrobiologia, 355(1): 115-126.

Berthelin C, Kellner K, Mathieu M. 2000. Storage metabolism in the Pacific oyster (*Crassostrea gigas*) in relation to summer mortalities and reproductive cycle(West Coast of France)[J]. Comparative Biochemistry and Physiology Part B: Biochemistry and Molecular Biology, 125(3): 359-369.

Besnard J-Y, Lubet P, Nouvelot A. Seasonal variations of the fatty acid content of the neutral lipids and phospholipids in the female gonad of *Pecten maximus* L[J]. Comparative Biochemistry and Physiology Part B: Comparative Biochemistry, 93(1): 21-26.

Camacho A P, Delgado M, Fernandez-Reiriz M J, et al. 2003. Energy balance, gonad development and biochemical composition in the clam *Ruditapes decussatus*[J]. Marine Ecology Progress, 258(8): 133-145.

Castro N F, Mattio N D V D. 1987. Biochemical composition, condition index, and energy value of *Ostrea peulchana* (D'Orbigny): relationships with the reproductive cycle[J]. Journal of Experimental Marine Biology and Ecology, 108(2): 113-126.

Chen D Y, Longo F J. 1983. Sperm nuclear dispersion coordinate with meiotic maturation in fertilized *Spisula solidissima* eggs[J]. Developmental Biology, 99(1): 217-224.

Clarke A, Rodhouse P G, Holmes L J, et al. 1990. Growth rate and nucleic acid ratio in cultured cuttlefish *Sepia officinalis* (Mollusca: Cephalopoda)[J]. Journal of Experimental Marine Biology and Ecology, 133(3): 229-240.

Cook M A, Guthrie K M, Rust M B, et al. 2005. Effects of salinity and temperature during incubation on hatching and development of lingcod *Ophiodon elongatus* Girard, embryos[J]. Aquaculture Research, 36(13): 1298-1303.

Delgado M, Prez Camacho A. 2005. Histological study of the gonadal development of *Ruditapes decussates* (L.)(Mollusca: Bivalvia) and its relationship with available food[J]. Scientia Marina, 69(1): 87-97.

Dove M C, O'connor W A. 2012. Reproductive cycle of Sydney rock oysters, *Saccostrea glomerata* (Gould 1850) selectively bred for faster growth[J]. Aquaculture, (324-325): 218-225.

Dridi S, Romdhane M S, Elcafsi M H. 2007. Seasonal variation in weight and biochemical composition of the Pacific oyster, *Crassostrea gigas* in relation to the gametogenic cycle and environmental conditions of the Bizert lagoon, Tunisia[J]. Aquaculture, 263(1): 238-248.

Enríquez-Díaz M, Pouvreau S, Chávez-Villalba J, et al. 2009. Gametogenesis, reproductive investment, and spawning behavior of the Pacific giant oyster *Crassostrea gigas*: evidence of an environment-dependent strategy[J]. Aquaculture International, 17(5): 491-506.

Enríquez-Díaz M, Pouvreau S, Chávez-Villalba J, et al. 2009. Gametogenesis, reproductive investment, and spawning behavior of the Pacific giant oyster *Crassostrea gigas*: evidence of an environment-dependent strategy[J]. Aquaculture International, 17(5): 491.

Forcucci D, Lawrence J M. 1986. Effect of low salinity on the activity, feeding, growth and absorption efficiency of *Luidia clathrata* (Echinodermata: Asteroidea)[J]. Marine Biology, 92(3): 315-321.

Gabbott P A. 1975. Storage cycles in marine bivalve molluscs: a hypothesis concerning the relationship between glycogen metabolism and gametogenesis[C]//Ninth European Marine Biology Symposium. Aberdeen, UK: Aberdeen University Press: 191-211.

Holland D. 1978. Lipid reserves and energy metabolism in the larvae of benthic marine invertebrates[J]. Biochemical and Biophysical Perspectives in Marine Biology, 4: 85-123.

Huiling S, Jianguang F, Qingyin W, et al. 2000. Cytological observation on fertilization of *Tegillarca granosa* with fluorescent microscope[J]. Journal of Fisheries of China, 24(2): 104-107.

Joaquim S, Matias D, Lopes B, et al. 2008. The reproductive cycle of white clam *Spisula solida* (L.)(Mollusca: Bivalvia): Implications for aquaculture and wild stock management[J]. Aquaculture, 281(1): 43-48.

Ke Q, Li Q. 2013. Annual dynamics of glycogen, lipids, and proteins during the reproductive cycle of the surf clam *Mactra veneriformis* from the north coast of Shandong Peninsular, China[J]. Invertebrate Reproduction & Development, 57(1): 49-60.

Kim S-K, Rosenthal H, Clemmesen C, et al. 2005. Various methods to determine the gonadal development and spawning season of the purplish Washington clam, *Saxidomus purpuratus* (Sowerby)[J]. Journal of Applied Ichthyology, 21(2): 101-106.

Komaru A, Matsuda H, Yamakawa T, et al. 1990. Meiosis and fertilization of the Japanese pearl oyster eggs at different temperature observed with a fluorescence microscope [J]. NIPPON SUISAN GAKKAISHI, 56(3): 425-430.

Li Q, Liu W, Shirasu K, et al. 2006. Reproductive cycle and biochemical composition of the Zhe oyster *Crassostrea plicatula* Gmelin in an eastern coastal bay of China[J]. Aquaculture, 261(2): 752-759.

Li Q, Osada M, Mori K. 2000. Seasonal biochemical variations in Pacific oyster gonadal tissue during sexual maturation[J]. Fisheries Science, 66(3): 502-508.

Longo F J, Hedgecock M D. 1993. Morphogenesis of maternal and paternal genomes in fertilized oyster eggs (*Crassostrea gigas*): effects of Cytochalasin B at different periods during meiotic maturation[J]. Biological Bulletin, 185(2): 197-214.

Longo F J. 1976. Ultrastructural aspects of fertilization in spiralian eggs[J]. American Zoologist, (3): 10-18.

Luttmer S J, Longo F J. 1988. Sperm nuclear transformations consist of enlargement and condensation coordinate with stages of meiotic maturation in fertilized *Spisula solidissima* oocytes[J]. Developmental Biology, 128(1): 86-96.

Mann R. 1979. Some biochemical and physiological aspects of growth and gametogenesis in *Crassostrea gigas* and *Ostrea edulis* grown at sustained elevated temperatures[J]. Journal of the Marine Biological Association of the United Kingdom, 59(1): 95-110.

Martinez G. 1991. Seasonal variation in biochemical composition of three size classes of the Chilean scallop *Argopecten purpuratus* Lamarck, 1819[J]. The Veliger, 34(4): 335-343.

Matias D, Joaquim S, Matias A M, et al. 2013. The reproductive cycle of the European clam *Ruditapes decussatus* (L., 1758) in two Portuguese populations: Implications for management and aquaculture programs[J]. Aquaculture, 406-407: 52-61.

Muniz E C, Jacob S A, Helm M. 1986. Condition index, meat yield and biochemical composition of *Crassostrea brasiliana* and *Crassostrea gigas* grown in Cabo Frio, Brazil[J]. Aquaculture, 59(3): 235-250.

Nakano Y. 1998. Non-specific regulatory mechanism of contact sensitivity: the requirement of intermediate cells for non-specific suppressor factor (NSF) activity[J]. Immunology, 64(2): 261-266.

Nakata K, Nakano H, Kikuchi H. 1994. Relationship between egg productivity and RNA/DNA ratio in *Paracalanus* sp. in the frontal waters of the Kurshio[J]. Marine Biology, 119(4): 591-596.

Normand J, Pennec M L, Boudry P. 2008. Comparative histological study of gametogenesis in diploid and triploid Pacific oysters (*Crassostrea gigas*) reared in an estuarine farming site in France during the 2003 heatwave[J]. Aquaculture, 282(1-4): 124-129.

O'Connor W A, Lawler N F. 2004. Salinity and temperature tolerance of embryos and juveniles of the pearl oyster, *Pinctada imbricata* Röding[J]. Aquaculture, 229(1): 493-506.

Ojea J, Pazos A, Martınez D, et al. 2004. Seasonal variation in weight and biochemical composition of the tissues of *Ruditapes decussatus* in relation to the gametogenic cycle[J]. Aquaculture, 238(1): 451-468.

Park H J, Lee W C, Choy E J, et al. 2011. Reproductive cycle and gross biochemical composition of the ark shell *Scapharca subcrenata* (Lischke, 1869) reared on subtidal mudflats in a temperate bay of Korea[J]. Aquaculture, 322: 149-157.

Park M S, Kang C K, Lee P Y. 2001. Reproductive cycle and biochemical composition of the ark shell *Scapharca broughtonii* (Schrenck) in a southern coastal bay of Korea[J]. Journal of Shellfish Research, 20(1): 177-184.

Perez Camacho A, Delgado M, Fernandez-Reiriz M J, et al. 2003. Energy balance, gonad development and biochemical composition in the clam *Ruditapes decussatus*[J]. Marine Ecology Progress Series, 258: 133-145.

Pollero R J, Ré M E, Brenner R R. 1979. Seasonal changes of the lipids of the mollusc *Chlamys tehuelcha*[J]. Comparative Biochemistry and Physiology Part A: Physiology, 64(2): 257-263.

Ren S L, Wang D X, Sheng X Z, et al. 2000. Cytological observation on fertilization of *Chlamys farreri* [J]. Transactions of Oceanology and Limnology, 1(1): 24- 29.

Roddick D, Kenchington E, Grant J, et al. 1999. Temporal variation in sea scallop (*Placopecten magellanicus*) adductor muscle RNA/DNA ratios in relation to gonosomatic cycles, off Digby, Nova Scotia[J]. Journal of Shellfish Research, 18(2): 405-414.

Seed R, Brown R. 1975. The influence of reproductive cycle, growth and mortality on population structure in *Modiolus modiolus* (L.), *Cerastoderma edule* (L.) and *Mytilus edulis* L.(Mollusca: Bivalvia)[C] // Proceedings of the 9th European Marine Biology Symposium. Aberdeen: Aberdeen University Press: 257-274.

Tettelbach S T, Rhodes E W. 1981. Combined effects of temperature and salinity on embryos and larvae of the northern bay scallop *Argopecten irradians irradians*[J]. Marine Biology, 63(3): 249-256.

Thompson R J, Macdonald B A. 2006. Physiological integrations and energy partitioning[J]. Developments in Aquaculture and Fisheries Science, 35: 493-520.

Timothy R, Yoshiaki M, Carol M. 1984. A manual of chemical and biological methods for seawater analysis[J]. Pergamon Press Inc, 395: 475-490.

Urrutia G, Navarro J, Clasing E, et al. 2001. The effects of environmental factors on the biochemical composition of the bivalve *Tagelus dombeii* (Lamarck, 1818)(Tellinacea: Solecurtidae) from the intertidal flat of Coihuín, Puerto Montt, Chile[J]. Journal of Shellfish Research, 20(3): 1077-1088.

Walne P R. 1976. Experiments on the culture in the sea of the butterfish *Venerupis decussata* L.[J]. 8(4): 371-381.

Yan H, Li Q, Liu W, et al. 2010. Seasonal changes in reproductive activity and biochemical composition of the razor clam *Sinonovacula constricta*(Lamarck 1818)[J]. Marine Biology Research, 6(1): 78-88.

Yan X, Zhang G, Yang F. 2006. Effects of diet, stocking density, and environmental factors on growth, survival, and metamorphosis of Manila clam *Ruditapes philippinarum* larvae[J]. Aquaculture, 253(1-4): 350-358.

Yang A G, Wang Q Y, Liu Z H, et al. 2002. Cytological observation on cross fertilization of *Chlamys farreri* and *Patinopecten yesoensis* with fluorescent microscope [J]. Marine Fishries Research, 23(3): 1-4.

第四章　日本海神蛤繁殖生物学

　　海神蛤是世界上最大的一类埋栖型贝类，从潮间带到水深 110 m 均有分布，喜栖息于沙泥底，5～10 龄为快速生长期。全球海神蛤共有 5 个经济种，分别为高雅海神蛤（*Panopea abrupta*）、球形海神蛤（*P. globosa*）、阿根廷海神蛤（*P. abbreviata*）、新西兰海神蛤（*P. zelandica*）、日本海神蛤（*P. japonica*）。其中，高雅海神蛤品质最好，市售壳长规格为 130～150 mm，鲜重 900～1100 g。高雅海神蛤又分为 BC 蚌、华盛顿蚌、阿拉斯加蚌、加州蚌和西川蚌，其中以加拿大不列颠哥伦比亚省出产的 BC 蚌品质最好、品牌知名度最高、市场价格最高；华盛顿蚌和阿拉斯加蚌次之。随着纬度南移，水温升高，产自墨西哥下加利福尼亚州的加州蚌、西川蚌含水量较高、肉质较松、品质较差。中国市场以球形海神蛤销售居多，市场鲜重 530 g 左右，适合生长的温度为 17～18℃，也称暖水蚌。新西兰主要出产新西兰海神蛤，市场平均壳长 100～110 mm，鲜重 242～359 g。阿根廷主要出产阿根廷海神蛤，每年产量 3～10 t。日本市场中常见的是日本海神蛤。

　　日本海神蛤是象拔蚌的一种，属软体动物门（Mollusca）双壳纲（Bivalvia）海螂目（Myoida）缝栖蛤科（Hiatellidae）海神蛤属（*Panopea*）。日本海神蛤属埋栖型贝类，分布于我国黄海北部、朝鲜半岛和日本北海道海域。生活在潮间带至水深 50 m 的泥沙地，埋栖深度为 30～40 cm（齐钟彦和马绣同，1989）。日本海神蛤壳质薄脆，壳形近长方形，前端钝圆，后端截形，背缘较直，腹缘浅弧形，前后两端开口。壳顶较凸出，位于背缘中央稍偏前。壳表底质白色，外被较厚的一层褐色壳皮，壳皮常脱落。生长纹波状，较粗糙，无放射肋。铰合齿不发达，仅左壳有 1 个主齿，两壳皆无侧齿。壳后端伸出水管，水管很长，不能缩入壳内（曹善茂，2017）。

　　目前，日本海神蛤在我国为濒危物种，资源几近枯竭。市场上的日本海神蛤几乎全部来自边境贸易，主要从朝鲜进口，市场价格为 80～120 元/kg。最新研究表明，日本海神蛤水管粗壮肥大，略带金黄色，肉质堪比加拿大不列颠哥伦比亚省出产的高端 BC 蚌（高雅海神蛤），其水管中牛磺酸含量约为每 100 g 干样品中含有 2.97 g，约为牡蛎的 9 倍、菲律宾蛤仔的 5 倍、文蛤的 6 倍，市场潜力巨大（李莹，2019）。本实验开展了日本海神蛤繁殖生物学研究，以期为日本海神蛤室内人工苗种繁育及滩涂贝类资源修复提供参考。

4.1　繁殖周期与性腺发育周年观察

　　繁殖周期决定了一个物种的生殖时间，通过研究繁殖周期可以更准确地了解一个物种的性腺发育进程及生殖特性。有关海神蛤属高值品种繁殖周期方面的研究已有一些报道。Marshall 等（2012）研究了温度对高雅海神蛤性腺发育的影响，结果发现 7℃是高雅海神蛤性腺最佳发育温度，11℃是最佳繁育温度，15℃以上高雅海神蛤的性腺出现退化现象，19℃时高雅海神蛤的性腺不发育。Aragón-noriega 等（2015）对球形海神蛤壳形态性状间的相关性、性腺发育及繁殖周期进行了研究，结果表明，形态性状间存在相关性，但是相关系数小于 0.5，说明存在很高的遗传变异。在夏末秋初，水温为 30℃时，球形海神蛤的性腺开始发育，随着水温降低到 20℃，其性腺发育加快，在 1 月末至 2 月初，水温 18℃时为繁殖盛期。球形海神蛤的有效繁殖积温大概在 228℃·d。García-Esquivel 等（2013）研究了以鳕鱼粉和大叶藻粉作为代用饵料对球形海神蛤的性腺发育及生产表现的影响，结果发现以大叶藻投喂效果最好，以 30%鳕鱼粉作为代用饵料的效果次之。Molen 等（2007）对阿根廷海神蛤的繁殖周期进行了组织学研究和形态学观察，将其性腺发育分为 6 期，发现繁殖盛期在每年秋季末至翌年春季，与其他海神蛤不同的是，阿根廷海神蛤性腺发育没有间歇期，在整个繁殖周期性腺都处于发育期，夏季也出现产卵现象。国内外学者关于日本海神蛤的研究报道较少，对其繁殖周期与性腺发育周期的研究尚未见报道。

4.1.1　采样及性腺观察

4.1.1.1　采样

　　实验用日本海神蛤采自朝鲜罗津市海域。2016 年 11 月至 2017 年 10 月，每月中旬采样一次，每次选取壳形完整、水管收缩有力、无明显损伤的个体 20 个。低温运回实验室后，对实验样品进行编号，测量每个样品壳长、壳高、壳宽、总重、软体部重、性腺重、水管长及水管重，再进行解剖，挑取少许性腺镜检，取部分性腺用 Bouin's 固定液固定，切片观察。

4.1.1.2　性腺指数

$$性腺指数 GSI=性腺重/软体部重×100\%　　　　（4-1）$$

4.1.1.3　组织切片

　　切片实验设计见表 4-1，实验所用主要仪器见表 4-2。

表4-1　切片实验设计

步骤	操作方法
固定	取修剪为 1 cm³ 左右组织小块，装入离心管中固定 24 h
洗涤	将 Bouin's 固定液倒出换入 70%乙醇，组织与乙醇比例 1∶10，洗涤 3～5 次，每次时间间隔 30 min，最后将组织保存在 70%乙醇中
脱水+透明+透蜡	全自动组织脱水机完成 脱水：80%乙醇 30 min 脱水机完成 透明：1/2 100%乙醇+1/2 二甲苯 30 min→二甲苯 15 min 透蜡：1/2 二甲苯+1/2 蜡 30 min→Ⅰ蜡 30 min→Ⅱ蜡 30 min
包埋	在石蜡包埋机模具中滴入热蜡，放入组织后，放于冷却台冷却定型
切片+贴片+展片	将包埋好的蜡块固定在切片机上，调整厚度为 20 mm 埋好修整好的蜡块，再调厚度至 5 整蜡，匀速摇动手柄，进行切片。在已涂甘油蛋白的载玻片上加数滴蒸馏水，将切好的目的蜡片贴于载玻片上，并于烘片机上展片。自然晾干或烘箱烘干
HE 染色	二甲苯（10～15 min）→二甲苯（10～15 min）→100%乙醇（1～2 min）→95%乙醇（1～2 min）→90%乙醇（1～2 min）→80%乙醇（1～2 min）→70%乙醇（1～2 min）→蒸馏水（2 min）→苏木精（7 min）→自来水（2 min）→洗脱→伊红（20～30 s）→蒸馏水→蒸馏水→70%乙醇（1 min）→80%乙醇（1 min）→90%乙醇（1 min）→95%乙醇（1 min）→100%乙醇（1～2 min）→100%乙醇（1～2 min）→二甲苯（5～10 min）→二甲苯（5～10 min）
封片	二甲苯未挥发干以前用中性树脂封片
看片	显微镜下观察，记录雌雄及发育时期

表4-2　实验主要仪器

机器	型号
全自动组织脱水机	HistoCore PEARL
石蜡包埋机（热台）	EG1150H
石蜡包埋机（冷台）	EG1150C
石蜡切片机	RM2235
烘片机	Hl1220

4.1.1.4　数据处理

实验结果采用 Excel 软件进行作图，并用 SPSS 16.0 进行单因素方差分析，用 Duncan 多重比较检验组间的差异（$P<0.05$）。

4.1.2　性腺指数、性腺发育周年变化

4.1.2.1　性腺指数 GSI

性腺指数是指性腺的鲜重占软体部鲜重的百分比。由图 4-1 可见，性腺指数从 2 月开始升高，7 月达到最大值 9.55%，之后，呈下降趋势，次年 1 月降到最低值 3.64%，此时性腺较小，性腺指数全年变化波动不大。

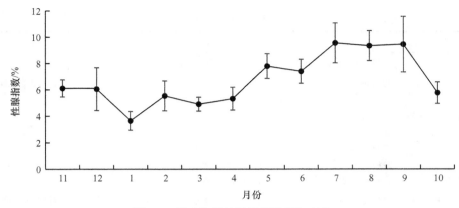

图 4-1　日本海神蛤性腺指数周年变化

4.1.2.2　性腺发育周年变化

性腺发育分期见表 4-3,将日本海神蛤的性腺发育分为 5 个时期,各时期特征如下。

表4-3　日本海神蛤性腺发育分期及特征

时期	性腺发育特征
休止期	滤泡萎缩,结缔组织挤压滤泡呈不规则形状,无精原细胞和卵原细胞,可依据滤泡中少量残破的卵子及残留的精子区分雌、雄个体
增殖期	开始出现精原细胞和卵原细胞,滤泡相对较小,卵原细胞呈梭形贴在滤泡壁上。精原细胞贴在滤泡壁上,有部分从滤泡壁脱落,松散地分布在滤泡中
生长期	滤泡变大,呈圆形或椭圆形。未成熟的卵细胞开始向滤泡中生长,少量成熟的卵细胞脱落到滤泡中央,未成熟的卵细胞有一根卵柄与滤泡壁相连。精母细胞几乎占满整个滤泡,少量成熟的精子集中于滤泡中央
成熟期	滤泡充盈,成熟的卵细胞脱落到滤泡中,几乎布满整个滤泡。雄性个体的滤泡中充满了成熟的精子
排放期	成熟的精卵排出,雌性的滤泡中可见残余的卵细胞,卵细胞染色较深,部分破损。雄性大量的精子排出,滤泡中出现一个个小的空腔,滤泡呈网格状

雌性日本海神蛤性腺发育周年变化见图 4-2、图 4-3,结果表明,日本海神蛤雌性个体在 11 月和 12 月部分处于休止期,并有部分性腺已经发育处于增殖期的个体,在 1 月、2 月处于增殖期;3 月、4 月主要处于生长期,并开始有成熟的个体;5 月、6 月主要为生长期和成熟期,并有部分个体开始排卵;7 月、8 月出现大量的成熟个体;9 月开始有少量的排卵,10 月主要为排放期。因此,日本海神蛤雌性个体性腺发育不同步,具有分批成熟的特点,在 5 月和 10 月有两次集中排卵期。

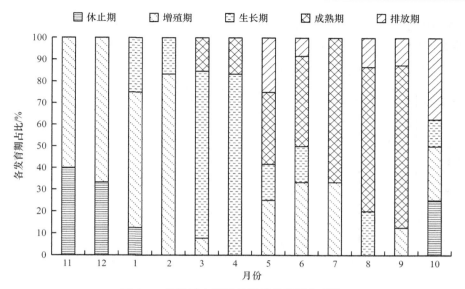

图 4-2　雌性日本海神蛤性腺发育周年变化

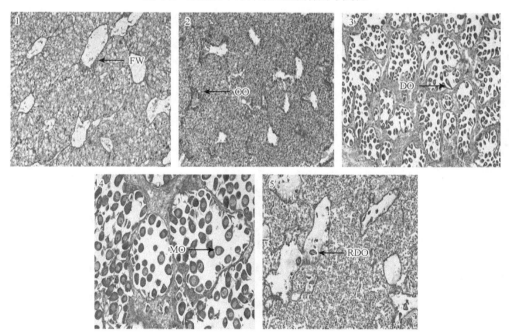

图 4-3　雌性日本海神蛤性腺发育分期（100×）（彩图请扫封底二维码）

1. 休止期；2. 增殖期；3. 生长期；4. 成熟期；5. 排放期；FW：滤泡壁；OO：卵原细胞；DO：未成熟卵子；
MO：成熟卵子；RDO：残留的卵子

　　雄性日本海神蛤性腺发育周年变化见图 4-4，图 4-5，结果表明，日本海神蛤的雄性个体，全年都有成熟的个体；4 月即出现精子排放，并一直持续至 11 月；

5月和10月是雄性个体集中排放期。据此结果分析，日本海神蛤雄性个体全年有
两次繁殖期，分别为5月和10月。

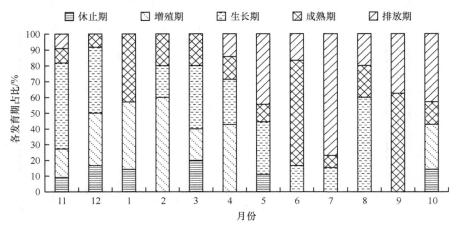

图4-4　雄性日本海神蛤性腺发育周年变化

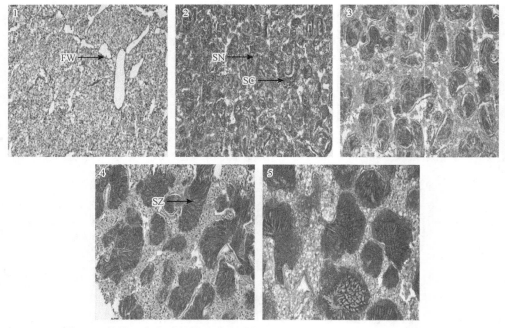

图4-5　雄性日本海神蛤性腺发育分期（100×）（彩图请扫封底二维码）

1. 休止期；2. 增殖期；3. 生长期；4. 成熟期；5. 排放期；FW：滤泡壁；SN：精原细胞；SC：精母细胞；SZ：精子

4.1.3　关于日本海神蛤性腺发育的探讨

学者对贝类性腺发育进行分期的标准不尽相同，通常依据性腺的颜色、大小、

形状、配子的发育情况以及卵径将繁殖周期划分为 5 期（林志华等，2004；廖承义等，2005；曹伏君等，2012）、6 期（Delgado and A Pérez-Camacho，2005）或 7 期（Darriba et al.，2004）。性腺发育的 5 个时期通常为休止期、增殖期、生长期、成熟期和排放期，相对于 5 个时期而言，6 个时期中多了一个耗尽期，于排放期之后，7 个时期相较于 6 个时期而言在排放期和耗尽期之间多了一个恢复期。本实验中，对照之前学者的研究，依据配子的发育情况，将日本海神蛤的繁殖周期划分为 5 个时期，即休止期、增殖期、生长期、成熟期和排放期。

　　日本海神蛤一般为雌雄异体，但也有雌雄同体现象。在本实验中，日本海神蛤雌雄比为 1.05：1，雌性略多于雄性，并出现 1 个雌雄同体个体。贝类多为雌雄异体，但也存在雌雄同体现象，众多贝类的研究中，在黄边糙鸟蛤[*Trachycardium flavum*（Linnaeus）]（吴洪流等，2004）、波纹巴非蛤（赵志江等，1991）、马氏珠母贝（王梅芳等，2006）、长牡蛎（Chung et al.，1998）、中国蛤蜊（刘相全等，2007）、虾夷扇贝（周丽青等，2014）等中发现了雌雄同体现象，有的贝类为雌雄两性功能发育同步的雌雄同体，如鸟蛤。也有雌雄两性功能发育不同步的雌雄同体的贝类，如虾夷扇贝、波纹巴非蛤等，周丽青等（2014）对虾夷扇贝雌雄同体的成因研究发现，虾夷扇贝雌雄同体的存在主要与海区环境有关，虾夷扇贝存在性逆转现象，且主要为雄性转化为雌性。吴洪流（2002）研究发现波纹巴非蛤的性逆转是双向的，既可以从雌性转变为雄性，又可以从雄性转变为雌性。日本海神蛤雌雄同体的存在有待进一步研究。

　　本次实验中发现了雌雄个体发育不同步的现象，雄性个体全年都有成熟的个体，这与 Goodwin（1976）对高雅海神蛤周年性腺发育观察的研究结果相近，Goodwin 观察了普吉特海湾 6 个采样点的高雅海神蛤共 124 个个体的配子发生，每个月都能观察到成熟的雄性个体，11 月有 92%的个体处于成熟期，翌年 5 月所有个体全部处于成熟期。除此之外，刘明坤（2014）在探究海螂目各物种之间亲缘关系时发现高雅海神蛤与日本海神蛤亲缘关系最近，这也为日本海神蛤与高雅海神蛤雄性个体发育特点相似提供了参考。本研究结果表明，日本海神蛤的繁殖期从 5 月一直持续到 10 月，整个夏季是日本海神蛤的繁殖盛期。同为海神蛤属的新西兰海神蛤和高雅海神蛤的繁殖特性都与此相近，在冬季性腺开始发育，繁殖期可以从春季延续至夏季末，夏季是繁殖盛期。日本海神蛤的集中排放期为每年 5 月和 10 月。贝类普遍存在生殖细胞分批成熟分批排放的特点，如中国蛤蜊（王子臣等，1984）、褶牡蛎（*Alectryonella plicatula*）（谷进进和李建伟，1998）、三角帆蚌（*Hyriopsis cumingii*）（潘彬斌等，2010）、大竹蛏（*Solen grandis*）（任福海，2018）等，在本研究中，日本海神蛤在成熟期及排放期均可见正在生长的卵母细胞，说明日本海神蛤卵细胞也具有分批成熟的特点，在 5 月第一次繁殖期到 10 月第二次繁殖期均可见处于增殖期、生长期和成熟期的卵细胞，并在 10 月达到了繁殖盛期。

性腺指数是指性腺的鲜重占软体部鲜重的百分比。通过性腺指数我们可以更直观地分辨性腺的发育情况，对全年的性腺发育情况进行分析。日本海神蛤的性腺指数与繁殖周期呈现良好的相关性，休止期开始升高，到第一次集中排卵，性腺指数稍有下降，到第二次集中排卵，性腺指数明显下降。从性腺指数可以看出，随着性腺的发育，越靠近生殖期，日本海神蛤的性腺指数越大，此时性腺越饱满。10月，由于大部分的日本海神蛤都完成了排放，性腺萎缩、疏松，性腺指数下降。郑丹华（2009）在对中国血蛤（*Hiatula chinensis*）的繁殖周期与性腺指数及肥满度关系研究中，也发现了三者之间显著的相关性。李文姬等（2012）在对黄海北部的虾夷扇贝研究中也发现性腺发育与性腺指数呈相关性。宁军号等（2015）对偏顶蛤（*Modiolus modiolus*）繁殖周期的研究发现，性腺指数达到30%以上时，偏顶蛤进入繁殖期。

4.2　性腺发育生物学零度及产卵有效积温

性腺发育的生物学零度和产卵的有效积温是繁殖生物学的重要指标。目前国内外对贝类性腺发育的生物学零度已报道的种类有虾夷扇贝（田斌和王璐，2018）、菲律宾蛤仔（闫喜武，2005）、西施舌（刘德经等，2002）、海湾扇贝（毕庶万等，1996；周玮，1991；周玮等，1999）等。生物学零度和有效积温的研究方法也比较多，毕庶万等（1996）分别用二点法、最小二乘法、积温仪计数法对海湾扇贝进行研究；刘德经等（2002）运用回归直线法对西施舌进行了研究；闫喜武（2005）、田斌和王璐（2018）通过有效积温公式 $K=H(T-t)$，拟合线性升温曲线，应用数理统计计算了菲律宾蛤仔和虾夷扇贝性腺发育生物学零度。本节运用二点法、回归直线法和有效积温法3种方法计算日本海神蛤性腺发育的生物学零度 T 及产卵的有效积温 K，以期为日本海神蛤室内升温促熟及人工苗种繁育提供科学依据。

4.2.1　材料与方法

4.2.1.1　材料

日本海神蛤亲贝采自朝鲜罗津市海域，将亲贝运回实验室内暂养。选择壳形规整，水管收缩有力的亲贝共158个，平均鲜重420 g，进行升温促熟。1号池与2号池升温过程见表4-4。每日投喂金藻和角毛藻（*Chaetoceros*），按体积比1∶1混合投喂，日投饵3～4次，日投饵量为 $1.2×10^4$～$1.8×10^4$ cells/mL。每天全量换水一次。在亲贝人工促熟过程中，两个升温池饵料投喂、换水等日常管理操作保持一致。

表4-4　日本海神蛤亲贝促熟实验设计

日期	1 号池		2 号池	
	日均水温/℃	促熟天数/d	日均水温/℃	促熟天数/d
1 月 27 日	4.1	1	4.3	1
1 月 28 日	2.9	2	2.9	2
1 月 29 日	4.0	3	4.2	3
1 月 30 日	4.1	4	4.8	4
1 月 31 日	4.5	5	5.1	5
2 月 1 日	4.1	6	5.0	6
2 月 2 日	4.4	7	5.8	7
2 月 3 日	4.7	8	5.8	8
2 月 4 日	4.9	9	6.2	9
2 月 5 日	5.3	10	6.7	10
2 月 6 日	5.0	11	7.0	11
2 月 7 日	5.5	12	7.4	12
2 月 8 日	5.7	13	7.5	13
2 月 9 日	5.5	14	7.7	14
2 月 10 日	5.9	15	8.3	15
2 月 11 日	6.4	16	8.5	16
2 月 12 日	6.9	17	8.6	17
2 月 13 日	6.9	18	9.0	18
2 月 14 日	7.3	19	9.1	19
2 月 15 日	6.8	20	9.0	20
2 月 16 日	7.8	21	9.5	21
2 月 17 日	7.9	22	9.5	22
2 月 18 日	7.7	23	9.5	23
2 月 19 日	7.4	24	9.4	24
2 月 20 日	7.8	25	9.8	25
2 月 21 日	7.8	26	10.0	26
2 月 22 日	8.1	27	10.1	27
2 月 23 日	8.5	28	10.5	28
2 月 24 日	8.9	29	10.5	29
2 月 25 日	9.0	30	10.6	30
2 月 26 日	9.3	31	10.7	31
2 月 27 日	9.4	32	11.0	32
2 月 28 日	9.7	33	11.2	33
3 月 1 日	9.5	34	11.1	34
3 月 2 日	9.9	35	11.3	35
3 月 3 日	10.2	36	11.5	36

日期	1 号池		2 号池	
	日均水温/℃	促熟天数/d	日均水温/℃	促熟天数/d
3 月 4 日	10.4	37	11.9	37
3 月 5 日	9.9	38	12.0	38
3 月 6 日	10.5	39		
3 月 7 日	10.7	40		
3 月 8 日	11.1	41		
3 月 9 日	11.2	42		
3 月 10 日	11.0	43		

4.2.1.2　生物学零度及有效积温计算方法

产卵有效积温公式：$K=H(T-T_0)$，式中，H 为日本海神蛤开始促熟到产卵所需的天数（d）；T 为饲养日均水温（℃）；T_0 为生物学零度；K 为有效积温。运用二点法、回归直线法和有效积温法 3 种方法计算日本海神蛤性腺发育的生物学零度 T_0 及产卵有效积温 K。

1. 二点法（毕庶万等，1996）

二点法计算公式：

$$(T_1-T_0)H_1=K=(T_2-T_0)H_2 \qquad (4\text{-}2)$$

整理可得，生物学零度

$$T_0 = \frac{T_2H_2 - T_1H_1}{H_2 - H_1} \qquad (4\text{-}3)$$

产卵有效积温

$$K=(T_1-T_0)H_1=(T_2-T_0)H_2 \qquad (4\text{-}4)$$

2. 回归直线法（周楠等，1993）

假设性腺发育速率为 V，则 $V = \dfrac{1}{H}$，将 V 代入有效积温公式，即得：$T=T_0+KV$。通过实验所得到的数据，建立一个理论回归直线，根据最小二乘法的原理，求得次回归直线的斜率即为 K 的估计值，直线的截距为 T_0 的估计值。

$$T_0 = \frac{\sum V^2 \cdot \sum T - \sum V \sum VT}{n\sum V^2 - \left(\sum V\right)^2} \qquad (4\text{-}5)$$

$$K = \frac{n\sum VT - \sum V \cdot \sum T}{n\sum V^2 - \left(\sum V\right)^2} \qquad (4\text{-}6)$$

3. 有效积温法

记录两水池中不同亲贝从开始促熟到自然产卵的平均水温，根据有效积温公式 $K=H(T-T_0)$ 拟合线性升温曲线（图4-6），利用积温 K 值相同即 $S_1=S_2$，数理统计得出日本海神蛤性腺发育的生物学零度 T_0 及有效积温 K。

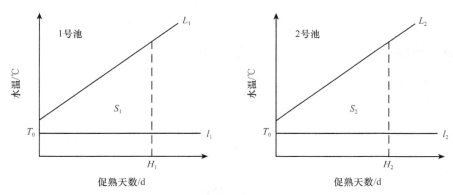

图4-6　2个水池中促熟实验的积温图

大写 L 为拟合升温曲线；小写 $l=T_0$ 为生物学零度；S 为有效积温面积

4.2.2　二点法计算生物学零度及有效积温

1 号池在促熟后 43 d 出现大量产卵现象，2 号池在促熟后 38 d 出现大量产卵现象，1 号池 43 d 的平均水温是 7.41℃，2 号池 38 d 的平均水温是 8.50℃。式中 T_1 和 T_2 分别为 7.41℃ 和 8.50℃；H_1 和 H_2 分别为 43 d 和 38 d。将这些数字代入公式：

$$T_0 = \frac{8.50 \times 38 - 7.41 \times 43}{38 - 43} = -0.874$$

$$K = (7.41 + 0.874) \times 43 = (8.50 + 0.874) \times 38 = 356.212$$

运用二点法计算日本海神蛤性腺发育生物学零度为 -0.874℃，有效积温为 356.212℃·d。

4.2.3　回归直线法计算生物学零度及有效积温

将收集的数据列于表 4-5。

表4-5　日本海神蛤性腺发育生物学零度与有效积温计算相关数据

H/d	T/℃	V	VT	V_2
43	7.41	0.023 26	0.172 4	0.000 541 0
38	8.50	0.026 32	0.223 7	0.000 692 7
Σ	15.91	0.049 58	0.396 1	0.001 233 7

将表中数据代入公式求得 T_0、K 值，结果表明，日本海神蛤性腺发育生物学零度为 $-1.135℃$，有效积温为 $366.689℃·d$。

$$T_0 = \frac{\sum V^2 \cdot \sum T - \sum V \cdot \sum VT}{n \sum V^2 - \left(\sum V\right)^2} = -1.135℃$$

$$K = \frac{n \sum VT - \sum V \cdot \sum T}{n \sum V^2 - \left(\sum V\right)^2} = 366.689℃·d$$

4.2.4 有效积温法计算生物学零度及有效积温

用于日本海神蛤亲贝促熟的 2 个水池根据有效积温公式拟合的升温曲线见图 4-7、图 4-8。

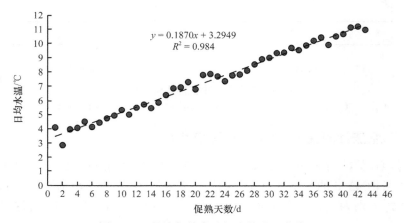

图 4-7 1 号池促熟实验拟合的升温曲线

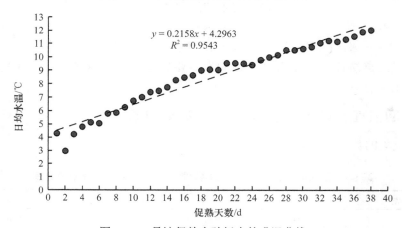

图 4-8 2 号池促熟实验拟合的升温曲线

根据日均水温拟合两个实验的升温曲线分别为 L_1（式 4-7）和 L_2（式 4-8）。

$$L_1: y = 0.1870x + 3.2949 \quad R^2 = 0.984 \qquad (4\text{-}7)$$

$$L_2: y = 0.2158x + 4.2963 \quad R^2 = 0.9543 \qquad (4\text{-}8)$$

由前两种方法的计算结果得知，日本海神蛤的性腺发育生物学零度 T_0 较低，亲贝入池水温基本已高于 T_0，故实验积温图如图 4-9 所示。

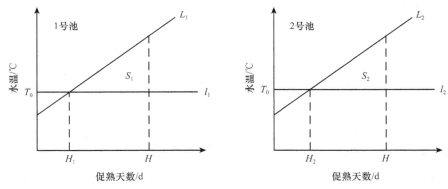

图 4-9　2 个水池中促熟实验的积温图（实际）

由 $S_1 = S_2$ 得：

$$\int_0^{43} L_1 - \int_0^{43} l_1 = \int_0^{38} L_2 - \int_0^{38} l_2 \qquad (4\text{-}9)$$

由（4-9）解得：$T_0 = -0.900\ 96$

根据生物学零度为 $-0.900\ 96℃$，按有效积温公式推算得出在人工促熟条件下，日本海神蛤的有效积温为（357.305 ± 0.09）℃·d（表 4-6）。

表4-6　两批实验中日本海神蛤的有效积温

项目	1 号池	2 号池
总促熟天数/d	43	38
超过生物学零度 T_0 的天数/d	43	38
超过生物学零度 T_0 的日平均水温/℃	7.41	8.50
有效积温 $K/$（℃·d）	357.37	357.24

4.2.5　三种方法计算生物学零度和有效积温比较

三种方法计算的日本海神蛤性腺发育生物学零度和有效积温见表 4-7，由结果可知，三种方法计算得到的日本海神蛤性腺发育生物学零度和有效积温基本一致。

4.2.6　生物学零度与有效积温的讨论

温度是影响贝类的性腺发育及繁殖周期的重要因素，水温是决定贝类性成熟的重要因素，掌握其性腺发育的生物学零度和产卵的有效积温，可通过调节生境温度的方法，促进或推迟性腺的成熟，为人工升温促熟苗种繁育技术提供参考。关于双壳贝类性腺发育生物学零度及产卵有效积温的研究已有较多报道，但日本海神蛤性腺发育的生物学零度研究迄今未见报道。

表4-7　不同方法计算下日本海神蛤的性腺发育生物学零度和有效积温

方法	性腺发育生物学零度 T_0/℃	有效积温 K/（℃·d）
二点法	−0.874	356.212
回归直线法	−1.135 2	366.689
有效积温法	−0.900 96	357.305

生物学零度是生物性腺发育的起始温度，有效积温是整个发育期内的有效温度总和。目前在贝类中已知的生物学零度的计算方法有许多，利用二点法计算，需要样本数少，计算方法简单，可快速得到数据，但由于代入数值为日均温度，受实验温度不稳的影响，存在精度不足的问题。二点法及回归直线法均为早些年所用方法，计算较为简便，最初用于昆虫等变温性动物中，后引入水产动物中，如贝类。回归直线法（周楠等，1993）将发育起点温度转化为求直线回归系数，简化了计算过程，但是这种方法在计算过程中颠倒了自变量和因变量的关系，将原来的自变量变成了因变量。闫喜武（2005）应用的有效积温法，根据 $K=H（T-t）$ 有效积温公式，拟合线性升温曲线，利用数理统计计算，并通过组织学方法验证，得出性腺发育生物学零度值。此方法适用于实际生产中人工促熟升温条件下的生物学零度计算，拟合线性升温曲线，一定程度上减少了实验温度不稳定的影响，并且使用组织学方法进行验证，相对更具有说服力。田斌等（2017）在虾夷扇贝性腺发育的生物学零度与有效积温的研究中，采用了有效积温法得出獐子岛虾夷扇贝性腺发育的生物学零度为3.9℃，但由于虾夷扇贝生产的局限性，未进行组织学验证，与日本学者报道的虾夷扇贝性腺发育的生物学零度为 4℃相近。本文采用 3 种方法计算得出日本海神蛤性腺发育生物学零度分别为−0.874℃、−1.1352℃和−0.900 96℃，有效积温分别为 356.212℃·d、366.689℃·d 及 357.305℃·d，结果较为相近。这些结果的差异是实验条件及计算方法精度的差异，可以认为日本海神蛤性腺发育生物学零度约为−1℃。日本海神蛤性腺发育起点温度较低，即性腺发育生物学零度较低，可能是由日本海神蛤自然繁殖特性决定的，日本海神蛤属冷水性贝类。日本海神蛤周年性腺发育的研究发现，雌性日本海神蛤几乎全年都存在增殖期个体，3～9 月均存在成熟期个体，而雄性日本海神蛤全年都存在成熟期个体，且雌雄性腺发育具有不同步的特性。本实验计算的日本海神蛤性腺发育生物学零度约为−1℃，与日本海神蛤自然水域的性腺发育实际情况符合。

4.3 生态环境因子对幼虫及稚贝生长发育的影响

4.3.1 温度对早期生长发育的影响

4.3.1.1 材料与方法

1. 材料

本实验所用日本海神蛤受精卵和 D 形幼虫为 2015 年 5～7 月于獐子岛海珍品原良种场人工催产获得。

2. 方法

1）温度对孵化率的影响

温度对日本海神蛤受精卵孵化率影响实验设 13℃、16℃、19℃、22℃ 4 个温度梯度，每个温度设 3 个重复。放入恒温箱保持水温，海水盐度 32，连续充气，孵化密度控制在 10 个/mL 左右。

2）温度对幼虫生长存活的影响

实验设 13℃、16℃、19℃、22℃、25℃ 5 个温度梯度（分别用 A、B、C、D、E 表示），每个温度设 3 个重复。D 形幼虫于 5 L 塑料小桶中培养，培育密度 3～4 个/mL，盐度 32，放入恒温箱保持水温。实验期间，每天早晚各进行一次全量换水，24 h 不间断充气。饵料以球等鞭金藻（$Isochrysis\ galbana$）为主，每天投饵 4 次，每次 $1.0×10^4$ cells/mL。幼虫的生长、存活每 3 d 测量 1 次，生长测量每次在显微镜下随机测量 30 个幼虫；存活率测定在显微镜下用昆虫培养皿计数一定体积全部个体数。

D 组和 E 组的幼虫在实验进行到第 9 天时，由于实验水温超过耐受范围，完全死亡。对 D 组和 E 组进行补苗，幼苗来自獐子岛海珍品原良种场车间大池，培育水温 19℃，平均壳长（202.00±26.64）μm。

3）温度对幼虫变态的影响

实验设 13℃、19℃、25℃ 3 个温度梯度（分别用 A、B 和 C 表示），每个梯度设 3 个重复。实验用日本海神蛤匍匐后期幼虫来自獐子岛海珍品原良种场，平均壳长（276±20.89）μm。培育密度 1～2 个/mL，盐度 32，于 5 L 塑料小桶中培养，放入恒温箱保持水温。实验期间，每天早晚各进行一次全量换水，24 h 不间断充气。饵料以球等鞭金藻（$Isochrysis\ galbana$）为主，每天投饵 4 次，每次 $1.5×10^4$ cells/mL。幼虫的生长、存活每 3 d 测量一次。壳长测量每次在显微镜下随机测量 30 个个体；存活测定在显微镜下用昆虫培养皿计数一定体积全部个体数；变态率为出次生壳稚贝数与匍匐后期幼虫数的比值。

3. 数据计算

$$孵化率=D 形幼虫数量/受精卵数量×100\% \qquad (4\text{-}10)$$
$$畸形比例=畸形幼虫数量/受精卵数量×100\% \qquad (4\text{-}11)$$

未孵化比例=（受精卵数量–D 形幼虫数量–畸形幼虫数量）/受精卵数量×100%（4-12）

实验中各项指标计算公式如下（宋超等，2014；张沛东等，2014；杨明等，2008；Nathalie and Catherine，2012）。

$$存活率（SR）：SR = \frac{N_S}{N_S + N_D} ×100\% \qquad (4\text{-}13)$$

$$瞬时增长率（irstantaneous\ rate\ of\ increase，IGR）：IGR = \frac{\ln L_2 - \ln L_1}{t_2 - t_1} ×100\% \qquad (4\text{-}14)$$

式中，N_S 为存活苗数量，N_D 为死壳数量，N 是正整数，$N>0$；L_1、L_2 分别为时间 t_1、t_2 时的壳长（μm），L 是正整数，$L>0$。

4. 数据处理

使用 SPSS 19.0 对数据进行统计分析，Excel 作图。

4.3.1.2 结果

1. 温度对孵化率的影响

由图 4-10 可见，在海水盐度 32，孵化密度 10 个/mL 时，19℃的孵化率为（35.56±9.37）%，显著高于其他水温时的孵化率（$P<0.05$），畸形率与未孵化比例分别为（25.52±5.29）%和（38.92±6.16）%，均低于其他水温。

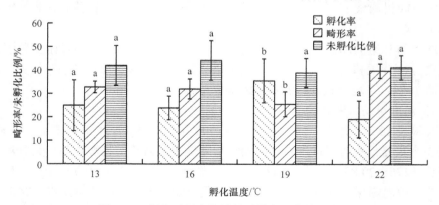

图 4-10　温度对日本海神蛤受精卵孵化的影响

标有不同小写字母者表示有显著性差异（$P<0.05$），标有相同小写字母者表示无显著性差异（$P>0.05$），下同

2. 不同温度对幼虫存活率的影响

由图 4-11 可见，3 日龄时，A 组存活率最高，为（97.92±3.61）%，E 组的存

活率最低，为（81.13±40.5）%，显著低于其余各组（$P<0.05$）。9 日龄时，D 组
和 E 组幼虫全部死亡，A 组和 B 组存活率分别为（79.46±2.51）%和（80.72±3.36）%，
显著高于 C 组（$P<0.05$）。12 日龄时，A 组的存活率最高，为（75.89±2.46）%，
显著高于其余各组（$P<0.05$），D 组和 E 组虽然经过补苗，但是 E 组的存活率仍然
最低，仅为（37.13±0.58）%。21 日龄时，D 组和 E 组再次全部死亡，A 组存活率
最高，为（36.87±5.84）%。24 日龄时，A 组和 B 组的存活率骤降，仅分别为
（3.45±0.90）%和（5.92±0.50）%，显著低于 C 组（$P<0.05$）。30 日龄时，A 组
全部死亡，C 组存活率最高，为（10.60±1.12）%，显著高于 B 组（$P<0.05$）。

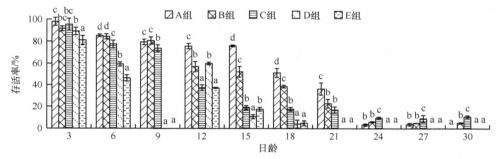

图 4-11　不同温度对日本海神蛤浮游期幼虫存活率的影响

3. 不同温度对幼虫生长的影响

由图 4-12 可见，3 日龄时，D 组和 E 组的平均壳长较大，分别为（159.17±
8.10）μm 和（157.50±9.63）μm，显著大于其余各组（$P<0.05$）。6 日龄时，C 组
的平均壳长为（192.83±20.46）μm，显著大于其余各组（$P<0.05$）。9 日龄时，由
于补苗，C 组、D 组和 E 组间平均壳长无显著差异（$P>0.05$），且都显著大于 A 组
和 B 组（$P<0.05$）。18 日龄，C 组的平均壳长最大，为（302.00±38.48）μm，显著
大于其余各组（$P<0.05$）。24 日龄，C 组的平均壳长最大，为（298.17±45.76）μm，
显著大于其余各组（$P<0.05$）。30 日龄时，C 组的平均壳长最大，为（290.17±
50.50）μm，显著大于 B 组（$P<0.05$）。

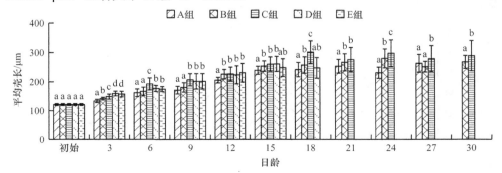

图 4-12　不同温度对日本海神蛤幼虫生长的影响

由图 4-13 可见，0～3 日龄，D 组和 E 组的 IGR 分别为（9.11±0.10）%和（8.74±0.14）%，显著大于其余各组（$P<0.05$）。4～6 日龄，C 组的 IGR 最大，为（8.55±0.18）%，显著大于其余各组（$P<0.05$）；D 组和 E 组分别为（3.55±0.06）%和（3.56±0.08）%，IGR 显著小于其余各组（$P<0.05$）。7～9 日龄，由于补苗，D 组和 E 组的 IGR 大于其余各组。16～18 日龄，C 组的 IGR 最大，为（4.16±0.18）%，显著大于其余各组（$P<0.05$）；D 组的 IGR 出现负值，显著小于其余各组（$P<0.05$）。19～21 日龄，C 组的 IGR 出现负值，显著小于其余各组（$P<0.05$）。22～24 日龄，A 组的 IGR 出现负值，显著小于其余各组（$P<0.05$）。28～30 日龄，B 组的 IGR 显著高于 C 组（$P<0.05$）。

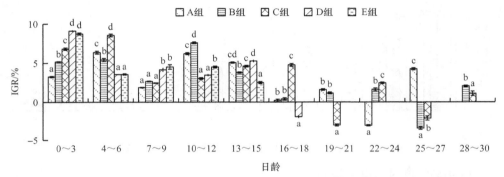

图 4-13　不同温度对日本海神蛤浮游期幼虫 IGR 的影响

各实验组中，只有 C 组幼虫出现次生壳，完成变态成为稚贝。

4. 温度对变态期幼虫存活率的影响

由图 4-14 可见，实验第 3 天，A 组存活率最高，为（98.50±1.81）%，显著高于其余两组（$P<0.05$）；C 组存活率仅为（49.78±5.80）%，显著低于其余两组（$P<0.05$）。第 6 天，A 组和 B 组间无显著差异，C 组已无存活。第 9 天，B 组的存活率最高，为（50.90±4.60）%，显著高于其余两组（$P<0.05$）。第 36 天，B 组存活率最高，为（14.88±1.73）%，显著高于其余两组（$P<0.05$）。

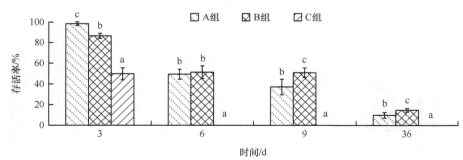

图 4-14　不同温度对日本海神蛤变态期幼虫存活率的影响

5. 温度对变态期幼虫生长的影响

由图 4-15 可见，实验第 3 天，A 组平均壳长最小，为（362.08±34.00）μm，显著小于其余各组（$P<0.05$）。第 6 天，B 组平均壳长为（462.42±39.82）μm，显著大于 A 组（$P<0.05$）。第 9 天，B 组平均壳长为（537.33±49.39）μm，显著大于 A 组（$P<0.05$）。第 36 天，B 组平均壳长为（1512.50±194.50）μm，显著大于 A 组（$P<0.05$）。

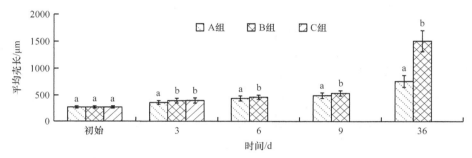

图 4-15　不同温度对日本海神蛤变态期幼虫生长的影响

由图 4-16 可见，实验 0～3 d，A 组的 IGR 最小，为（9.00±1.19）%，显著小于其余各组（$P<0.05$）。4～6 d，A 组的 IGR 显著大于 B 组，为（6.41±1.39）%（$P<0.05$）。7～9 d，B 组的 IGR 显著大于 A 组，为（4.98±0.99）%（$P<0.05$）。10～36 d，B 组的 IGR 为（3.82±0.19）%，显著大于 A 组的 IGR（1.59±0.19）%（$P<0.05$）。

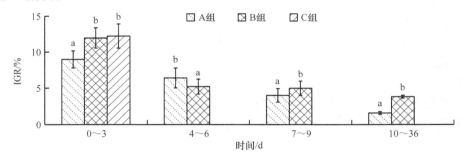

图 4-16　不同温度对日本海神蛤变态期幼虫 IGR 的影响

6. 温度对幼虫变态的影响

由图 4-17 可见，到实验结束，即实验第 36 天，B 组出次生壳的比例（变态率）显著高于 A 组（$P<0.05$），为（14.88±1.73）%。

4.3.1.3　讨论

在一定温度范围内，孵化温度直接影响贝类受精卵的孵化率和孵化速度

（Pechenik，1984；Buckingham and Freed，2012；刘建勇和卓健辉，2005；刘中丽和邓根云，1990），孵化水温过低会使贝类胚胎发育停滞，过高则会抑制贝类胚胎发育（曾国权等，2012）。本实验结果表明，13～22℃，日本海神蛤受精卵均能正常孵化为 D 形幼虫，但 19℃时孵化率最高，明显高于其他实验组。可以认为，所设定的温度（13～22℃）在日本海神蛤受精卵孵化的适宜温度范围内，而 19℃为日本海神蛤受精卵孵化的最适温度。

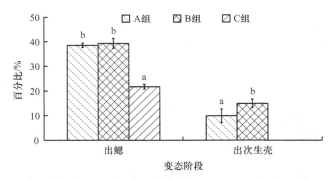

图 4-17　不同温度对日本海神蛤幼虫变态的影响

　　贝类为变温动物，在适宜范围内培育水温越高、幼虫生长发育越快（楼允东，1996），有时即便温度相差几度，贝类幼虫的发育速度也有显著差异（林笔水和吴天明，1984；尤仲杰等，1994，2001，2003a；栗志民等，2010），过高或过低的温度对于其生长都是不利的（包永波和尤仲杰，2004）。本实验结果显示，幼虫培育到 9 日龄时，22℃和 25℃实验组幼虫全部死亡，经过补苗后，21 日龄再次全部死亡，可以认为，幼虫死亡原因是温度过高所致；13℃实验组虽然在 24 日龄前存活率一直维持在较高水平，但在 30 日龄时幼虫全部死亡，说明 13℃已超出幼虫存活的适宜温度范围。可以认为，日本海神蛤浮游期幼虫生长存活的最适温度为19℃。

　　根据本实验温度对日本海神蛤幼虫变态影响的研究结果，13℃实验组变态率虽不及 19℃实验组，但也有幼苗能够完成变态。本实验结果说明，日本海神蛤幼虫变态的适宜温度范围较幼虫生长存活的温度范围广，可能是随着日本海神蛤幼虫的生长，其对温度的适应范围扩大，此结果与众多研究一致（林笔水和吴天明，1984；梁玉波和张福绥，2008；尤仲杰等，1994；包永波和尤仲杰，2004；刘巧林等，2009）。

　　综上所述，根据本实验结果，13～22℃是日本海神蛤受精卵孵化的适宜温度，而 19℃为日本海神蛤受精卵孵化的最适温度；日本海神蛤浮游期幼虫生长存活的适宜温度为 16～19℃，最适温度为 19℃；日本海神蛤幼虫变态的适宜温度为 13～19℃，最适温度为 19℃；可以说，19℃既是日本海神蛤受精卵孵化的最适温度，也是幼虫生长存活和变态的最适温度。

4.3.2　盐度对幼虫及稚贝生长存活的影响

4.3.2.1　材料与方法

1. 材料

本实验用日本海神蛤受精卵、D形幼虫和匍匐后期幼虫于2015年5～7月由獐子岛海珍品原良种场培育。受精卵卵径75～85 μm，D形幼虫平均壳长（121.00±3.32）μm，匍匐后期幼虫平均壳长（316.17±24.02）μm。

2. 方法

1）盐度对受精卵孵化率的影响

实验设4个盐度梯度：15、20、25、32，受精卵置于100 mL烧杯中，放入恒温箱保持水温19℃孵化，连续充气，孵化密度控制在10个/mL。实验设3组重复。不同盐度海水由盐度32的海水和纯水按比例配制。

2）盐度对幼虫生长存活的影响

实验设4个盐度梯度：15、20、25和30（分别用A、B、C和D表示）。日本海神蛤D形幼虫培育密度3～4个/mL，温度（19±0.5）℃，于5 L塑料小桶中培养，放入恒温箱保持水温。实验期间，每天早晚各进行一次全量换水，24 h不间断充气。饵料以球等鞭金藻为主，每天投饵4次，每次1.0×10⁴ cells/mL。幼虫的生长、存活每3 d测量一次。测量方法是充分搅动小桶中的海水，使幼虫分布均匀，在微量充气条件下，吸取一定体积的水样，在显微镜下随机测量30个个体，而后在显微镜下用培养皿进行全计数，计算出存活率。实验设3组重复。

3）盐度对幼虫变态的影响

实验设3个盐度梯度：26、29和32（分别用A、B、C表示）。实验用日本海神蛤匍匐后期幼虫在5 L塑料小桶中培养，培育密度1～2个/mL，放入恒温箱保持水温（19±0.5）℃。实验期间，每天早晚各全量换水1次，24 h不间断充气。饵料以球等鞭金藻为主，每天投饵4次，每次1.5×10⁴ cells/mL。幼虫的生长、存活每3 d测量1次。测量方法是充分搅动小桶中的海水，使幼虫与死壳分布均匀，在微量充气条件下，吸取一定体积的水样，先使用显微镜随机测量30个个体，而后在显微镜下用培养皿进行全计数，记录下存活个体和死壳的数量，计算出存活率。每个实验组设3个重复。

数据处理及实验指标的计算同4.3.1。

3. 数据计算

$$孵化率=D形幼虫数量/受精卵数量×100\%　　　　　（4-15）$$

$$畸形率=畸形幼虫数量/受精卵数量×100\% \tag{4-16}$$

$$未孵化卵比例=（受精卵数量-D 形幼虫数量-畸形幼虫数量）/受精卵数量×100 \tag{4-17}$$

4.3.2.2　结果

1. 盐度对孵化率的影响

由图 4-18 可见，盐度 32 实验组的孵化率为（30.38±5.83）%，显著高于其他实验组（$P<0.05$）。在盐度 15～32，畸形率随盐度升高而升高，盐度 32 的畸形率为（44.55±3.06）%，显著高于其他盐度组（$P<0.05$）；而未孵化卵的比例随盐度升高而降低，盐度 32 的未孵化卵的比例为（25.08±2.84）%，显著低于其他盐度组（$P<0.05$）。

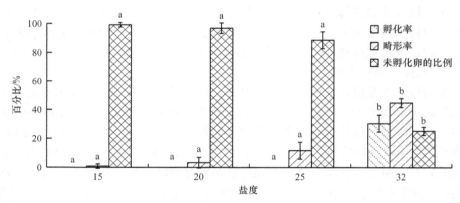

图 4-18　不同盐度对日本海神蛤孵化的影响

2. 盐度对浮游期幼虫存活率的影响

由图 4-19 可见，3 日龄，A 组和 B 组的存活率显著低于 C 组和 D 组（$P<0.05$）。6 日龄，A 组和 B 组无存活，D 组的存活率最高，为（70.49±1.61）%，显著高于 C 组（$P<0.05$）。9 日龄，D 组的存活率最高，为（52.83±1.14）%，显著高于 C 组（$P<0.05$）。12 日龄，A 组、B 组和 C 组都无存活，D 组的存活率为（22.93±0.94）%。

3. 盐度对幼虫生长的影响

由图 4-20 可见，3 日龄时，D 组的壳长最大，为（149.50±4.61）μm，显著高于其余各组（$P<0.05$）。6 日龄时，D 组壳长为（159.51±4.68）μm，显著高于 C 组（$P<0.05$）。12 日龄时，A 组、B 组和 C 组幼虫全部死亡，D 组的壳长为（201.17±25.59）μm。

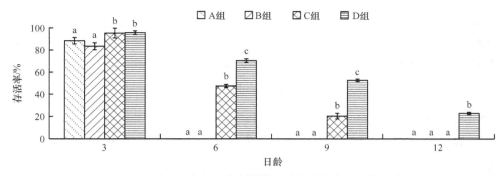

图4-19 不同盐度对日本海神蛤浮游期幼虫存活率的影响

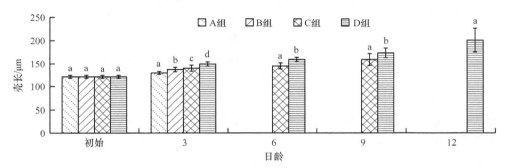

图4-20 不同盐度对日本海神蛤幼虫生长的影响

由图4-21可知，0～3日龄，各组间IGR从大到小分别为：D组＞C组＞B组＞A组，各组间差异显著（$P<0.05$），D组IGR为（7.05±0.06）%。4～6日龄，D组的IGR显著高于C组（$P<0.05$），为（2.16±0.01）%。7～9日龄，C组和D组的IGR无显著差异（$P>0.05$）。10～12日龄，D组的IGR为（4.70±0.24）%。

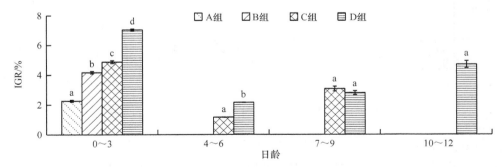

图4-21 不同盐度对日本海神蛤浮游期幼虫IGR的影响

4. 盐度对变态期幼虫存活率的影响

由图4-22可见，实验第3天，各组间存活率无显著差异（$P>0.05$）；实验第6天，A组的存活率最低，为（61.47±11.14）%，显著小于其余各组（$P<0.05$）。

实验第 9 天，各组间的存活率差异显著（$P<0.05$），从大到小分别为 C 组>B 组
>A 组。第 15 天，A 组无存活，C 组存活率最高，为（74.8±21.95）%，显著高
于 B 组（$P<0.05$）。第 36 天，仅 C 组有存活，存活率为（15.10±0.80）%。

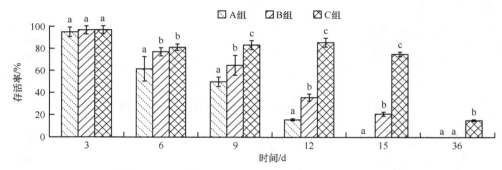

图 4-22　不同盐度对日本海神蛤变态期幼虫存活率的影响

5. 盐度对变态期幼虫生长的影响

由图 4-23 可见，实验第 3 天，C 组平均壳长为（334.00±24.96）μm，显著大
于其余各组（$P<0.05$）。第 6 天，各组间平均壳长差异显著（$P<0.05$），C 组>B
组>A 组，C 组平均壳长为（383.67±20.91）μm。第 9 天，各组间平均壳长差异
显著（$P<0.05$），C 组>B 组>A 组，C 组平均壳长为（491.69±66.09）μm。第
36 天，C 组平均壳长为（1506.67±173.07）μm。

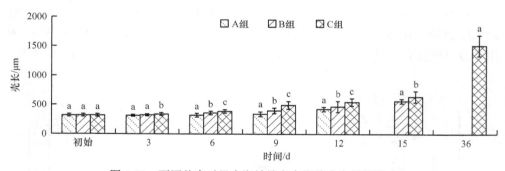

图 4-23　不同盐度对日本海神蛤变态期幼虫生长的影响

由图 4-24 可见，盐度对日本海神蛤变态期幼虫的 IGR 有显著影响。0～3 天，
A 组 IGR 出现负值，显著低于其余两组（$P<0.05$）；C 组最高，为（2.03±0.96）%，
显著高于其余各组（$P<0.05$）。4～6 天和 7～9 天，各组间 IGR 差异显著（$P<0.05$），
从大到小分别为：C 组>B 组>A 组。第 9 天，A 组的 IGR 最大，为（7.59±1.66）%，
显著大于其余各组。第 36 天，C 组的 IGR 为（4.13±0.20）%。

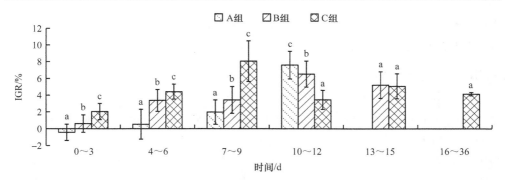

图 4-24 不同盐度对日本海神蛤变态期幼虫 IGR 的影响

6. 盐度对幼虫变态的影响

由图 4-25、图 4-26 可见，盐度对日本海神蛤幼虫变态有显著影响。第 3 天，A 组仅有（38.38±5.46）%的幼虫出足，（15.72±0.93）%的幼虫出鳃，显著低于其余两组（$P < 0.05$），而 C 组的出足和出鳃比例分别为（66.32±8.41）%和（47.17±2.46）%，显著高于其余两组（$P < 0.05$）。不同盐度下变态率从大到小分别

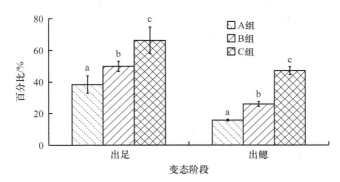

图 4-25 在不同盐度下培育 3 天日本海神蛤幼虫发育情况比较

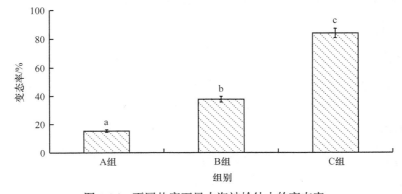

图 4-26 不同盐度下日本海神蛤幼虫的变态率

为 C 组>B 组>A 组，各组之间差异显著（$P<0.05$），C 组的变态率高达（84.15±3.28）%，A 组的变态率仅为（15.26±0.91）%。

4.3.2.3　讨论

海洋贝类根据盐度适应性可分为广盐性贝类和狭盐性贝类。一般来说，滩涂贝类和在河口区生活的贝类如青蛤（王丹丽等，2005）、文蛤（陈冲等，1999）、毛蚶（尤仲杰等，2001）、薄片镜蛤（王成东等，2014）、翡翠贻贝（杨鹏等，2013）等属于广盐性贝类，而在浅海或大洋生活的贝类如西施舌（高如承等，1995）、岐脊加夫蛤（*Gafrarium divaricatum*）（庄凌峰等，1997）等属于狭盐性贝类。环境盐度主要影响水生生物体内渗透压，如果水生生物不仅能保持体内与外环境不同的渗透压，还能保持体内特殊的离子比例，称为调渗生物，反之称为随渗生物。贝类由于生活过程中存在变态，变态前属于随渗生物，即体内渗透压随环境变化而变化；变态后逐渐转变为调渗生物，确切说是低渗生物，即体内渗透压低于外环境。本实验结果显示，日本海神蛤仅在盐度 32 时受精卵能够孵化为 D 形幼虫。林笔水和吴天明（1984）指出，贝类胚胎发育对盐度的适应能力与亲贝生境盐度相关。日本海神蛤自然分布海域的盐度为 30～35（Lee et al., 1998），可以说日本海神蛤属于狭盐性贝类，本实验中盐度 32 处于日本海神蛤自然分布海域的盐度范围内，其他 3 个盐度组盐度远低于这个范围，实验结果显示日本海神蛤受精卵对低盐的耐受能力极差。

本实验结果显示，30 盐度组幼虫壳长一直最大，12 日龄时，其他 3 个盐度组幼虫全部死亡。说明日本海神蛤浮游期幼虫对低盐的适应性差，无法在盐度低于 25 的海水中正常生长发育。

盐度 32 实验组处于变态期的幼虫存活率、生长、变态率一直优于盐度 26 和盐度 29 的实验组。在实验进行 15 日时，盐度 26 的实验组已无存活，实验结束时，仅盐度 32 的实验组有幼虫存活。

4.3.3　盐度突变和渐变对幼虫及稚贝生长存活的影响

4.3.3.1　材料方法

1. 材料

实验用日本海神蛤平均壳长（6.15±0.70）mm，平均湿重（0.034±0.0017）g/枚，2015 年 5～7 月在獐子岛海珍品原良种场培育。

2. 方法

实验分为盐度突变实验和盐度渐变实验。盐度突变实验设 15、20、25（分别用 A、B、C 表示）3 个盐度梯度，以盐度 32 的自然海水为对照。实验时，将实验用日本海神蛤从盐度 32 的自然海水中取出，直接放于 3 个盐度梯度中。盐度渐变实验设 15、20、25（分别用 E、F、G 表示）3 个盐度梯度，以盐度 32 的自然海水为对照。实验时，将实验用日本海神蛤由盐度 32 的自然海水每天降低 2 盐度，直到降至相应的盐度为止。盐度突变和渐变实验每个盐度设 3 个重复，实验设计见表 4-8。

表4-8　盐度突变实验设计

组别	初始	1 日	2 日	3 日	4 日	5 日	6 日	7 日	8 日	9~30 日
A	15	15	15	15	15	15	15	15	15	15
B	20	20	20	20	20	20	20	20	20	20
C	25	25	25	25	25	25	25	25	25	25
对照组	32	32	32	32	32	32	32	32	32	32
E	32	30	28	26	24	22	20	18	16	15
F	32	30	28	26	24	22	20	20	20	20
G	32	30	28	26	25	25	25	25	25	25

实验用日本海神蛤每组 50 个，实验水温（19±0.5）℃，于 5 L 塑料小桶中培养，放入恒温箱保持水温。实验期间，每天早晚各进行一次全量换水，24 h 不间断充气。饵料以金藻为主，每天投饵 4 次，每次 2.0×10^4 cells/mL。幼虫的生长、存活每 3 天测一次。测量方法是用电子游标卡尺测量壳长、壳高，精确至 0.01 mm；用电子天平称量湿重，精确至 0.01 g。记录下存活个体及死壳数量，计算出存活率。30 日后，测量各组湿重，计算平均湿重。实验设 3 组重复。

4.3.3.2　结果

1. 盐度突变对存活率的影响

由表 4-9 可见，盐度突变第 3 天，A 组存活率为 0，对照组存活率高达（99.01±1.11）%，各组存活率差异显著（$P<0.05$）。盐度突变第 6 天，B 组也全部死亡，C 组和对照组的存活率都在 90% 以上。盐度突变第 9 天，C 组的存活率下降至（71.73±3.52）%，显著低于对照组（91.27±2.91）%（$P<0.05$）。盐度突变第 21 天，C 组存活率为（37.93±1.71）%，对照组为（76.17±2.81）%，二者差异显著。盐度突变第 30 天，对照组的存活率为（65.08±1.07）%，显著高于 C 组存活率（34.17±0.91）%。

表4-9　日本海神蛤盐度突变组存活率（%）

时间	A 组	B 组	C 组	对照组
3 日	0[a]	54.73±2.97[b]	95.43±1.91[c]	99.01±1.11[d]
6 日	0[a]	0[a]	90.73±1.62[b]	96.93±2.61[c]

续表

时间	A 组	B 组	C 组	对照组
9 日	0[a]	0[a]	71.73±3.52[b]	91.27±2.91[c]
12 日	0[a]	0[a]	53.57±4.46[b]	87.80±1.71[c]
15 日	0[a]	0[a]	43.47±1.57[b]	86.77±1.08[c]
18 日	0[a]	0[a]	40.00±3.01[b]	83.03±1.01[c]
21 日	0[a]	0[a]	37.93±1.71[b]	76.17±2.81[c]
24 日	0[a]	0[a]	38.55±1.16[b]	73.11±1.02[c]
27 日	0[a]	0[a]	34.03±1.45[b]	65.71±1.65[c]
30 日	0[a]	0[a]	34.17±0.91[b]	65.08±1.07[c]

注：标有不同小写字母者表示有显著性差异（$P<0.05$），标有相同小写字母者表示无显著性差异（$P<0.05$），下同

2. 盐度渐变对存活率的影响

由表 4-10 可见，盐度渐变第 3 天，各组间存活率无显著差异（$P>0.05$）。第 6 天，对照组存活率为（96.93±2.61）%，显著高于其余各组（$P<0.05$）。第 12 天，对照组和 G 组存活率都超过 85%，显著高于其余两组（$P<0.05$），各组间存活率从高到低分别为：对照组>G 组>F 组>E 组。第 15 天，E 组无存活，G 组存活率达（84.33±3.51）%。第 30 天，F 组存活率为（28.23±1.40）%，显著低于 G 组（54.33±1.17）%的存活率（$P<0.05$）。

表4-10　日本海神蛤盐度渐变组存活率（%）

时间	E 组	F 组	G 组	对照组
3 日	94.97±1.46[a]	97.67±1.53[a]	98.30±2.04[a]	99.01±1.11[a]
6 日	78.47±4.32[a]	82.40±4.50[a]	90.70±3.04[b]	96.93±2.61[c]
9 日	65.91±2.51[a]	63.99±2.05[a]	88.47±1.80[b]	91.27±2.91[b]
12 日	36.40±5.51[a]	50.67±3.06[b]	85.67±4.51[c]	87.80±1.71[c]
15 日	0[a]	50.67±3.06[b]	84.33±3.51[c]	86.77±1.08[c]
18 日	0[a]	40.44±0.66[b]	76.13±0.61[c]	83.03±1.01[d]
21 日	0[a]	39.07±1.70[b]	62.20±1.42[c]	76.17±2.81[d]
24 日	0[a]	36.03±1.65[b]	61.85±1.69[c]	73.11±1.02[d]
27 日	0[a]	32.17±1.10[b]	58.44±1.62[c]	65.71±1.65[d]
30 日	0[a]	28.23±1.40[b]	54.33±1.17[c]	65.08±1.07[d]

3. 盐度突变与盐度渐变对存活率影响的比较

设定盐度为 15 时，突变组第 3 天全部死亡，渐变组第 3 天存活率为（94.97±1.46）%；第 15 天时，渐变组全部死亡。设定盐度为 20 时，第 3 天突变组存活率为（54.73±2.97）%，显著低于渐变组（97.67±1.53）%的存活率；

第 6 天突变组已无存活，渐变组存活率为（82.40±4.50）%；直到第 30 天渐变组仍有存活。设定盐度为 25 时，第 3 天突变组存活率为（95.43±1.91）%，低于渐变组（98.30±2.04）%，第 9 天突变组的存活率下降至（71.73±3.52）%，而渐变组则为（88.47±1.80）%，高于突变组。此后渐变组存活率一直高于突变组。

4. 盐度突变和渐变对生长的影响

由表 4-11 可见，第 6 天时，突变组 A、B 已无个体存活；第 30 天时，突变组 C 和对照组平均壳长无显著差异（$P>0.05$）。由表 4-12 可见，第 15 天时，盐度渐变组 E 无存活个体；第 30 天时，对照组平均壳长显著大于 G 组、F 组（$P<0.05$）。

表4-11　日本海神蛤盐度突变组平均壳长（mm）

时间	A 组	B 组	C 组	对照组
初始	6.15±0.70	6.15±0.70	6.15±0.70	6.15±0.70
3 日	—	5.57±0.66	5.93±0.86	6.26±0.92
6 日	—	—	6.17±0.90	5.92±0.92
9 日	—	—	6.43±0.99	6.42±0.94
12 日	—	—	6.52±0.87^b	6.17±0.71^a
15 日	—	—	6.46±0.89	6.27±0.91
18 日	—	—	6.36±0.70	6.23±0.92
21 日	—	—	5.99±0.83^a	6.34±0.90^b
24 日	—	—	6.37±0.97	6.23±0.93
27 日	—	—	6.27±0.94	6.30±0.91
30 日	—	—	6.49±0.99^a	6.80±0.96^a

表4-12　日本海神蛤盐度渐变组平均壳长（mm）

时间	E 组	F 组	G 组	对照组
初始	6.15±0.70	6.15±0.70	6.15±0.70	6.15±0.70
3 日	6.06±0.90	5.44±0.99	5.42±0.75	6.26±0.92
6 日	6.53±1.01	5.98±1.01	5.89±0.68	5.92±0.92
9 日	6.27±0.66	6.58±0.94	5.96±0.88	6.42±0.94
12 日	6.10±0.62	5.95±0.78	6.11±0.77	6.17±0.71
15 日	—	6.14±1.07	6.21±0.87	6.27±0.91
18 日	—	6.07±0.86	5.63±0.55	6.23±0.92
21 日	—	6.00±0.77	5.64±0.55	6.34±0.90
24 日	—	5.95±0.87	5.90±0.85	6.23±0.93
27 日	—	6.00±0.98	5.97±0.96	6.30±0.91
30 日	—	6.32±1.06^a	6.08±1.10^a	6.80±0.96^b

5. 盐度突变和渐变对湿重的影响

各组初始平均湿重为（0.034±0.0017）g/枚，由表 4-13 可见，第 35 天对照组的平均湿重为（0.093±0.027）g/枚，C 组平均湿重为（0.11±0.0035）g/枚，F组的平均湿重为（0.10±0.022）g/枚，G 组的平均湿重为（0.089±0.019）g/枚。C 组和 F 组的平均湿重显著大于对照组和 G 组（$P<0.05$）。

表4-13　日本海神蛤盐度突变组和渐变组平均湿重（g/枚）

时间	突变组			渐变组			对照组
	A 组	B 组	C 组	E 组	F 组	G 组	
35 日	—	—	0.11±0.0035[a]	—	0.10±0.022[a]	0.089±0.019[b]	0.093±0.027[b]

4.3.3.3　讨论

利用较短期的盐度胁迫测试来评价海洋生物抗逆性及耐受性的研究在贝类、鱼类及虾蟹类（施钢等，2011；马英杰等，1999；王冲等，2010；Li et al.，2007；Alvarez et al.，2004；Rupp and Parsons，2004）中均有报道。Rupp 和 Parsons（2004）对扇贝的研究表明，通过温度和盐度驯化可以突破物种耐受性极限；郭文学（2012）对中国蛤蜊的研究表明，稚贝在盐度渐变条件下的存活率要高于盐度突变；施刚等（2011）对褐点石斑鱼（*Epinephelus fuscoguttatus*）的研究表明，盐度渐变条件下鱼苗的盐度耐受范围较盐度突变广；马英杰等（1999）研究了盐度突变对中国对虾仔虾的影响，结果显示，部分仔虾可在盐度为零的淡水中存活数天；王冲等（2010）研究三疣梭子蟹发现，幼蟹对盐度渐变的适应能力强于盐度突变；Li 等（2007）通过不同盐度梯度的实验，发现南美白对虾可以慢慢适应并耐受较广的盐度范围；Alvarez 等（2004）在对虾盐度胁迫的研究中发现，在盐度胁迫实验中存活率高的个体，在后期的池塘养殖中同样具有较高的存活率。本实验中，日本海神蛤在盐度突变至 20 的条件下无法长期存活，而盐度渐变至 20，部分个体可以长期存活。盐度突变至 15，日本海神蛤在第 2 天便完全死亡，而盐度渐变至 15，则部分稚贝可以存活 12 d 以上。因此，盐度驯化能有效扩展日本海神蛤对低盐的耐受性。对日本海神蛤稚贝进行盐度驯化，对扩大其养殖范围有着极为重要的意义。

4.3.4　培育密度对孵化率、幼虫及稚贝生长存活的影响

4.3.4.1　材料与方法

1. 材料

本实验用日本海神蛤受精卵、D 形幼虫于 2015 年 5～7 月由獐子岛海珍品原

良种场培育。受精卵卵径 75～85 μm，D 形幼虫平均壳长（121.00±3.32）μm，匍匐后期幼虫平均壳长（316.17±24.02）μm。

2. 方法

1）受精卵孵化密度对孵化率的影响

日本海神蛤受精卵设置 20 个/mL、40 个/mL、60 个/mL、80 个/mL、100 个/mL 5 个孵化密度，放入 150 mL 烧杯中，在恒温箱保持水温 19℃，海水盐度 32，连续充气。42 h 后统计 D 形幼虫及畸形个体个数。每个密度设 3 组重复。

2）幼虫培育密度对幼虫生长存活的影响

实验设 3 个/mL、6 个/mL、9 个/mL、12 个/mL、15 个/mL 5 个 D 形幼虫培育密度（分别用 A 组、B 组、C 组、D 组和 F 组表示）。实验水温（19±0.5）℃，盐度 32，于 5 L 塑料小桶中培养。实验期间，每天早晚各进行一次全量换水，24 h 不间断充气。饵料以球等鞭金藻为主，每天投饵 4 次，每次 $1.0×10^4$ cells/mL。幼虫的生长、存活每 3 d 测一次。每个密度设 3 组重复。

3）数据计算

孵化率、畸形率、未孵化卵的比例计算方法同 4.3.2.1。

4.3.4.2　结果

1. 受精卵孵化密度对孵化率的影响

由图 4-27 可见，在水温 19℃，盐度 32 条件下，孵化率随孵化密度升高而降低。孵化密度为 20 个/mL 的孵化率为（26.20±3.00）%，显著高于其他孵化密度（$P<0.05$），而孵化密度为 100 个/mL 的孵化率为（0.85±0.83）%，显著低于其他孵化密度（$P<0.05$）。畸形率整体上随孵化密度升高而升高，未孵化卵的比例变化不明显。

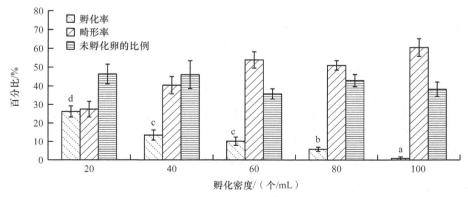

图 4-27　不同孵化密度对日本海神蛤孵化的影响

2. 幼虫密度对幼虫存活率的影响

由图 4-28 可见，5 日龄时，各组存活率无显著差异（$P>0.05$）；8 日龄时，B 组存活率最高，为（27.98±0.97）%，与 D 组差异不显著（$P>0.05$），但显著高于其他实验组（$P<0.05$）；11 日龄、14 日龄和 17 日龄时，A 组存活率均最高，显著高于其余各组（$P<0.05$）。

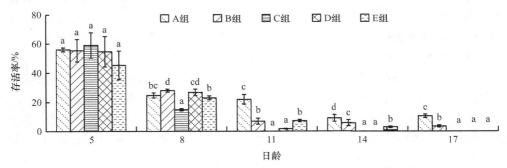

图 4-28　不同培育密度对日本海神蛤浮游期幼虫存活率的影响

3. 幼虫培育密度对幼虫生长的影响

由图 4-29 可见，5 日龄时，A 组平均壳长最大，与 B 组差异不显著（$P>0.05$），但显著大于其他实验组（$P<0.05$）；8 日龄时，A 组的平均壳长最大，显著大于其余各组（$P<0.05$）；11 日龄时，A 组的平均壳长最大，为（234.50±31.41）μm，显著大于其余各组（$P<0.05$）；14 日龄时，A 组的平均壳长最大，为（243.00±26.28）μm，显著大于其余各组（$P<0.05$）；17 日龄时，A 组的平均壳长最大，为（277.50±25.82）μm，显著大于 B 组（$P<0.05$）。

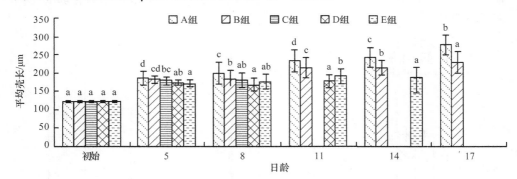

图 4-29　不同培育密度对日本海神蛤浮游期幼虫生长的影响

0～5 d，A 组的 IGR 最高，为（8.57±0.17）%。6～8 d，A 组的 IGR 最高，为（2.15±0.22）%，显著高于其余各组（$P<0.05$）；D 组的 IGR 最低，为－（1.04

±0.25）%，与 C 组差异不显著（$P>0.05$），显著低于其余各组（$P<0.05$）。9～11 d，A 组和 B 组的 IGR 分别为（5.34±0.20）%和（4.91±0.19）%，显著高于 D、E 两组（$P<0.05$）。12～14 d，A 组 IGR 最高，为（1.29±0.14）%，显著高于 B 组（$P<0.05$）。15～17 d，A 组 IGR 最高，为（4.48±0.13）%，显著高于 B 组（$P<0.05$）（图 4-30）。

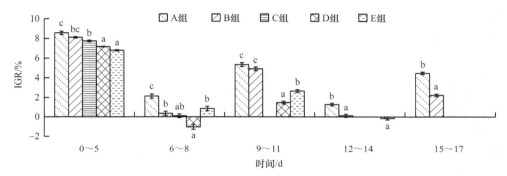

图 4-30　不同密度对日本海神蛤浮游期幼虫 IGR 的影响

4.3.4.3　讨论

孵化密度对日本海神蛤受精卵的孵化率有显著影响。本实验一直在充气的条件下进行，孵化密度低的实验组孵化率高于孵化密度高的实验组，且低密度组幼虫畸形的比例小于高密度组，此结果与曾国权等（2012）对于管角螺孵化研究结果不符，该研究指出：一般情况下，水中溶氧足够时，孵化密度不影响孵化率。本实验结果与周琳等（1999）对青蛤孵化的研究基本一致。

幼虫培育密度是影响贝类苗种生产效果的因素之一。培育密度过高，会延迟贝类的发育时间，对贝类生长、存活以及变态造成不利影响。而培育密度过低，虽然在生长和存活上有一定优势，但浪费水体，无法实现高产。在高密度下培育，贝类浮游幼虫生长受到抑制的主要原因是个体间对食物与空间的竞争（阮飞腾，2014）。首先，在高密度下，幼虫相互碰撞的可能性增加，碰撞会使纤毛运动突然停止，随之，幼虫面盘回缩并闭壳（Cragg, 2006; Sprung, 1984），如此一来，浮游幼虫摄食活动中断，消耗的能量增加，对其生长发育不利；其次，当培育密度过高时，水体中的代谢废物增多，溶氧降低，氨氮升高，水质极易恶化，浮游幼虫将遭受慢性的环境胁迫，从而产生一系列不良的生理反应，最终导致生长发育受限存活率下降（Macdonald, 1988; 孙秀俊和李琪，2012）。本实验中，日本海神蛤幼虫的存活和生长随着培养密度的升高而降低，此结果与以上结论相符。

4.3.5　底质对变态期幼虫、稚贝生长及存活的影响

4.3.5.1　材料与方法

1. 材料

本实验用日本海神蛤于 2015 年 5~7 月由獐子岛海珍品原良种场培育，匍匐后期幼虫平均壳长（316.17±24.02）μm，稚贝平均壳长（7.15±0.58）mm，平均湿重（0.081±0.012）g/枚。

2. 方法

1）底质对变态期幼虫生长存活率的影响

设泥：沙=3：0、泥：沙=2：1、泥：沙=1：1、泥：沙=1：2、泥：沙=0：3五种底质，分别对应 A 组、B 组、C 组、D 组和 E 组。根据表 4-14，将配好的底质放入 100 L 塑料桶中混匀，用 5% 的二氧化氯浸泡 36 h，之后用沙滤海水浸泡 3 d，每 12 h 全量换一次水。3 d 后，换上新水，让底质沉淀 2 h。之后放入日本海神蛤匍匐后期幼虫，培育密度 1~2 个/mL，盐度 32，水温（19±0.5）℃，于 100 L塑料桶中培养。实验期间，每天早晚各进行一次半量换水，24 h 不间断充气。饵料以金藻和小新月菱形藻为主，每天投饵 4 次，每次 1.5×10⁴ cells/mL。36 d 后，用 100 目聚乙烯网将塑料桶中的稚贝全部滤出，在显微镜下随机测量 30 个个体的壳长、壳高。存活率则是以存活个体数除以初始个体数。每组实验设 3 个重复。

表4-14　底质对日本海神蛤变态期幼虫生长存活的影响实验设计

| | 泥沙体积比 | | | | |
	泥：沙=3：0	泥：沙=2：1	泥：沙=1：1	泥：沙=1：2	泥：沙=0：3
泥/mL	4500	3000	2250	1500	0
沙/mL	0	1500	2250	3000	4500

2）底质对稚贝生长存活的影响

设沙：泥=1：0、沙：泥=2：1、沙：泥=1：1、沙：泥=1：2、沙：泥=0：1和无附着基 6 种底质，分别对应 A 组、B 组、C 组、D 组、E 组和 F 组。根据表4-15，将配好的底质放入 10 L 塑料桶中混匀，用 5% 的二氧化氯浸泡 36 h，之后用沙滤海水浸泡 3 d，每 12 h 换一次新水。3 d 后，换上新水，让底质沉淀 2 h。之后放入日本海神蛤稚贝，每桶 70 枚，将装有稚贝的塑料桶放入车间水泥池中培养，盐度 32，水温（19±0.5）℃。实验期间，每天早晚进行一次全量换水，换水时挑拣桶中死亡的稚贝，24 h 不间断充气。饵料以金藻和小新月菱形藻为主，每天投饵 4 次，每次 2.5×10⁴ cells/mL。每 5 日在每桶稚贝中随机取 30 枚个体测量壳

长、壳高及湿重。测量方法是用电子游标卡尺测量稚贝壳长、壳高，精确至0.01 mm，用电子天平称量湿重，每次30枚一起称量，精确至0.01 g。20 d后，用40目聚乙烯网将塑料桶中的稚贝滤出，测量稚贝壳长、壳高及湿重。存活率则是以存活的个体数除以初始的个体数。每组实验设3个重复。

表4-15　底质对日本海神蛤稚贝生长存活的影响实验设计

	泥沙体积比					
	沙：泥=1：0	沙：泥=2：1	沙：泥=1：1	沙：泥=1：2	沙：泥=0：1	无附着基
沙/mL	1500	1000	750	500	0	0
泥/mL	0	500	750	1000	1500	0

注：数据处理及实验指标的计算同4.3.1

4.3.5.2　结果

1. 不同底质对变态期幼虫存活率的影响

由图4-31可见，E组的存活率最高，为（11.54±1.56）%，显著高于其余各组（$P<0.05$），A组存活率最低，仅为（7.37±0.36）%，与B组差异不显著，显著低于其他实验组（$P<0.05$）。

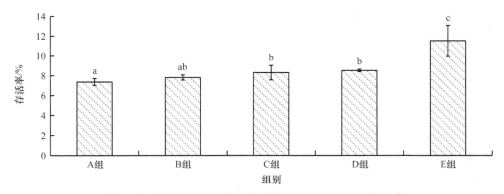

图4-31　不同底质对日本海神蛤变态期幼虫存活率的影响

2. 不同底质对变态期幼虫生长的影响

由图4-32可见，36 d后，E组的平均壳长显著大于C组和D组（$P<0.05$），C组和D组的平均壳长显著大于A组和B组（$P<0.05$），E组的平均壳长为（2092.50±313.16）μm，A组的仅为（1015.83±360.34）μm。

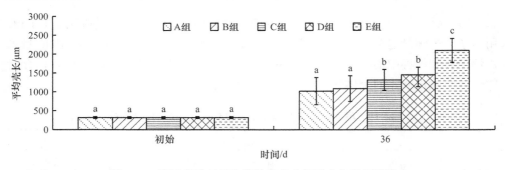

图 4-32　不同底质对日本海神蛤变态期幼虫生长的影响

3. 不同底质对稚贝存活率的影响

同一批次的稚贝放入装有不同底质的塑料桶中培育 20 d 后，C 组的存活率最高，为（94.29±2.47）%，E 组的存活率最低，仅为（64.29±2.47）%，显著低于其余各组（图 4-33）。

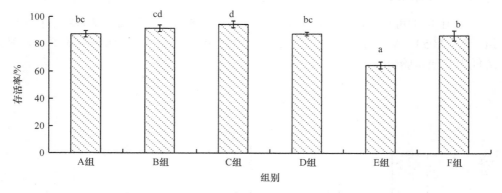

图 4-33　不同底质对日本海神蛤稚贝存活率的影响

4. 不同底质对稚贝生长的影响

由表 4-16 可见，实验进行到第 5 天，B 组的壳长最大，为（7.62±1.06）mm，显著大于 C 组、D 组、E 组和 F 组（$P<0.05$）；第 10 天，A 组壳长最大，为（7.64±1.03）mm，显著大于 B 组、C 组、E 组和 F 组（$P<0.05$）；第 15 天，A 组和 B 组的壳长较大，分别为（7.54±0.78）mm 和（7.30±0.81）mm，显著大于 C 组、E 组和 F 组（$P<0.05$）；第 20 天，A 组壳长最大，为（8.14±0.91）mm，显著大于 C 组和 F 组（$P<0.05$）。

表4-16　不同底质对日本海神蛤稚贝壳长的影响（mm）

	初始	第 5 天	第 10 天	第 15 天	第 20 天
A 组	7.15±0.58[a]	7.28±1.00[bc]	7.64±1.03[c]	7.54±0.78[d]	8.14±0.91[c]
B 组	7.15±0.58[a]	7.62±1.06[c]	6.83±0.77[ab]	7.30±0.81[d]	7.94±0.66[bc]
C 组	7.15±0.58[a]	6.78±0.73[a]	6.57±0.67[a]	6.52±0.82[b]	7.19±0.83[a]
D 组	7.15±0.58[a]	6.96±0.81[ab]	7.21±0.81[bc]	7.09±0.75[cd]	7.82±0.78[bc]
E 组	7.15±0.58[a]	6.74±0.76[a]	6.87±1.07[ab]	6.78±0.80[bc]	7.73±0.96[bc]
F 组	7.15±0.58[a]	6.87±0.71[ab]	7.27±0.81[bc]	5.93±1.23[a]	7.64±0.61[b]

4.3.5.3　讨论

贝类幼虫变态之前附着水底，由浮游转为匍匐生活，这个时期交替进行爬行和游泳，这种试探性的行为恰好说明幼虫正在寻找和适应其适宜的底质（罗有声，1979）。接近变态的贝类幼虫一旦遇到适宜的底质便很快下沉附着进而完成变态（余友茂，1986）。Scheltema（1961）对织纹螺（*Nassarius obsoletus*）的研究表明，某些贝类幼虫可通过化学感受器寻找并发现适宜的底质。从生理生态学看来，贝类幼虫之所以能找到适宜的底质环境而下沉并定居，与其生理机制中趋光性和趋地性等反应以及在其种群中个体间传播信息素有关，但与底质环境对其诱导作用的关系更为密切（余友茂，1986）。不同贝类幼虫对底质有着不同的要求。缢蛏喜好的底质为不含杂质的沙泥，上层为软泥，下层沙泥；菲律宾蛤仔理想的底质以松散沉积泥沙为主（沙占 70%～80%，泥质占 20%～30%）；泥蚶的浮游幼虫转入附着生活则需要一定量的沙砾、碎壳等作为附着基（余友茂，1986）。本实验结果显示，无论是存活还是生长，纯沙底质的效果显著好于含泥底质。日本海神蛤幼虫生长随底质含泥量的升高而减慢。此结果除与日本海神蛤幼虫的习性有关外，还可能因为实验中只能半量换水，含泥底质容易滋生细菌，从而对幼虫的生长发育造成了不利的影响。

绝大多数贝类没有一定的底质就无从进行生命活动，缺乏合适的底质常成为贝类生长发育的限制因子（董双林和赵文，2004）。蔡英亚和林两德（1965）等对青蛤进行的研究指出，青蛤在含沙底质中生长较快，赫崇波和陈洪大（1997）等在滩涂养殖文蛤生长与生态习性的初步研究中也得出了相同的结论。本实验中，沙与泥 1∶1 的实验组稚贝存活率最高，纯沙的实验组稚贝生长最快，实验结果说明，日本海神蛤稚贝适宜在含沙量高于 50%的沙泥底质中进行中间育成。

4.3.6　饵料对幼虫生长存活的影响

4.3.6.1　材料与方法

1. 材料

本实验用日本海神蛤 D 形幼虫和匍匐后期幼虫于 2015 年 5～7 月从獐子岛海珍品原良种场获得，D 形幼虫的平均壳长（121.00±3.32）μm，20 日龄匍匐后期幼虫平均壳长（316.17±23.62）μm。

2. 方法

1）饵料对幼虫生长及存活的影响

实验设金藻、金藻∶硅藻=2∶1、金藻∶硅藻=1∶1、金藻∶硅藻=1∶2、硅藻 5 种饵料组合（分别对应 A 组、B 组、C 组、D 组和 E 组）。金藻为球等鞭金藻，硅藻为小新月菱形藻（*Nitzschia closterium*）。D 形幼虫培育密度为 3～4 个/mL，水温（19±0.5）℃，盐度 32，于 5 L 塑料桶中培养。实验期间，每天早晚各进行一次全量换水，24 h 不间断充气。每组按照对应的饵料配方投饵，每天 4 次，每次 $1.0×10^4$ cells/mL。幼虫的生长、存活每 3 d 测量一次。每组实验设 3 个重复。

2）饵料对幼虫变态的影响

实验设金藻、金藻∶硅藻=2∶1、金藻∶硅藻=1∶1、金藻∶硅藻=1∶2、金藻∶硅藻∶扁藻=10∶10∶1 和金藻∶扁藻=10∶1 六种饵料组合（分别对应 A 组、B 组、C 组、D 组、E 组和 F 组）。实验用日本海神蛤 20 日龄的匍匐后期幼虫，密度为 1～2 个/mL，海水水温（19±0.5）℃，盐度 32，于 5 L 塑料小桶中培养。金藻为球等鞭金藻，硅藻为小新月菱形藻，扁藻为青岛大扁藻（*Platymonas subcordiformis*）。实验期间，每天早晚各进行一次全量换水，24 h 不间断充气。每组按照对应的饵料配方投饵，每天 4 次，每次 $1.5×10^4$ cells/mL。幼虫的生长、存活每 3 d 测量一次，幼虫以次生壳出现为变态标志。每组实验设 3 个重复。

4.3.6.2　结果

1. 饵料对浮游期幼虫存活率的影响

由图 4-34 可见，不同饵料培养第 5 天，各组间幼虫存活率差异不显著（$P>0.05$）；第 8 天，E 组存活率为（35.85±6.80）%，显著高于 A 组、C 组和 D 组（$P<0.05$）；第 11 天，B 组存活率最高，为（14.72±3.92）%，显著高于 C 组和 E 组（$P<0.05$）；第 14 天，B 组存活率最高，为（6.25±0.29）%；第 17 天，B 组存活率最高，为（5.09±1.25）%，E 组全部死亡。

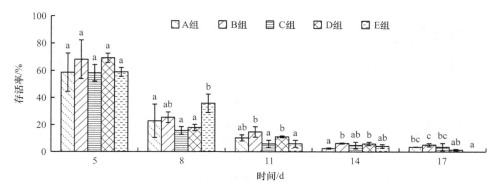

图 4-34　不同饵料对日本海神蛤浮游期幼虫存活率的影响

2. 饵料对浮游期幼虫生长的影响

由图 4-35 可见，第 5 天，b 组平均壳长最大，为（192.17±22.81）μm，显著大于 A 组、C 组和 D 组（$P<0.05$）；第 8 天，B 组平均壳长最大，为（210.33±38.26）μm；第 11 天，B 组和 D 组平均壳长分别为（225.33±35.30）μm 和（224.00±29.64）μm，显著大于其余 3 组（$P<0.05$）；第 14 天，B 组和 D 组平均壳长分别为（232.50±38.43）μm 和（228.67±26.23）μm，显著大于其余 3 组（$P<0.05$）；第 17 天，B 组平均壳长为（259.33±31.42）μm，显著大于其余各组（$P<0.05$）。

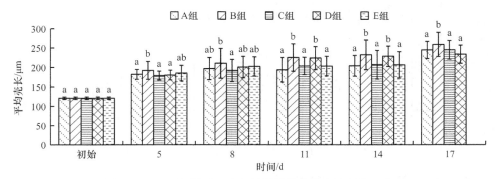

图 4-35　不同饵料对日本海神蛤浮游期幼虫生长的影响

由图 4-36 可见，0～5 d，B 组的 IGR 最大，为（9.13±0.18）%，显著高于其余各组（$P<0.05$）；6～8 d，各组间 IGR 无显著差异（$P>0.05$）；9～11 d，D 组的 IGR 最大，为（3.64±0.19）%，显著高于其余各组（$P<0.05$）；12～14 d，A 组的 IGR 最大，为（1.79±0.26）%，显著高于 C 组、E 组各组（$P<0.05$）；15～17 d，A 组和 C 组 IGR 较大，分别为（6.24±0.17）%和（5.99±0.27）%，显著高于 B 组、D 组（$P<0.05$）。

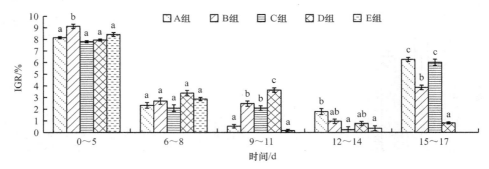

图 4-36　不同饵料对日本海神蛤浮游期幼虫 IGR 的影响

3. 饵料对变态期幼虫存活率的影响

由图 4-37 可见，第 6 天，C 组和 F 组存活率较高，分别为（83.29±3.07）%和（83.58±4.77）%；第 9 天、第 12 天、第 15 天、第 36 天，C 组存活率均最高，显著高于其他实验组（$P<0.05$）。

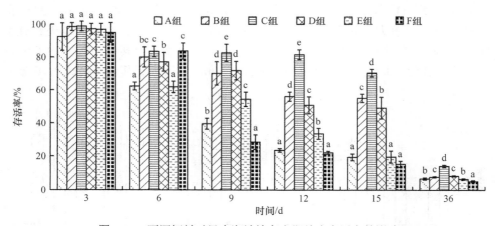

图 4-37　不同饵料对日本海神蛤变态期幼虫存活率的影响

4. 饵料对变态期幼虫生长的影响

由图 4-38 可见，第 3 天，B 组平均壳长最大，为（339.50±20.43）μm。第 6 天，C 组和 D 组平均壳长较大，分别为（366.67±38.81）μm 和（362.83±31.81）μm；第 9 天、第 12 天、第 15 天，C 组平均壳长均最大，显著大于其他实验组（$P<0.05$）；第 36 天，F 组平均壳长最小，显著小于其余各组（$P<0.05$）。

图 4-39 为不同饵料对日本海神蛤变态期幼虫 IGR 的影响。0～3 d，B 组的 IGR 最大，为（1.75±0.23）%；4～6 d，F 组的 IGR 最大，为（3.67±0.08）%。7～9 d，E 组和 F 组的 IGR 较大，分别为（5.77±0.12）%和（5.68±0.10）%，显著大于其余各组（$P<0.05$）。10～12 d，B 组的 IGR 最大，为（6.93±0.50）%，显著大

于其余各组（$P<0.05$）。13～15 d，C 组的 IGR 最大，为（6.59±0.38）%；16～36 d，C 组的 IGR 最大，为（5.21±0.09）%，显著大于其余各组（$P<0.05$）。

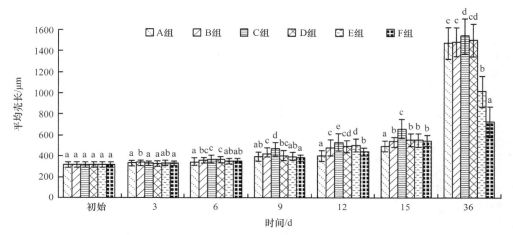

图 4-38　不同饵料对日本海神蛤变态期幼虫生长的影响

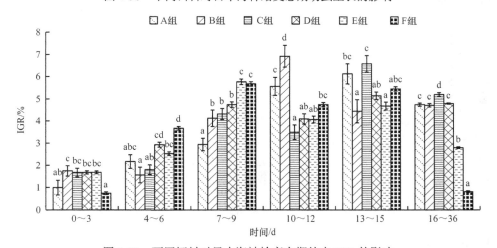

图 4-39　不同饵料对日本海神蛤变态期幼虫 IGR 的影响

5. 不同饵料对幼虫变态的影响

由图 4-40 可见，投喂不同饵料 3 d 后，C 组出足的比例最高，为（75.13±2.65）%，显著高于其余各组（$P<0.05$）；A 组出足的比例最低，为（26.87±2.05）%，显著低于其余各组（$P<0.05$）。各组出足比例从高到低分别为：C 组＞E 组＞D 组＞F 组＞B 组＞A 组。

C 组出鳃的比例最高，为（50.36±2.84）%，显著高于其余各组（$P<0.05$）；A 组出鳃的比例最低，为（6.81±1.43）%，显著低于其余各组（$P<0.05$）。各组

出鳃比例从高到低分别为：C 组＞E 组＞D 组＞F 组＞B 组＞A 组。

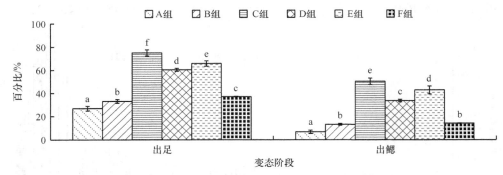

图 4-40　投喂不同饵料 3 d 后日本海神蛤幼虫变态情况比较

由图 4-41 可见，不同饵料对日本海神蛤匍匐后期幼虫变态率有显著影响。C
组变态率最高，为（75.81±3.40）%，显著高于其余各组（$P<0.05$）；A 组变态
率最低，为（30.01±1.09）%，显著低于其余各组（$P<0.05$）。各组间变态率从
高到低分别为：C 组＞B 组＞D 组＞E 组＞F 组＞A 组。

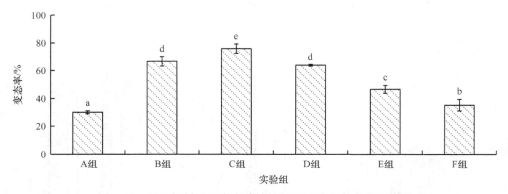

图 4-41　不同饵料对日本海神蛤匍匐后期幼虫变态率的影响

4.3.6.3　讨论

在贝类幼虫培育中，等鞭金藻和新月菱形藻是最常用的饵料。本实验研究了
球等鞭金藻和小新月菱形藻及两种藻类的不同组合对日本海神蛤浮游期幼虫的投
喂效果。结果显示，混合投喂组效果均好于单独投喂组。此结果与闫喜武等（2010）
对大竹蛏幼虫、赵越等（2011）对四角蛤蜊幼虫、沈伟良等（2007）对毛蚶幼虫
的研究结果相似。其原因可能在于，尽管两种饵料主要同化产物都是脂肪，但球
等鞭金藻没有细胞壁，而新月菱形藻具有硅质细胞壁，相对来说前者比后者更易
消化；同时，与单独投喂相比，混合投喂营养更为全面均衡。在所有饵料组合中，
对幼虫的生长以球等鞭金藻和小新月菱形藻 2∶1 投喂的效果最佳，主要由于此种

组合球等鞭金藻占的比例最大，日本海神蛤幼虫时期对球等鞭金藻的消化吸收较好，也克服了单独投喂一种饵料营养单一的弊端。此结果与闫喜武等（2005，2010）对菲律宾蛤仔幼虫和大竹蛏幼虫、赵越等（2011）对四角蛤蜊幼虫、王笑月等（1998）对文蛤幼虫、葛立军等（2008）对毛蚶幼虫的研究结果一致。

本实验中，变态期幼虫不论在存活、生长还是幼虫变态方面，球等鞭金藻和小新月菱形藻 1∶1 投喂的效果均最好，2∶1 与 1∶2 的投喂效果次之，单独投喂金藻在变态上效果最差，此结果和浮游期幼虫有所不同。如上所述，2∶1 投喂对日本海神蛤浮游期幼虫的效果最好，而 1∶1 投喂对日本海神蛤变态期幼虫的效果最好。这主要是由于不同发育时期的日本海神蛤幼虫对营养的需求不同，加之随着幼虫的生长，其对小新月菱形藻的消化吸收能力逐渐增强，能够更有效地获取其中的营养物质，而这些营养物质与球等鞭金藻中的营养物质相比，对变态期的日本海神蛤幼虫在变态期有着更有利的影响。本实验中，幼虫生长实验中加入扁藻的实验组效果均不理想，可能是因为扁藻游动快，幼虫摄食需要消耗更多能量。

4.3.7　大蒜对幼虫生长及存活的影响

4.3.7.1　材料与方法

1. 材料

本实验用日本海神蛤 D 形幼虫于 2015 年 5～7 月在獐子岛海珍品原良种场培育，平均壳长（121.00±3.32）μm。

2. 方法

实验设 0 mg/L、2 mg/L、4 mg/L、8 mg/L、16 mg/L 5 个大蒜汁浓度，分别对应对照组、A 组、B 组、C 组和 D 组。D 形幼虫培育密度为 3～4 个/mL，实验容器为 5 L 塑料桶，水温（19±0.5）℃，盐度 32。大蒜用匀浆机打碎，经 500 目筛绢过滤后得到蒜汁。实验期间，每天早晚各进行一次全量换水，换水后投以相应浓度的蒜汁，24 h 不间断充气。饵料以球等鞭金藻为主，每天投饵 4 次，每次 1.0×10^4 cells/mL。幼虫的生长、存活每 3 d 测量一次。每个实验设 3 个重复。

数据处理及实验指标的计算同 4.3.1。

4.3.7.2　结果

1. 大蒜对幼虫存活率的影响

图 4-42 为不同大蒜汁浓度对日本海神蛤浮游期幼虫存活率的影响。实验第 3 天，各组间差异不显著（$P > 0.05$）；第 6 天，D 组存活率为（67.36±17.50）%，显著低于其余各组（$P < 0.05$）。第 9 天时，对照组的存活率为（59.45±3.89）%，显著低于其余各组（$P < 0.05$）；实验第 12 天，B 组的存活率为（81.87±4.16）%，

显著高于其余各组（$P<0.05$）；实验第 15 天，B 组存活率为（34.13±5.95）%，显著高于其余各组（$P<0.05$）；实验第 18 天，D 组已无存活，B 组存活率为（13.71±0.73）%，显著高于其余各组（$P<0.05$）；实验第 21 天，A 组、C 组和 D 组无存活，B 组存活率为（10.40±2.28）%，显著高于对照组（$P<0.05$）。

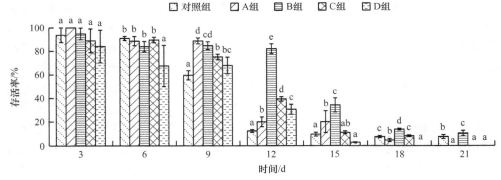

图 4-42　不同大蒜汁浓度对日本海神蛤浮游期幼虫存活率的影响

2. 大蒜对幼虫生长的影响

图 4-43 为不同大蒜汁浓度对日本海神蛤浮游期幼虫生长的影响。实验第 3 天，各组间差异并不显著（$P>0.05$）；实验第 6 天，A、B 两组平均壳长分别为（188.67±21.81）μm 和（185.00±16.35）μm，显著大于其余各组（$P<0.05$）；实验第 9 天，A、B 两组平均壳长分别为（212.83±21.92）μm 和（212.17±22.23）μm，显著大于其余各组（$P<0.05$）；实验第 12 天，A、B 两组平均壳长分别为（228.33±24.08）μm 和（232.67±18.37）μm，显著大于其余各组（$P<0.05$）；实验第 15 天，A、B 两组平均壳长分别为（245.83±17.86）μm 和（247.16±17.59）μm，显著大于其余各组（$P<0.05$）；实验第 18 天，B 组平均壳长为（265.50±32.47）μm，显著大于其余各组（$P<0.05$）；实验第 21 天，B 组平均壳长为（286.00±29.31）μm，显著大于对照组（$P<0.05$）。

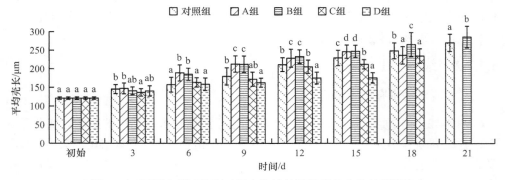

图 4-43　不同大蒜汁浓度对日本海神蛤浮游期幼虫生长的影响

图 4-44 为不同大蒜汁浓度对日本海神蛤浮游期幼虫瞬时生长率（IGR）的影响。0～3 d，A 组的 IGR 最大，为（6.35±2.42）%；4～6 d，A 组和 B 组的 IGR 分别为（8.24±2.32）%和（9.08±1.38）%，显著高于其余各组（$P<0.05$）；7～9 d，对照组、A 组和 B 组的 IGR 分别为（4.38±1.23）%、（4.07±1.56）%和（4.51±1.60）%，显著高于 C 组和 D 组（$P<0.05$）；10～12 d，对照组和 C 组的 IGR 分别为（5.59±1.63）%和（6.01±1.34）%，显著高于其余各组（$P<0.05$）；13～15 d，对照组的 IGR 最大，为（2.73±0.86）%；16～18 d，C 组的 IGR 最大，为（3.33±0.94）%；19～21 d，只有对照组和 B 组有存活个体，两组的 IGR 无显著差异（$P>0.05$）。

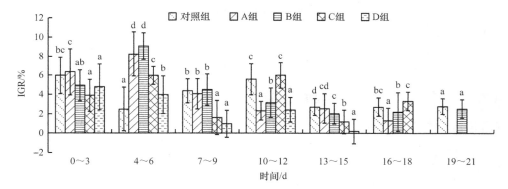

图 4-44　不同大蒜汁浓度对日本海神蛤浮游期幼虫 IGR 的影响

所有实验组中，只有 B 组出现出鳃的幼虫，且出鳃比例高于对照组。

4.3.7.3　讨论

大蒜具有杀菌消毒等功效，已被广泛应用于水产经济生物的疾病防治及饵料添加（曾虹等，1996；杜爱芳等，1997；张梁，2003；姚连初，2002；梅四卫和朱涵珍，2009；向枭等，2002；唐雪蓉等，1997）。大蒜中所含大蒜素对多种细菌、真菌及病毒具有抑制和杀灭的作用。大蒜中并不存在游离的大蒜素，只有经过碾压、绞碎等物理方法，才能激活大蒜中的磷酸吡哆醛酶（简称蒜酶），从而产生大蒜素（姚连初，2002；梅四卫和朱涵珍，2009）。本实验将大蒜用匀浆机绞碎，获取新鲜蒜汁，保证大蒜素活力。

不同大蒜汁浓度对日本海神蛤浮游期幼虫存活率影响实验结果表明，实验第 6 天时，D 组存活率显著低于其余各组，说明 16 mg/L 大蒜汁浓度对幼虫存活起到明显抑制作用；实验第 9 天时，对照组的存活率显著低于其余各组，说明大蒜汁对幼虫存活起到明显促进作用，原因可能是大蒜汁有效抑制了水中病原微生物的滋生；实验第 12 天、15 天和 18 天时，B 组的存活率均显著高于其余各组，说明 4 mg/L 是幼虫存活的最适大蒜汁浓度；实验第 18 天时，D 组已无存活，再次说明 16 mg/L 大蒜汁浓度对幼虫存活有显著抑制作用；实验第 21 天，A 组、C组和 D 组均无存活，再次说明 4 mg/L 是幼虫存活的最适大蒜汁浓度。此结果与郭文学（2012）对四角蛤蜊的研究结果相似，而与杨凤等（2010）对菲律宾蛤仔的研究结果相比，最适蒜汁浓度要低得多。

不同大蒜汁浓度对日本海神蛤浮游期幼虫生长的影响实验结果显示，实验第6、第 9、第 12 和第 15 天时，2 mg/L 和 4 mg/L 浓度组幼虫平均壳长均显著大于其余各组，说明 2~4 mg/L 大蒜汁浓度对幼虫生长有明显促进作用，当大蒜汁浓度超过该浓度时会显著抑制幼虫生长；实验第 18 天和第 21 天时，4 mg/L 浓度组平均壳长显著大于其余各组，说明 4 mg/L 是幼虫生长的最适大蒜汁浓度。此结果与郭文学（2012）对四角蛤蜊的研究结果不同，与杨凤等（2010）对菲律宾蛤仔的研究结果相似。

综上所述，在开展日本海神蛤苗种繁育过程中，在浮游期可以施用 4 mg/L 大蒜汁，不仅对幼虫存活，而且对幼虫生长均有明显促进作用。

4.3.8　干露对稚贝生长存活的影响

4.3.8.1　材料与方法

1. 材料

实验用日本海神蛤稚贝于 2015 年 5~7 月取自于獐子岛海珍品原良种场，平均壳长分别为（1.70±0.31）mm（记为 S 组）和（5.04±0.63）mm（记为 L 组），每组实验稚贝数量为 3000 枚。

2. 方法

干露实验温度采用恒温培养箱控制，温度分别设定为 0℃、10℃和 20℃，每个温度设定 3 个干露时间，分别为 4 h、8 h、12 h，干露后恢复时间分别为 3 d、6 d、9 d，共 9 组，每组 100 枚稚贝。经干露处理后的稚贝，分别置于 100 L 聚乙烯桶中继续培育。培育水温 23℃，盐度 32，每日全量换水 2 次，连续充气，每次换水后按 1∶1 投喂球等鞭金藻和小球藻，投饵量为 $4.0×10^4$ cells/mL。每日检查稚贝存活情况，并挑出死亡个体。每 3 d 统计稚贝个数。实验以未经干露处理为对照组，每个实验组设 3 个重复。

干露后每 3 d 测量统计一次稚贝存活及壳长生长情况。将稚贝放于培养皿中，置于低倍显微镜下观察，如果稚贝鳃丝不摆动，双壳张开不能闭合则鉴定稚贝死亡。使用游标卡尺测量稚贝的壳长，精确至 0.02 mm。

干露后稚贝壳长的瞬时生长率按以下公式计算：

$$IGR=(\ln L_N-\ln L_0)/(T_N-T_0)×100\% \tag{4-18}$$

式中，N 是正整数，$N>0$，T_N 和 T_0 分别为终末实验时间（d）和初始实验时间（d），

L_N 和 L_0 分别为终末实验平均壳长（mm）和初始实验平均壳长（mm）。

瞬时生长率的测定分为 4 个时间段：T_1（初始到 3 d）、T_2（4～6 d）、T_3（7～9 d）和 T_t（初始到 9 d）。

3. 数据分析和处理

使用 SPSS 19.0 软件对数据进行分析处理，Excel 作图。

4.3.8.2　结果

1. 干露对稚贝存活率的影响

由图 4-45 可见，干露后恢复 3 d，除 10℃干露 4h 实验组外，相同温度下干露同样时间，L 组的存活率均显著高于 S 组（$P<0.05$）；0℃下 S 组不同干露时间存活率从高到低顺序为：4 h>8 h>12 h。不同温度下，干露 4 h 和 8 h 时，S组均在 0℃时存活率最高，分别为（94.67±2.31）% 和（83.33±2.31）%，20℃下的存活率最低，分别为（89.33±2.31）% 和（64.00±2.00）%。干露 12 h 时，10℃时 L 组的存活率最高，为（72.00±4.00）%，20℃时的 S 组存活率最低，为（51.33±5.03）%。

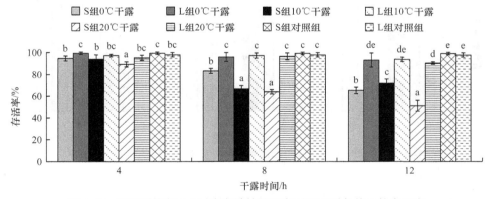

图 4-45　干露后恢复 3 d 日本海神蛤稚贝在不同干露条件下的存活率

图 4-46 为干露后恢复 6 d 各实验组的存活率。由图可见，不同温度下不同干露时间 L 组的存活率均显著高于 S 组（$P<0.05$）。L 组在 0℃时干露 8 h 和 12 h，在 20℃时干露 12 h 的存活率与对照组差异显著（$P<0.05$），其他条件下与对照组无显著差异（$P>0.05$）。而 S 组在不同温度下不同干露时间的存活率均显著低于对照组（$P<0.05$）。

图 4-47 为恢复 9 d 后各组存活率。其结果与干露后恢复 6 d 的结果基本一致。

2. 干露对稚贝生长的影响

图 4-48～图 4-51 分别为各实验组在 T_1（初始到 3 d）、T_2（4～6 d）、T_3（7～

9 d）和 T_t（初始到 9 d）内的瞬时生长率（IGR）。尽管结果有所不同，但共同规律是，S 组的瞬时生长率普遍大于 L 组。

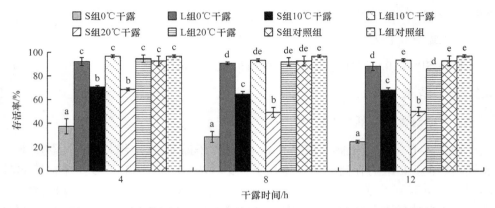

图 4-46　干露后恢复 6 d 日本海神蛤稚贝在不同干露条件下的存活率

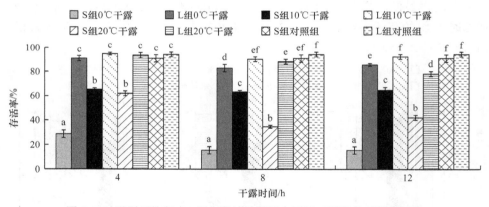

图 4-47　干露后恢复 9 d 日本海神蛤稚贝在不同干露条件下的存活率

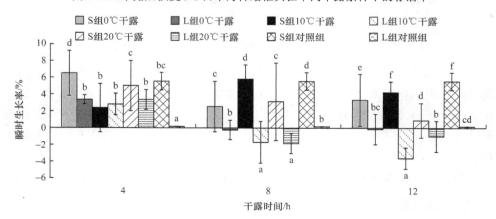

图 4-48　T_1 内日本海神蛤稚贝在不同干露条件下的瞬时生长率

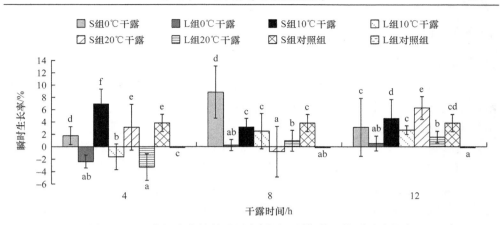

图 4-49 T_2 内日本海神蛤稚贝在不同干露条件下的瞬时生长率

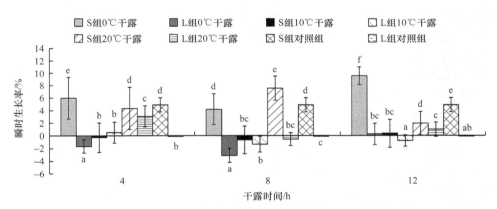

图 4-50 T_3 内日本海神蛤稚贝在不同干露条件下的瞬时生长率

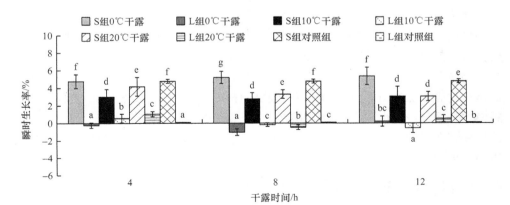

图 4-51 T_t 内日本海神蛤稚贝在不同干露条件下的瞬时生长率

4.3.8.3　讨论

1. 干露对存活的影响

干露造成贝类死亡的原因可能是由于在干露状态下贝类呼吸循环系统受到影响，不能从周围环境中获得足够的氧气，排出二氧化碳，造成血液的 pH 失衡，最终窒息死亡（蔡英亚，1995）。

贝类耐干露能力与种类、个体大小、温度有关（于瑞海等，2006）。日本海神蛤与菲律宾蛤仔、牡蛎等双壳贝类不同，其双壳不能完全闭合，干露时体内水分蒸发比其他双壳贝类快，耐干露能力较其他双壳贝类差；滩涂贝类经常经受干露胁迫，较浅海和深海贝类耐干露能力更强。本研究中大规格日本海神蛤各干露处理组存活率均高于小规格日本海神蛤干露处理组。日本海神蛤稚贝的存活率随干露时间的延长而降低。干露后恢复 6 日后干露时间相同时，小规格日本海神蛤在 10℃时存活率最高，20℃时次之，0℃时最低。大规格日本海神蛤则没有出现这种情况，说明大规格日本海神蛤对低温（0℃）耐受力较小规格日本海神蛤强，换句话说，0℃的低温不会造成大规格日本海神蛤大量死亡。上述结果与杨凤等（2012）对菲律宾蛤仔、于瑞海等（2006，2007）对长牡蛎和海湾扇贝、An 和 Choi（2010）对魁蚶及刘超等（2015）对施氏獭蛤的实验结果类似。

2. 干露对生长的影响

本实验发现干露后部分日本海神蛤瞬时生长率处理组普遍高于对照组，说明日本海神蛤经干露处理后存在一定程度的补偿生长现象。补偿生长是动物生长中的一种特殊现象、过程或能力，指由于受恶劣环境条件限制而经过一段时期生长停滞或负生长的动物当环境条件重新恢复正常，生长速率加快的现象（Miglavs and Obling，1989）。有关水生动物补偿生长的研究已有许多报道，在鱼类中报道最多（王燕妮等，2001；王岩，2001；姜志强等，2002；万丽娟，2007），贝类中也有一些报道（章承军，2010；王庆恒等，2007；肖友翔，2016）。就胁迫因子而言，研究最多的是饥饿（杨凤等，2009）。有关干露胁迫后贝类补偿生长的研究报道很少。杨凤等（2012）研究了干露和淡水浸泡对菲律宾蛤仔的影响，发现干露处理后，平均壳长 2.2～13.4 mm 的 9 种规格蛤仔中，仅平均壳长 6.2 mm 的蛤仔存在补偿生长现象；淡水浸泡 9 种规格蛤仔（壳长 2.0～15.0 mm），只有壳长 10.6 mm 的蛤仔存在补偿生长。这与本研究结果有相似之处，即补偿生长只发生在特定规格的个体中。这种现象出现的机制尚有待进一步深入研究。

4.3.9　pH 对幼虫及稚贝生长存活的影响

4.3.9.1　材料与方法

实验于 2015 年 6～9 月在大连海洋大学辽宁省贝类良种繁育工程技术研究中心

进行。实验用水为经蓄水池沉淀并经沙滤的天然海水，水温（19±1）℃，氮度 32±0.5，pH 8.05±0.03，总氨（0.169±0.012）mg/L，亚硝酸氮（0.007±0.003）mg/L。

1. 材料

日本海神蛤受精卵、浮游期幼虫、壳顶后期幼体和稚贝全部在獐子岛海珍品原良种场通过人工繁育获得。

2. 方法

1）化学测定

水化学指标测定均按照《海洋监测规范》（GB 17378.1—2007）严格执行。用次溴酸钠氧化法测定总氨，用重氮-偶氮比色法测定亚硝酸氮，用 YSI Pro QUATRO 多功能水质分析仪测定氮度、水温、溶解氧（DO）和 pH。实验中使用药品均为分析纯。

2）实验设计

设定 6.80、7.20、7.60、8.00、8.40、8.80 和 9.20 共 7 个 pH 梯度，其中 8.0 是对照组，为天然海水 pH。用 40 g/L 氢氧化钠溶液和 1∶10 亚硝酸氮在 100 L 桶内调节 pH 至预定值，保持误差在±0.05 以内，然后随机均匀分装到 100 L 桶内。每天全量换水一次，并实测换水前后的总氨、亚硝酸氮、pH、水温、氮度等水质指标。每天定时和在投饵后根据实测值对 pH 微调 3～4 次。全部实验以 pH 的实测平均值作为各梯度的真实值。为防止水中与空气中的二氧化碳发生交换，维持 pH 的相对稳定，实验期间不充气。为保证实验期间溶氧的需要，实验用水在使用之前充分曝气，使溶氧达到饱和。实验期间各处理组溶解氧维持在＞5 mg/L。D 形幼虫开始投喂叉鞭金藻（*Dicrateria* sp.），随着幼虫的生长发育，逐渐添加角毛藻（*Chaetoceros* sp.）和小球藻（*Chlorella* sp.），定期观察和记录幼虫摄食和活动情况。恒温水浴控温。全部实验每组设 3 个重复。

3）pH 对受精卵孵化率的影响实验

实验于 2015 年 5 月 30 日至 31 日进行。实验容器为 3 L 聚乙烯小桶，内装 1 L 实验溶液。设定 pH 梯度为 6.80、7.20、7.60、8.00、8.40、8.80 和 9.20。受精卵孵化密度为 5～6 个/mL，24 h 后用 450 目筛绢网进行选育。在显微镜下测定 D 形幼虫壳长，观察 D 形幼虫活动和摄食情况。每组实验设 3 个平行。

4）pH 对浮游期幼虫的影响实验

实验继孵化率实验后于 2015 年 5 月 31 日至 6 月 7 日进行，所用材料为经孵化率实验存活下来的浮游期幼虫。pH 梯度同孵化率实验。实验期间每天全量换水一次，根据摄食情况适量投喂叉鞭金藻，每天投喂 3 次，每 96 h 观察发育和摄食情况，并测定密度及壳长。每组实验设 3 个平行。

相对生长率（%）=（结束时壳长–初始壳长）/初始壳长×100　　　（4-19）

5）pH 对变态的影响实验

实验于 2015 年 7 月 12 日至 27 日进行。pH 设置梯度同孵化率实验。壳顶后期幼虫密度为 1~2 个/mL，实验水体积 2 L。混合投喂叉鞭金藻和角毛藻（1∶1）。当足伸出，鳃原基形成，壳上布满毛刺时，记录密度为初始密度、壳长为初始壳长，直到较高 pH 梯度均没有浮游幼虫时，测定全部变态稚贝密度并测定壳长。实测幼虫密度和壳长作为初始密度和初始壳长。实验进行到 7 月 26 日时，幼虫基本全部变态，实验结束时统计总变态率，测定变态后稚贝的壳长。每组实验设 3 个平行。

变态率（%）=变态的稚贝数/壳顶后期初始幼虫数×100　　　　（4-20）

相对生长率（%）=（结束时稚贝壳长–初始壳长）/初始壳长×100　　　（4-21）

6）pH 对稚贝存活的影响实验

实验于 2015 年 8 月 18 日至 24 日进行。pH 设置梯度同孵化率实验。取 30 个规格为 1 mm 左右的稚贝，置于正常海水中暂养 24 h，暂养期间不投饵。实验水体积为 3 L。投喂叉鞭金藻和角毛藻混合饵料（1∶1）。实验开始后记录 24 h、48 h和 96 h 稚贝的存活情况。每组实验设 4 个平行。实验结束后将稚贝暂养于正常海水中，24 h 后统计稚贝存活情况。

7）pH 对潜沙的影响实验

实验于 2015 年 8 月 26 日至 30 日进行。先按照设定梯度调整好海水的 pH（同孵化率实验），然后准确量取 3 L 海水倒入铺沙厚度为 10 cm 的容器内。实验用日本海神蛤有 2 个规格，平均壳长分别为 0.5 cm 和 1 cm，每个容器放置 8 个日本海神蛤。记录 24 h 潜沙数量、96 h 内的半数潜沙时间、全数潜沙时间及存活情况。每组实验设 3 个平行。

8）数据处理

使用 Excel 2003 和 SPSS 17.0 统计软件对数据进行分析处理，使用单因素方差分析方法对不同 pH 胁迫组测得的数据进行分析比较，差异显著性 $P < 0.05$。

4.3.9.2　结果和分析

1. pH 对受精卵孵化率的影响

孵化阶段 pH 的预设值和实测值见表 4-17。经过 24 h 日本海神蛤受精卵孵化为 D 形幼虫。不同 pH 条件下的孵化率结果见图 4-52，孵化出的 D 形幼虫大小见图 4-53。

表4-17　日本海神蛤受精卵孵化阶段的pH预设值和实测值

pH 梯度	1	2	3	4	5	6	7
预设 pH 组	6.80	7.20	7.60	8.00	8.40	8.80	9.20
实测 pH 组	6.85±0.07	7.22±0.07	7.62±0.04	8.01±0.02	8.37±0.03	8.77±0.02	9.18±0.03

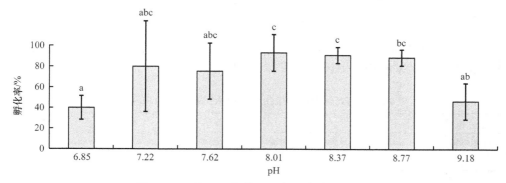

图 4-52　不同 pH 条件下日本海神蛤的孵化率

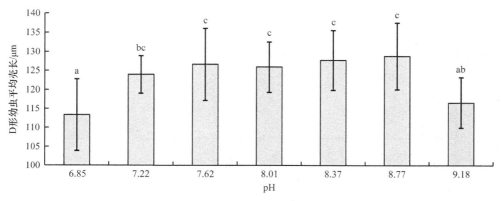

图 4-53　不同 pH 条件下日本海神蛤 D 形幼虫平均壳长

　　由图 4-52 可见，在 pH 6.80～9.20，日本海神蛤均能孵化为 D 形幼虫，但是不同 pH 孵化率不同。pH 6.85、7.22、7.62、8.01、8.37、8.77 和 9.18 组的孵化率分别为 40.00%、80.00%、75.56%、93.33%、91.11%、88.89%和 46.67%；其中作为对照组的 pH 8.01 组孵化率最高，其次为 pH 8.37 组，再次为 pH 8.77 组。

　　多重比较表明：pH 6.85 组和 pH 9.18 组的孵化率与 pH 8.01 组差异显著（$P < 0.05$），其他组与 pH 8.01 组孵化率差异均不显著（$P > 0.05$）。可见，pH 7.20～8.80 是日本海神蛤孵化较适宜的 pH 范围，而最佳 pH 在 8.00～8.80。

　　由图 4-53 可见，在 pH 6.80～9.20，不仅孵化率不同，刚孵化出的 D 形幼虫平均壳长也不同。并且平均壳长随 pH 的变化规律与孵化率基本一致，即在 pH 7.2～8.8 壳长较大，平均接近或超过 125μm；而 pH 6.85 组和 pH 9.18 组的 D 形幼虫壳长较小，平均不到 115～120 μm，明显低于其他各组。多重比较表明，pH 6.85 组和 pH 9.18 组的 D 形幼虫平均壳长与 pH 8.01 组差异显著（$P < 0.05$），其他组与 pH 8.01 组 D 形幼虫平均壳长差异不显著（$P > 0.05$）。

2. pH 对浮游期幼虫生长与存活的影响

浮游期幼虫阶段 pH 的设定值和实测值见表 4-18，不同 pH 条件下日本海神蛤 8 日龄幼虫存活率和相对生长率见图 4-54、图 4-55。

表4-18 pH对浮游期幼虫生长与存活实验的预设与实测pH

pH 梯度	1	2	3	4	5	6	7
预设 pH	6.80	7.20	7.60	8.00	8.40	8.80	9.20
实测 pH	6.97±0.26	7.32±0.20	7.65±0.11	8.01±0.03	8.38±0.05	8.75±0.08	9.14±0.11

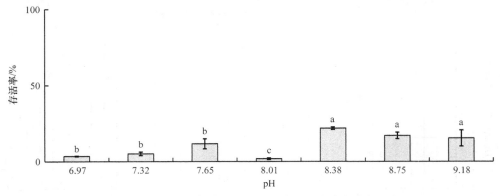

图 4-54 不同 pH 条件下日本海神蛤 8 日龄幼虫的存活率

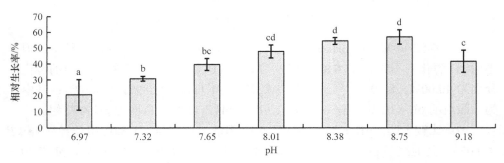

图 4-55 不同 pH 条件下日本海神蛤 8 日龄幼虫的相对生长率

8 日龄时，在设定 pH 6.80～9.20 内幼虫均有存活。不同 pH 条件下存活率依次为 3.47%、5.13%、11.74%、1.85%、22.08%、17.25%、15.44%；其中对照组（pH 8.01 组）由于出现大量桡足类，存活率非常低，以 pH 8.01 为中心向两侧桡足类数量急剧递减，pH 8.38 时日本海神蛤幼虫存活率最高。多重比较表明，pH 6.97、7.32、7.65 和 8.01 时浮游期幼虫存活率均与 pH 8.38 组差异显著（$P<0.05$）。在设定 pH 范围内，不同 pH 条件下相对生长率依次为 20.6%、30.6%、39.5%、47.6%、54.2%、56.7%、41.4%；以 pH 8.75 时相对生长率最高。多重比较表明，生长适宜

的 pH 在 8.4～8.8。线性回归表明，在 pH 7.0～8.8，随着 pH（x）的升高，浮游期幼虫的相对生长率（y）直线升高，并呈极显著正相关。回归方程为：$y=20.78x-121.51$（$n=6$，$r^2=0.9656$，$P<0.01$）。

3. pH 对幼虫变态率的影响

幼虫变态阶段的设定和实测 pH 见表 4-19。不同 pH 条件下日本海神蛤 10 日龄幼虫变态率和相对生长率见图 4-56。

表4-19　日本海神蛤幼虫变态期pH的设定值和实测值

pH 梯度	1	2	3	4	5	6	7
设定 pH	6.80	7.20	7.60	8.00	8.40	8.80	9.20
实测 pH	6.92±0.04	7.28±0.03	7.59±0.02	8.03±0.01	8.38±0.03	8.78±0.04	9.17±0.05

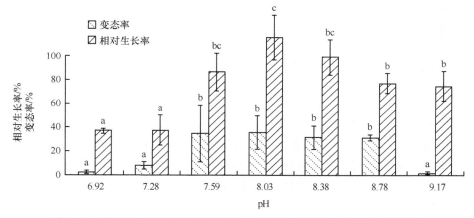

图 4-56　不同 pH 条件下日本海神蛤 10 日龄幼虫的变态率和相对生长率

在 pH 6.80～9.20，日本海神蛤均能变态，不同 pH 条件下变态率依次为 1.94%、7.95%、34.64%、35.31%、31.36%、31.11%、1.37%，其中 pH 7.59、8.03、8.38 和 8.78 时变态率均维持在较高水平，并且与 pH 6.92、7.28 和 9.17 组的变态率差异显著（$P<0.05$），说明变态的适宜 pH 为 7.60～8.80，小于 7.20 或大于 8.80 时变态率均很低。

变态后的日本海神蛤在 pH 7.60～9.20 内均有较快的相对生长。pH 8.03 时相对生长率最高，为 115.87%，其次 pH 8.38 时为 99.55%，pH 7.59 时为 86.75%，与对照组（pH 8.03）差异不显著。pH 为 8.78 和 pH 9.17 时的相对生长率与 pH 8.03 时差异显著（$P<0.05$），与 pH 8.38 和 pH 7.59 时差异不显著；而 pH 6.92 和 pH 7.28 时的相对生长率显著低于其他各组（$P<0.05$），表明日本海神蛤变态期幼虫生长的适宜 pH 为 7.6～8.4。

4. pH 对稚贝生长和存活的影响

稚贝生长和存活实验中预设和实测的 pH 见表 4-20。

表4-20　日本海神蛤稚贝生长和存活实验中预设和实测的pH

pH 梯度	1	2	3	4	5	6	7
预设 pH	6.80	7.20	7.60	8.00	8.40	8.80	9.20
实测 pH	6.92±0.15	7.28±0.11	7.59±0.01	8.03±0.03	8.38±0.03	8.78±0.01	9.17±0.02

急性胁迫下 pH 对日本海神蛤稚贝存活率的影响结果见图 4-57。

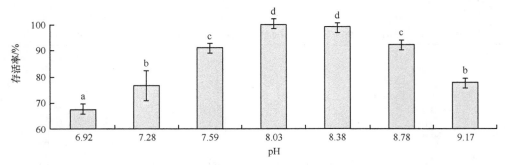

图 4-57　急性胁迫下 pH 对日本海神蛤存活率的影响

实验用日本海神蛤平均壳长 1 cm，受试 96 h 后，pH6.92、7.28、7.59、8.03、8.38、8.78、9.17 时的存活率依次为 67.78%、76.67%、91.11%、100%、98.89%、92.22%、77.78%。多重比较表明，除 pH 8.38 组与 pH 8.03 组存活率差异不显著（$P>0.05$）外，其余各 pH 组存活率均与 pH 8.03 组差异显著（$P<0.05$），说明适宜的 pH 为 8.00～8.40。同时也说明，急性胁迫下（<96 h），以天然海水的 pH 8.00 为中心，升高 0.8 个 pH 单位或者下降 0.4 个 pH 均会对存活率产生明显影响。

5. pH 对潜沙的影响

在实验 pH 范围内，24 h 内大规格（平均壳长 1 cm）和小规格（平均壳长 0.5 cm）日本海神蛤潜沙情况见图 4-58。

选用平均壳长 1 cm 和 0.5 cm 的日本海神蛤，受试 24 h 后，pH 8.38 组两种规格的潜沙率最高。

平均壳长 1 cm 的日本海神蛤在 pH 为 6.92、7.28、7.59、8.03、8.38、8.78、9.17 时的潜沙率依次为 8.33%、33.33%、37.50%、50.00%、83.33%、58.33%、0。多重比较表明，除 pH 6.92 组和 pH8.38 组与 pH 8.03 组稚贝潜沙率差异显著（$P<0.05$）外，其余各 pH 组潜沙率均与 pH 8.03 组差异不显著（$P>0.05$），说明该规格日本海神蛤潜沙适宜的 pH 为 7.20～8.40。

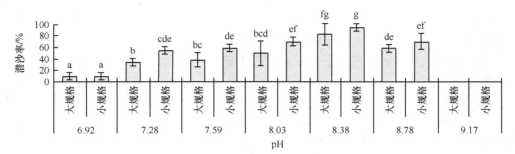

图 4-58　pH 对日本海神蛤潜沙率的影响

大规格平均壳长 1 cm，小规格平均壳长 0.5 cm，24 h

平均壳长 0.5 cm 的日本海神蛤在 pH 为 6.92、7.28、7.59、8.03、8.38、8.78、9.17 时的潜沙率依次为 8.33%、54.17%、58.33%、70.83%、95.83%、70.83%、0。多重比较表明，除 pH 6.92 组和 pH 8.38 组与 pH 8.03 组稚贝潜沙率差异显著（$P < 0.05$）外，其余各 pH 组潜沙率均与 pH 8.03 组差异不显著（$P > 0.05$），说明该规格日本海神蛤潜沙适宜的 pH 为 7.20～8.80。

由图 4-58 可见，在 pH 7.28～8.03，24 h 内小规格（平均壳长 0.5 cm）比大规格（平均壳长 1 cm）潜沙率高且差异显著（$P < 0.05$），而在 pH 8.38 时差异不显著（$P > 0.05$）。

4.3.9.3　讨论

1. 日本海神蛤早期发育阶段的适宜 pH

日本海神蛤早期发育各个阶段对 pH 的耐受情况总结如表 4-21 所示。在 pH 6.8～9.2，日本海神蛤均能正常生长发育。从孵化率和 D 形幼虫的壳长来看，受精卵孵化阶段对 pH 的耐受范围相同，适宜 pH 为 7.2～8.8，尤其对较低 pH 耐受性较好，这可能与一定时间内卵膜的保护作用有关。

表4-21　日本海神蛤早期发育阶段对pH的耐受情况

观测指标	适宜范围	最适 pH	下限	上限	备注
孵化率/%	7.2～8.8	8.0	6.8～7.2	8.8～9.2	pH 6.8～9.2 均能孵化
D 形幼虫壳长/μm	7.2～8.8	8.8	6.8～7.2	8.8～9.2	pH 6.8～9.2 均能生长
浮游期幼虫存活率/%	7.6～9.2	8.4	7.3～7.6	>9.2	pH 6.8～9.2 均能存活
浮游期幼虫相对生长率/%	7.6～9.2	8.8	7.3～7.6	>9.2	pH 7.0～9.2 均能生长
变态率/%	7.6～8.8	—	7.2～7.6	8.8～9.2	pH 6.8～9.2 均能变态
变态期生长率/%	7.6～8.4	8.0	7.2～7.6	8.4～8.8	pH 6.8～9.2 均能变态
稚贝存活率/%	8.0～8.4	8.0	7.6～8.0	8.4～8.8	pH 6.8～9.2 均能存活（96 h）

　　浮游期幼虫适宜 pH 为 7.6～9.2，比孵化期耐受范围宽。浮游期幼虫的相对生长在适宜 pH 范围内与 pH 直线相关显著，说明 pH 对幼虫的生长至关重要，是影响其早期生长的重要环境因子，偏碱性的环境有利于日本海神蛤生长。原因可能是其壳的主要成分是碳酸钙，较高的 pH 条件下，海水碳酸钙容易过饱和，有利于碳酸钙的形成和稳定，从而使幼虫的生长发育加快。

　　变态期幼虫的适宜 pH 为 7.6～8.8，较孵化阶段和浮游期窄；变态期生长的适宜 pH 为 7.6～8.4，说明变态阶段较孵化和浮游期对 pH 更敏感。

　　一般来讲，生物随着个体的增大，对环境的适应能力增强，但是日本海神蛤稚贝阶段 pH 的适宜范围却比前几个时期都窄，原因有待于进一步探讨。

2. 与其他贝类比较

　　据顾晓英等（1998）报道，彩虹明樱蛤（*Moerella iridescens*）幼虫存活、生长的适宜 pH 为 6.0～9.11，pH 7.98 时幼虫存活率最高；稚贝生长存活的最适 pH 为 8.0～9.0；稚贝对 pH 的耐受范围较宽，对低 pH 耐受力明显增强。尤仲杰等（2003b）开展了 pH 对墨西哥湾扇贝幼虫和稚贝生长、存活的影响实验，结果表明，pH 8.0 时 D 形幼虫存活率最高，pH 7.0～8.0 时稚贝存活率最高。陈觉民等（1989）报道了魁蚶幼虫受试 8d 适宜 pH 为 7.5～8.5。与上述结果相比，日本海神蛤对 pH 耐受范围较窄，这可能与不同水生生物对 pH 适应性及长期生活的水环境 pH 的相对稳定有关。

4.3.10　总氨对早期生长发育的影响

　　在养殖水体中，一些含氮有机物经细菌分解、氨化作用，最终形成氨氮。氨氮是影响水生动物生长发育的重要环境因子之一（Romano and Zeng，2007），氨氮在水中不断积累，影响水生生物生长发育，甚至引起死亡。

4.3.10.1　材料与方法

1. 材料

　　（1）受试生物：日本海神蛤受精卵、浮游幼虫、壳顶后期幼虫和稚贝均来自獐子岛海珍品原良种场。

　　（2）实验用水：取自大连海洋大学经蓄水池沉淀并经沙滤的天然海水。

　　（3）化学测定：水化学指标测定均按照《海洋监测规范》（GB 17378.1—2007）执行。用 YSI Pro QUATRO 多功能水质分析仪测定盐度、水温、DO 和 pH。实验中使用药品均为分析纯。

2. 方法

　　参照周永欣和张宗涉（1989）《水生生物毒性实验方法》，在预实验的基础上按照等对数间距设置 6 个总氨浓度梯度,以沙滤海水为对照组,用氯化铵(NH₄Cl)配制 40 mg/mL 总氨母液,再稀释为使用液(现用现配)。每天全量换水(实验用水充气曝气 24 h)1 次,实验过程中不充气。每天换水前实测总氨浓度,以实测为准,同时测换水前的 pH、水温、盐度、亚硝酸氮浓度等水质指标。室内保持在 18℃,水浴控温。

1)总氨对受精卵孵化的影响实验

实验于 2015 年 5 月 30 日进行。总氨浓度梯度为 0 mg/L、0.4 mg/L、0.8 mg/L、1.6 mg/L、3.2 mg/L、6.4 mg/L、12.8 mg/L。受精卵混匀后随机分到体积为 2 L 的小桶内,密度为 5～6 个/mL。加氨态氮使用液至预设浓度,24 h 后用 450 目筛绢网进行选育,并在显微镜下测定 D 形幼虫密度和壳长。每个实验组设 3 个平行。

2)总氨对浮游期幼虫生长与存活的影响实验

继孵化率实验后于 2015 年 5 月 31 日至 6 月 7 日进行,实验材料为 2 日龄浮游幼虫,总氨浓度梯度同孵化率实验。实验期间每日全量换水一次,根据摄食量投饵 3 次,饵料为叉鞭金藻(*Dicrateria* sp.),每日不定时观察浮游期幼虫发育情况和摄食情况,每 96 h 测定幼虫密度与壳长。每个浓度梯度均设 3 个平行。

3)总氨对幼虫变态的影响实验

实验于 2015 年 7 月 12 日至 7 月 27 日进行。总氨浓度梯度为 0 mg/L、0.5 mg/L、1 mg/L、2 mg/L、4 mg/L、8 mg/L、16 mg/L。实验在 2 L 小桶内进行,幼虫密度控制在 1～2 个/mL,每个浓度梯度设 3 个平行。按 1∶1∶1 混合投喂叉鞭金藻(*Dicrateria* sp.)、角毛藻(*Chaetoceros* sp.)和小球藻(*Chlorella* sp.),每天投饵 3 次。当足伸出,鳃原基形成,记录密度为初始密度、壳长为初始壳长,各浓度梯度组均没有浮游幼虫时,测定全部变态稚贝密度并测定壳长。

4)总氨对稚贝存活的影响实验

实验于 2015 年 9 月 12 日至 9 月 18 日进行。取壳长约 1 cm 的日本海神蛤 30 个,暂养 1 d 做饥饿处理。总氨浓度梯度为 5.00 mg/L、7.00 mg/L、9.80 mg/L、13.72 mg/L、19.21 mg/L、26.90 mg/L、37.65 mg/L,每个浓度梯度设 4 个平行。将日本海神蛤放入 3 L 小桶中,每天全量换水 1 次,并将死亡稚贝取出,以免影响实验结果。实验期间不投饵,96 h 后记录日本海神蛤存活情况,而后放入正常海水暂养 24 h 后统计存活数。

5)总氨对稚贝潜沙的影响实验

实验于 2015 年 9 月 13 日至 17 日进行。总氨设定梯度为 5 mg/L、7 mg/L、10 mg/L、14 mg/L、18 mg/L、27 mg/L、34 mg/L 准确量取 3 L 海水放入铺沙厚度为 10 cm 的小桶内,待沙全部沉降,上层水清澈时,取 30 个健康、规格相近的日本海神蛤放入小桶内,记录 24 h 的潜沙数量、96 h 内的半数潜沙时间、全数潜沙时间及存活情况。每个实验组设 3 个平行。

3. 数据处理

半致死浓度（LC_{50}）应用浓度对数-直线回归内插法得到。将存活率换算成死亡率，而后校正死亡率，并换算成概率单位与总氨浓度对数作图，得到直线回归方程。当 $Y=5$ 时，X 轴对应半致死浓度（LC_{50}）的对数值。校正死亡率的计算公式如下：

$$P=（P'-C）/（1-C） \tag{4-22}$$

式中，P 为校正后的死亡百分数，P' 为观察死亡百分数，C 为对照组死亡百分数。

使用 Excel 2007 和 SPSS 17.0 统计软件对数据进行分析处理，使用单因素方差分析方法对不同总氨胁迫组测得的数据进行显著性检验和多重比较，显著性水平设为 $P<0.05$。

4.3.10.2　结果

1. 总氨对受精卵孵化率的影响

孵化阶段总氨的预设和实测浓度见表 4-22。经过 24 h 日本海神蛤受精孵化出 D 形幼虫，不同总氨浓度下的孵化率结果见图 4-59。

表4-22　日本海神蛤孵化率实验中总氨的预设浓度与实测浓度

编号	对照组	1	2	3	4	5	6
预设浓度/（mg/L）	0	0.4	0.8	1.6	3.2	6.4	12.8
实测浓度/（mg/L）	0.11	0.52	0.94	1.48	3.10	6.06	11.27

由图 4-59 可见，水温 17.8℃、盐度 32、pH 8.01，在总氨浓度范围 0.11～11.27 mg/L 的条件下，日本海神蛤均能孵化为 D 形幼虫，但不同总氨浓度下孵化率不同。总氨 0 mg/L、0.4 mg/L、0.8 mg/L、1.6 mg/L、3.2 mg/L、6.4 mg/L 和 12.8 mg/L 浓度梯度组的孵化率分别为 37.78%、46.67%、40.00%、60.00%、60.00%、77.78%、42.22%；其中对照组孵化率最低，总氨浓度 6.06 mg/L 组孵化率最高。

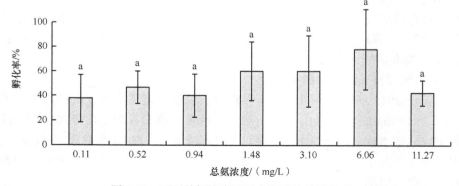

图 4-59　不同总氨浓度下日本海神蛤的孵化率

多重比较结果表明，各梯度总氨浓度组相对于对照组差异均不显著（$P>$ 0.05）。当总氨浓度为 11.27 mg/L 时（非离子氨浓度 0.300 mg/L），D 形幼虫畸形多、活力较弱。推测影响孵化的总氨浓度下限在 0.52～0.94 mg/L（非离子氨浓度 0.014～0.025 mg/L）。

2. 总氨对浮游期幼虫生长与存活的影响

总氨的预设和实测浓度见表 4-23。水温 18.2℃、盐度 32、pH 8.01，不同总氨浓度下日本海神蛤浮游期幼虫的存活率和相对生长率见图 4-60～图 4-62。

表4-23　日本海神蛤浮游幼虫生长发育实验中总氨的预设浓度与实测浓度

编号	对照组	1	2	3	4	5	6
预设浓度/（mg/L）	0	0.4	0.8	1.6	3.2	6.4	12.8
实测浓度/（mg/L）	0.14	0.49	0.94	1.48	3.08	6.40	12.28

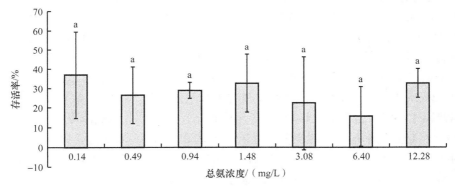

图 4-60　不同总氨浓度下日本海神蛤浮游期幼虫存活率（96 h）

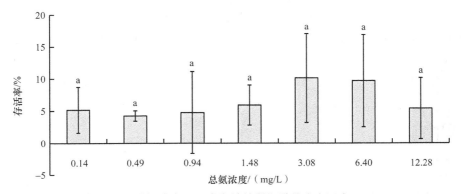

图 4-61　不同总氨浓度下日本海神蛤浮期游幼虫存活率（192 h）

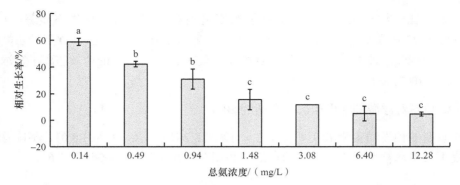

图 4-62   不同总氨浓度下日本海神蛤浮游期幼虫相对生长率（192 h）

由图 4-60～图 4-62 可见，总氨浓度升高，浮游幼虫的相对生长率明显下降。总氨浓度为 0.14 mg/L、0.49 mg/L、0.94 mg/L、1.48 mg/L、3.08 mg/L、6.40 mg/L 和 12.28 mg/L 时，日本海神蛤浮游期幼虫 96 h 存活率依次为 37.04%、26.56%、28.97%、32.69%、22.47%、15.71% 和 32.78%；192 h 浮游期幼虫存活率依次为 5.17%、4.25%、4.75%、5.92%、10.14%、9.71% 和 5.40%。多重比较结果表明，各梯度总氨浓度相对于对照组浮游期幼虫存活率差异不显著（$P > 0.05$）。

总氨浓度为 0.14 mg/L、0.49 mg/L、0.94 mg/L、1.48 mg/L、3.08 mg/L、6.40 mg/L 和 12.28 mg/L 时，浮游期幼虫 192 h 相对生长率依次为 58.68%、42.05%、30.91%、15.47%、11.59%、4.92%、4.49%。多重比较结果表明，各总氨浓度梯度组的浮游期幼虫相对生长率均与对照组差异显著（$P < 0.05$），总氨浓度为 0.14 mg/L 时，幼虫相对生长率明显高于其他浓度组（$P < 0.05$），总氨浓度超过 1.48 mg/L 时，幼虫相对生长率显著下降（$P < 0.05$），总氨浓度 0.49 mg/L 和 0.94 mg/L 浓度组之间以及总氨浓度 1.48 mg/L、3.08 mg/L、6.40 mg/L 和 12.28 mg/L 各浓度组之间浮游期幼虫相对生长率差异不显著（$P > 0.05$）。

由图 4-63 可见，总氨浓度对数与浮游期幼虫相对生长率直线显著相关。由直线回归方程得出，总氨对日本海神蛤浮游期幼虫的 192 h 相对生长率半数有效浓

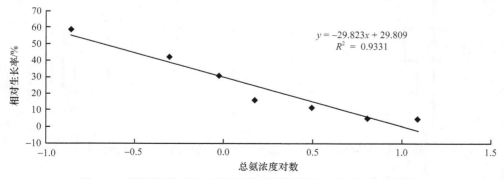

图 4-63   总氨浓度对数与日本海神蛤浮游期幼虫相对生长率的关系

度（EC$_{50}$）为 1.04 mg/L（非离子氨浓度 0.028 mg/L），192 h EC$_{50}$ 为 0.13 mg/L（非离子氨浓度 0.003 mg/L）。

3. 总氨对幼虫变态的影响

水温 19.6℃、盐度 32、pH 8.03，从壳顶期幼虫变态为稚贝阶段的预设和实测总氨浓度见表 4-24。不同总氨浓度下日本海神蛤变态率和相对生长率见图 4-64、图 4-65。

表4-24　日本海神蛤壳顶期幼虫变态和生长实验中总氨的预设浓度与实测浓度

编号	对照组	1	2	3	4	5	6
预设浓度/（mg/L）	0	0.5	1	2	4	8	16
实测浓度/（mg/L）	0.06	0.93	1.52	2.50	4.69	9.98	16.18

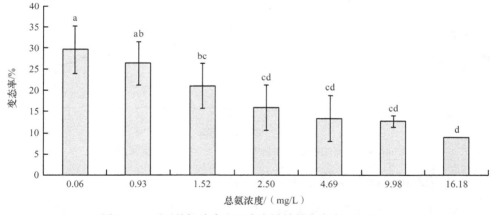

图 4-64　不同总氨浓度下日本海神蛤的变态率（240 h）

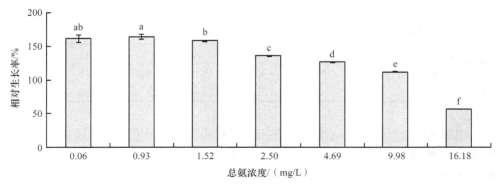

图 4-65　不同总氨浓度下日本海神蛤的相对生长率（240 h）

在预设的总氨浓度范围内，日本海神蛤均能变态。总氨浓度为 0.06 mg/L、

0.93 mg/L、1.52 mg/L、2.50 mg/L、4.69 mg/L、9.98 mg/L、16.18 mg/L 时，变态率依次为 29.63%、26.45%、21.03%、16.00%、13.50%、12.80%、9.00%。随着总氨浓度的升高，日本海神蛤壳顶期幼虫变态率和相对生长率呈下降趋势。多重比较表明，相对于对照组，当总氨浓度为 0.93 mg/L（非离子氨浓度 0.030 mg/L），变态率、相对生长率与对照组差异均不显著（$P>0.05$），总氨浓度为 1.52 mg/L（非离子氨浓度 0.048 mg/L），变态率与对照组差异均显著（$P<0.05$）。在设定总氨浓度范围内，总氨对日本海神蛤壳顶期幼虫变态率和相对生长率的最大允许毒物浓度（MATC）均为 1.52~2.50 mg/L（非离子氨为 0.030~0.048 mg/L）。

由图 4-66 可知，总氨对壳顶期幼虫变态率 240 h 的 EC_{50} 为 5.17 mg/L（非离子氨浓度 0.164 mg/L）。

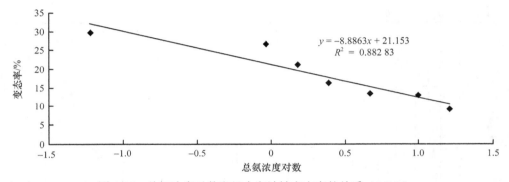

图 4-66　总氨浓度对数和日本海神蛤变态率的关系（240 h）

4. 总氨对稚贝存活影响的急性毒性试验

水温 19.6℃、盐度 32、pH 8.03 条件下，选用壳长 1 cm 的日本海神蛤，受试 96 h，表 4-25 为总氨预设浓度和实测浓度。

表4-25　日本海神蛤稚贝存活影响实验中总氨的预设浓度和实测浓度

编号	1	2	3	4	5	6	7
预设浓度/（mg/L）	5	7	9.8	13.72	19.21	26.9	37.65
实测浓度/（mg/L）	4.79	7.01	10.29	13.69	18.30	26.64	33.95

由图 4-67 可见，随着总氨浓度的升高，稚贝存活率呈明显下降趋势。总氨浓度为 4.79 mg/L、7.01 mg/L、10.29 mg/L、13.69 mg/L、18.30 mg/L、26.64 mg/L 和 33.95 mg/L 时，稚贝存活率依次为 89.17%、78.33%、63.33%、47.50%、35.83%、26.67%、15.83%。多重比较表明，总氨浓度 4.79 mg/L 组（非离子氨浓度 0.15 mg/L）与总氨浓度 7.01 mg/L（非离子氨浓度 0.22 mg/L）组差异不显著（$P>0.05$），与总氨浓度 10.29 mg/L 组（非离子氨浓度 0.33 mg/L）差异显著（$P<0.05$）。在预设

的总氨范围内，总氨对日本海神蛤稚贝存活率的 MATC 为 4.79～7.01 mg/L（非离子氨浓度为 0.15～0.22 mg/L）。

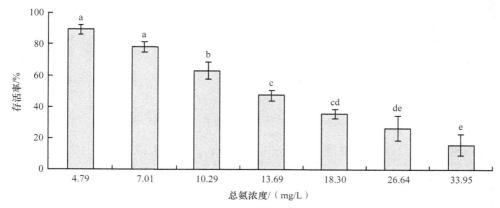

图 4-67　总氨实测浓度与日本海神蛤稚贝存活率的关系

图 4-68 为总氨浓度对数和日本海神蛤稚贝死亡率的关系，总氨对日本海神蛤稚贝 96 h 死亡率的 LC_{50} 为 13.96 mg/L（非离子氨浓度为 0.44 mg/L）。

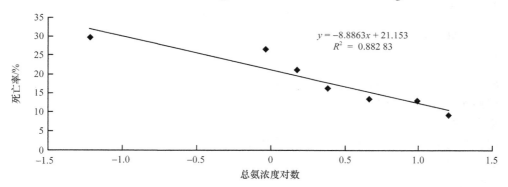

图 4-68　总氨浓度对数与日本海神蛤稚贝死亡率的关系

5. 总氨对稚贝潜沙的影响

在预设总氨浓度范围内，大规格（壳长 1 cm）和小规格（壳长 0.5 cm）日本海神蛤 24 h 内潜沙情况如图 4-69 所示。

选用壳长 1 cm 和 0.5 cm 的稚贝，受试 24 h 后，总氨浓度 5 mg/L 组两种规格稚贝的潜沙率均最高。

大规格稚贝在总氨浓度 4.79 mg/L、7.01 mg/L、10.29 mg/L、13.69 mg/L、18.30 mg/L、26.64 mg/L、33.95 mg/L 时，潜沙率依次为 16.50%、12.50%、4.17%、0、0、0、0。多重比较表明，除总氨浓度 13.72～37.65 mg/L 稚贝不潜沙外，其余各总氨浓度组潜沙率均与 5 mg/L 组差异不显著（$P > 0.05$）。

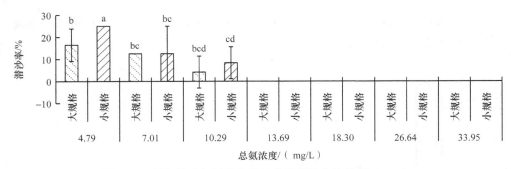

图 4-69　总氨浓度与日本海神蛤稚贝潜沙率的关系（24 h）

小规格稚贝在总氨浓度 4.79 mg/L、7.01 mg/L、10.29 mg/L、13.69 mg/L、18.30 mg/L、26.64 mg/L、33.95 mg/L 时，潜沙率依次为 25%、12.50%、8.33%、0、0、0、0。多重比较表明，除总氨浓度 13.72～37.65 mg/L 稚贝不潜沙外，其余各总氨浓度组潜沙率均与 5 mg/L 组差异显著（$P < 0.05$）。

由图 4-69 可见，在总氨浓度为 7 mg/L 时大小规格稚贝潜沙率相等，总氨浓度为 5.00 mg/L 时，大小规格稚贝潜沙率差异显著（$P < 0.05$）。

4.3.10.3　讨论

1. 日本海神蛤在不同生长发育阶段对总氨（非离子氨）的耐受性比较

总氨对幼虫变态率 240 h 的 EC_{50} 为 5.17 mg/L（非离子氨浓度 0.164 mg/L），总氨对稚贝死亡率 96 h LC_{50} 为 13.96 mg/L（非离子氨浓度 0.44 mg/L）。日本海神蛤不同发育阶段对非离子氨耐受性由弱到强顺序为：受精卵、变态期幼虫、稚贝。受精卵存活的非离子氨安全浓度为 0.062 mg/L，高于欧洲内陆水面渔业咨询委员会曾建议鱼类能长期忍耐的非离子氨最大浓度 0.025 mg/L《海水水质标准》（GB 3097—1997）和《渔业水质标准》（GB 11607—1989）规定的非离子氨的浓度 0.020 mg/L。

2. 总氨（非离子氨）对日本海神蛤幼虫相对生长率和存活率的 MATC 比较

总氨对幼虫变态率及稚贝相对生长率的 MATC 均为 1.52～2.50 mg/L（非离子氨浓度 0.048～0.079 mg/L）；总氨对稚贝存活率的 MATC 为 4.79～7.01 mg/L（非离子氨浓度 0.15～0.22 mg/L）。

4.3.11　亚硝酸氮对幼虫及稚贝生长发育的影响

亚硝酸氮是影响水生动物生长发育的重要环境因子之一。在天然水体中，通常亚硝酸氮的浓度非常低，不会对水生动物造成不良影响，但是在高密度的集约化养殖过程中，硝化细菌活性增强或脱氮作用过程不平衡，都有可能造成亚硝酸氮的浓度不断升高，对养殖生物造成不利影响，甚至造成大量死亡（胡益民和陈月英，1991；李志华等，2004）。

4.3.11.1　材料与方法

1. 材料

（1）受试生物：日本海神蛤受精卵、浮游期幼虫、壳顶后期幼虫和稚贝均来自獐子岛海珍品原良种场。

（2）实验用水：取自大连海洋大学经蓄水池沉淀并经沙滤的天然海水，在18℃室内充分曝气后次日使用。

（3）化学测定：水化学指标测定均按照《海洋监测规范》（GB 17378.1—2007）严格执行。使用万分之一精密电子分析天平称量，YSI Pro QUATRO 多功能水质分析仪测定盐度、海水温度、DO 和 pH。实验中使用药品均为分析纯。

2. 方法

按照毒性实验基本方法，在预实验基础上按等对数间距设置 6 个亚硝酸氮浓度梯度、一个空白对照组，配制亚硝酸氮母液（4 mg/mL），并稀释成预设浓度的亚硝酸氮使用液（现用现配）每日全量换水 1 次，实验期间不充气。D 形幼虫开始投喂叉鞭金藻，随着幼虫生长发育适当增加投饵量及饵料种类。实测换水前的亚硝酸氮浓度，同时测定 pH、水温、盐度等。室内温度空调控制在 18℃，水浴控制使用液温度。实验中亚硝酸氮浓度单位均为 mg/L。亚硝酸氮实验时间与总氨实验相同。

1）亚硝酸氮对孵化的影响实验

实验于 2015 年 5 月 30 日进行。亚硝酸氮实验浓度梯度为 0 mg/L、0.6 mg/L、1.2 mg/L、2.4 mg/L、4.8 mg/L、9.6 mg/L、20 mg/L。受精卵混匀后随机放到体积为 2 L 的小桶内，密度为 5～6 个/mL，以实测为准，加亚硝酸氮使用液至预设浓度，24 h 后用 450 目筛绢网进行选育，测定 D 形幼虫密度和壳长。每组实验设 3 个平行。

2）亚硝酸氮对浮游幼虫的影响实验

实验继孵化率实验后于 2015 年 5 月 31 日至 6 月 7 日进行，实验材料为 2 日龄浮游幼虫，亚硝酸氮浓度梯度同孵化率实验。实验期间每日全量换水 1 次，每天投饵 3 次，饵料为叉鞭金藻，每日不定时观察浮游幼虫发育和摄食情况，每 96 h 测定一次幼虫密度与壳长。每组实验设 3 个平行。

3）亚硝酸氮对幼虫变态的影响实验

实验于 2015 年 7 月 12 日至 27 日进行。亚硝酸氮浓度梯度为 0 mg/L、0.6 mg/L、1.2 mg/L、2.4 mg/L、4.8 mg/L、9.6 mg/L、19.2 mg/L、38.4 mg/L、76.8 mg/L。实验在 2 L 小桶内进行，幼虫密度控制在 1～2 个/mL，每个亚硝酸氮浓度梯度设 3

个平行。按 1∶1∶1 比例混合投喂叉鞭金藻、角毛藻和小球藻,每天投饵 3 次。当足伸出,鳃原基形成,记录密度为初始密度、壳长为初始壳长,各浓度梯度组均没有浮游幼虫时,测定全部变态稚贝密度并测定壳长。

4)亚硝酸氮对稚贝存活的影响实验

实验于 2015 年 9 月 12 日至 18 日进行。另取壳长约 1 cm 的健康稚贝 30 个,暂养 1 d 于次日正式实验。亚硝酸氮浓度梯度为 20.00 mg/L、30.00 mg/L、45.00 mg/L、68.00 mg/L、101.00 mg/L、152.00 mg/L。实验在 3 L 小桶中进行,每天全量换水 1 次,并将死亡个体取出。实验期间不投饵。96 h 后放入正常海水暂养 24 h 后统计稚贝存活数。每组实验设 4 个平行。

5)亚硝酸氮对稚贝潜沙的影响实验

实验于 2015 年 9 月 13 日至 17 日进行。按照设定的亚硝酸氮浓度梯度调整海水中的亚硝酸氮浓度,然后准确量取 3 L 海水倒入铺沙高度为 10 cm 的小桶内,待沙全部沉降,上层水清澈时,取 30 个健康、规格相近的稚贝放入小桶内,记录 24 h 稚贝的潜沙数量,以及 96 h 内稚贝的半数潜沙时间、全数潜沙时间及存活情况。每组实验设 3 个平行。

6)数据处理

半致死浓度(LC$_{50}$)应用浓度对数–直线回归内插法得到。将存活率换算成死亡率,而后校正死亡率,与亚硝酸氮浓度对数进行相关性分析,得到直线回归方程,当 $Y=5$ 时,X 轴对应半致死浓度(LC$_{50}$)的对数值。校正死亡率的计算公式:$P=(P'-C)/(1-C)$,式中,P 为校正后的死亡百分数,P'为观察死亡百分数,C 为对照组死亡百分数。使用 Excel 2007 和 SPSS 17.0 统计软件对数据进行分析处理,使用单因素方差分析方法对不同亚硝酸氮胁迫组测得的数据进行显著性检验和多重比较($P<0.05$,显著)。

4.3.11.2 结果

1. 亚硝酸氮对受精卵孵化的影响

水温 17.8℃、盐度 32、pH 8.01 条件下,日本海神蛤孵化阶段亚硝酸氮的预设浓度和实测浓度见表 4-26。日本海神蛤受精卵经 24 h 孵化为 D 形幼虫,不同亚硝酸氮浓度下的孵化率见图 4-70。

表4-26　日本海神蛤孵化率实验中亚硝酸氮预设浓度与实测浓度

编号	对照组	1	2	3	4	5	6
预设浓度/(mg/L)	0	0.6	1.2	2.4	4.8	9.6	20
实测浓度/(mg/L)	0.01	0.48	0.95	1.99	3.95	5.92	15.37

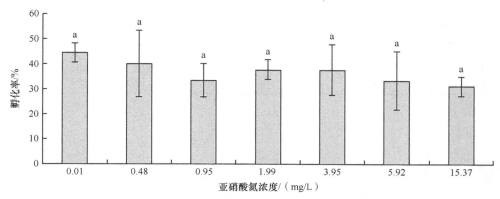

图 4-70　不同亚硝酸氮浓度下日本海神蛤的孵化率

由图 4-70 可见，亚硝酸氮浓度 0.01 mg/L、0.48 mg/L、0.95 mg/L、1.99 mg/L、3.95 mg/L、5.00 mg/L 和 15.37 mg/L 时，孵化率分别为 44.44%、40.00%、33.33%、37.78%、37.78%、33.33%、31.11%，亚硝酸氮浓度越低孵化率越高。

多重比较表明，亚硝酸氮各浓度组均与对照组差异不显著（$P > 0.05$）。亚硝酸氮浓度实测为 15.37 mg/L 时，显微镜观察到的 D 形幼虫畸形数量较多且活力较弱。

亚硝酸氮浓度对数和日本海神蛤孵化率关系见图 4-71，根据直线回归方程，亚硝酸氮对孵化率 24 h EC_{50} 为 0.04 mg/L。

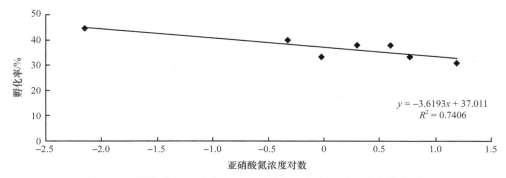

图 4-71　孵化阶段亚硝酸氮浓度对数和日本海神蛤孵化率的关系

2. 亚硝酸氮对浮游期幼虫的影响

水温 18.2℃、盐度 32、pH 8.01 条件下，亚硝酸氮的预设和实测浓度见表 4-27。不同亚硝酸氮浓度下日本海神蛤浮游期幼虫的存活率和相对生长率见图 4-72～图 4-74，随着亚硝酸氮浓度的升高，浮游期幼虫存活率呈下降趋势。

表4-27　亚硝酸氮对日本海神蛤浮游期幼虫影响实验的预设浓度和实测浓度

编号	对照组	1	2	3	4	5	6
预设浓度/（mg/L）	0	0.6	1.2	2.4	4.8	9.6	20
实测浓度/（mg/L）	0.01	0.48	1.06	2.10	4.44	8.24	17.95

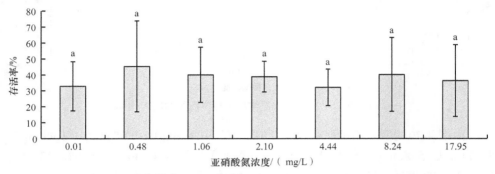

图 4-72　亚硝酸氮与日本海神蛤浮游期幼虫存活率的关系（96 h）

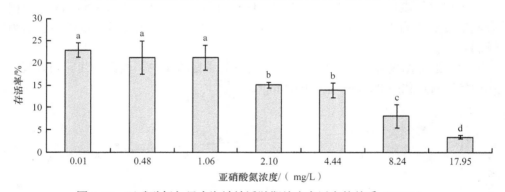

图 4-73　亚硝酸氮与日本海神蛤浮游期幼虫存活率的关系（192 h）

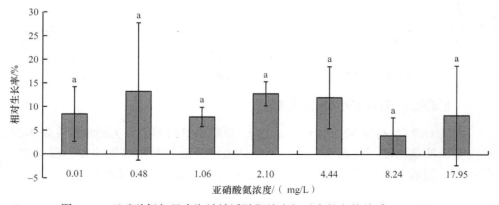

图 4-74　亚硝酸氮与日本海神蛤浮游期幼虫相对生长率的关系（192 h）

存活率的多重比较表明，96 h 时，亚硝酸氮浓度各梯度组与对照组存活率差异均不显著（$P>0.05$）；192 h 时，亚硝酸氮浓度 2.10 mg/L 与对照组存活率差异显著（$P<0.05$）。亚硝酸氮对浮游期幼虫存活率的 MATC 为 2.10～8.24 mg/L。

浮游幼虫相对生长率的多重比较结果表明，各亚硝酸氮梯度组相对于对照组差异不显著（$P>0.05$）。

亚硝酸氮浓度与浮游期幼虫相对生长率直线相关显著（图 4-75），由直线回归方程得出，亚硝酸氮对浮游期幼虫相对生长率的 EC_{50} 为 8.92 mg/L，EC_{50} 为 0.03 mg/L。

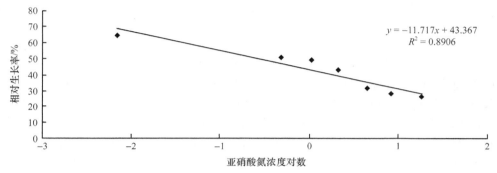

图 4-75　亚硝酸氮浓度对数和日本海神蛤浮游期幼虫相对生长率的关系

3. 亚硝酸氮对幼虫变态的影响

水温 19.6℃、盐度 32、pH 8.03 条件下，幼虫变态阶段的预设和实测亚硝酸氮浓度见表 4-28。亚硝酸氮与日本海神蛤幼虫变态率和相对生长率的关系见图 4-76、图 4-77。

表4-28　亚硝酸氮对日本海神蛤幼虫变态影响实验的预设浓度及实测浓度

编号	对照组	1	2	3	4	5	6	7	8
预设浓度/（mg/L）	0	0.6	1.2	2.4	4.8	9.6	19.2	38.4	76.8
实测浓度/（mg/L）	0.05	0.53	1.04	2.23	4.59	10.28	20.14	35.90	79.18

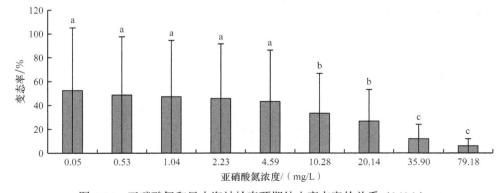

图 4-76　亚硝酸氮和日本海神蛤壳顶期幼虫变态率的关系（240 h）

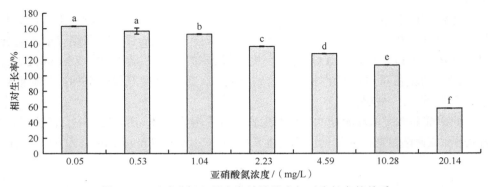

图4-77 亚硝酸氮和日本海神蛤幼虫相对生长率的关系

壳顶期幼虫的变态率随着亚硝酸氮浓度的升高逐渐下降，亚硝酸氮浓度为 0.05 mg/L、0.53 mg/L、1.04 mg/L、2.23 mg/L、4.59 mg/L、10.28 mg/L、20.14 mg/L、35.90 mg/L 和 79.18 mg/L 时，变态率依次为：52.56%、49.00%、47.00%、45.78%、43.17%、33.33%、26.67%、12.00%、6.00%。多重比较结果表明，当亚硝酸氮浓度为 10.28 mg/L 时，变态率与对照组差异显著（$P<0.05$）。对照组亚硝酸氮浓度为 0.05 mg/L，对照组近似看作对变态率没有影响的浓度，由此亚硝酸氮对变态率的 MATC 为 10.28～35.90 mg/L。

亚硝酸氮浓度为 0.05 mg/L、0.53 mg/L、1.04 mg/L、2.23 mg/L、4.59 mg/L、10.28 mg/L、20.14 mg/L 时，壳顶期幼虫相对生长率依次为 161.61%、156.67%、152.50%、136.69%、127.28%、112.60%、57.72%。多重比较结果表明，当亚硝酸氮浓度为 0.53 mg/L 时，相对生长率与对照组差异不显著（$P>0.05$）。当亚硝酸氮浓度为 1.04 mg/L 时，相对生长率与对照组差异显著（$P<0.05$）。对照组亚硝酸氮浓度为 0.05 mg/L，对照组近似看作对相对生长率没有影响的浓度，由此亚硝酸氮对相对生长率的 MATC 为 1.04～2.23 mg/L。

由图4-78 可知，日本海神蛤壳顶期幼虫变态率和亚硝酸氮浓度对数直线相关显著，由直性回归方程可得，亚硝酸氮对该阶段幼虫变态率的 240 h EC_{50} 为 14.65 mg/L，240 h EC_5 为 0.38 mg/L。

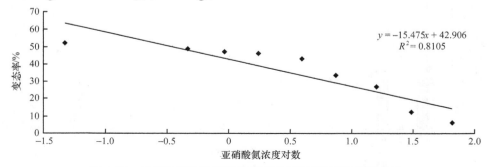

图4-78 日本海神蛤幼虫变态率和亚硝酸氮浓度对数的关系

4. 亚硝酸氮对稚贝存活的急性毒性

水温 19.8℃、盐度 32、pH 8.03 条件下，亚硝酸氮对日本海神蛤稚贝阶段影响实验的预设和实测亚硝酸氮浓度见表 4-29。

表4-29　亚硝酸氮对日本海神蛤稚贝存活影响实验的预设浓度和实测浓度

编号	1	2	3	4	5	6
预设浓度/（mg/L）	20	30	45	68	101	152
实测浓度/（mg/L）	26.40	39.49	49.60	65.85	100.27	165.43

选用壳长 1 cm 的稚贝，受试 96 h，亚硝酸氮对日本海神蛤稚贝存活率的影响急性毒性实验结果见图 4-79，随着亚硝酸氮浓度的升高，稚贝存活率呈下降趋势。亚硝酸氮浓度为 26.40 mg/L、39.49 mg/L、49.60 mg/L、65.85 mg/L、100.27 mg/L、165.43 mg/L 时，存活率依次为 98.33%、95.83%、90.83%、84.17%、50.83%、27.50%。多重比较结果表明，当亚硝酸氮浓度为 26.40～49.60 mg/L 时，稚贝存活率差异不显著（$P>0.05$），当亚硝酸氮浓度为 65.85 mg/L 时，稚贝存活率与 26.40 mg/L 组差异显著（$P<0.05$），亚硝酸氮对稚贝存活率的 MATC 为 65.85～100.27 mg/L。

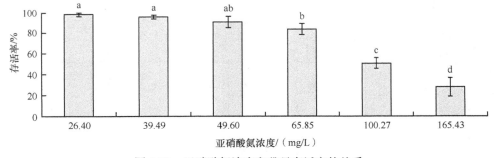

图 4-79　亚硝酸氮浓度和稚贝存活率的关系

由图 4-80 可知，亚硝酸氮浓度对数与日本海神蛤死亡率概率单位直线显著相关，由直线回归方程可知，亚硝酸氮对稚贝死亡率的 96 h LC_{50} 为 112.76 mg/L。

5. 亚硝酸氮对稚贝潜沙率的影响

亚硝酸氮浓度 26.40～165.43 mg/L 时大规格（壳长 1 cm）和小规格（壳长 0.5 cm）日本海神蛤稚贝 24 h 内潜沙情况见图 4-81。在亚硝酸氮浓度为 26.40 mg/L 时，两种规格稚贝的潜沙率均最高。当亚硝酸氮浓度为 26.40 mg/L、39.49 mg/L、49.60 mg/L、65.85 mg/L、100.27 mg/L、165.43 mg/L 时，大规格稚贝潜沙率依次为 41.67%、20.83%、29.17%、4.17%、0、0。多重比较表明，除亚硝酸氮浓度范围 100.27～165.43 mg/L 大规格稚贝不潜沙外，亚硝酸氮 65.85 mg/L 浓度组与 26.40 mg/L 浓度组差异显著（$P<0.05$），其余各亚硝酸氮浓度组潜沙率与 26.40 mg/L 浓度组差异不显著（$P>0.05$）。

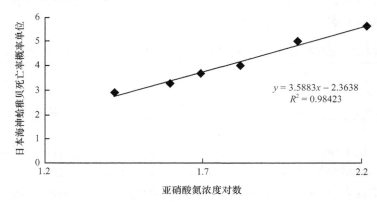

图 4-80　日本海神蛤稚贝死亡率与亚硝酸氮浓度对数的关系

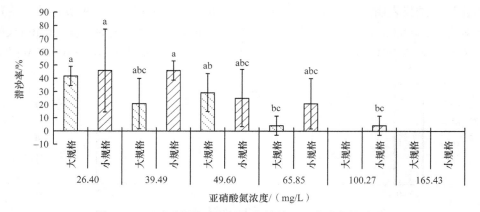

图 4-81　亚硝酸氮浓度与日本海神蛤稚贝潜沙率的关系

亚硝酸氮浓度为 26.40 mg/L、39.49 mg/L、49.60 mg/L、65.85 mg/L、100.27 mg/L、165.43 mg/L 时，小规格稚贝潜沙率依次为 45.83%、45.83%、25%、20.83%、4.17%、0。多重比较表明，除亚硝酸氮浓度 165.43 mg/L 小规格稚贝不潜沙外，100.27 mg/L 浓度组潜沙率与 26.40 mg/L 浓度组差异显著（$P<0.05$），其余各亚硝酸氮浓度组潜沙率与 26.40 mg/L 浓度组差异不显著（$P>0.05$）。

由图 4-81 可知，亚硝酸氮浓度 26.40～100.27 mg/L，24 h 内小规格日本海神蛤稚贝均比大规格潜沙率略高（45.00 mg/L 除外），但差异不显著（$P>0.05$）。

4.3.11.3　讨论

1. 日本海神蛤不同发育阶段幼虫对亚硝酸氮耐受性比较

亚硝酸氮对孵化率的 24 h EC_{50} 为 0.04 mg/L，对幼虫变态率的 240 h EC_{50}

为 14.65 mg/L，对稚贝死亡率的 96 h LC_{50} 为 112.76 mg/L。由此日本海神蛤不同发育阶段幼虫对亚硝酸氮的耐受性从小到大排序为：受精卵、变态期幼虫、稚贝。受精卵孵化阶段因实验初亚硝酸氮浓度设定较低，使得孵化率均较高，这直接影响后期浮游期幼虫存活率变化。在实验进行过程中，对照组因浮游动物大量繁殖使苗量锐减，故应进一步实验确定对孵化率 24 h EC_{50} 的有效浓度，并对对照组酸碱度进行处理以控制浮游动物的数量。

2. 亚硝酸氮对日本海神蛤幼虫相对生长率和存活率的 MATC 比较

亚硝酸氮对日本海神蛤浮游期幼虫相对生长率的 MATC 为 0.48～2.10 mg/L，对幼虫的变态率和相对生长率 MATC 分别为 10.28～35.90 mg/L 和 1.04～2.23 mg/L，稚贝存活率的 MATC 均为 65.89～100.27 mg/L。可见，稚贝耐亚硝酸氮能力较强，浮游期幼虫耐受能力较弱。

4.4　苗种繁育技术

海神蛤从潮间带至水深 110 m 均有分布，个体最高质量可达 3.2 kg，水管伸展后长约 1 m，5～10 龄为快速生长期。据记载，海神蛤属贝类平均寿命长达 168 年（Bureau et al., 2002），因此被称为研究海洋气候变化的活化石。中国市场上海神蛤为高值贝类，因其水管肥大，粗壮宛如象拔，因而得名"象拔蚌"。海神蛤全球年产量约 5000 t，中国占世界消费市场的 90%以上，全部依赖进口。

日本海神蛤成体壳长一般 8～15 cm，鲜重 200～600 g（Lee et al., 1998），分布于我国黄海北部、朝鲜半岛和日本北海道海域，喜栖息于潮间带至水深 50 m 的泥沙底，埋栖深度为 30～40 cm（齐钟彦和马绣同，1989）。

海神蛤繁殖发育研究始于 20 世纪 70 年代，其中高雅海神蛤是研究最早、最为系统的种类。Goodwin（1973，1976，1978，1979）和 Anderson（1971）开展了高雅海神蛤的地理分布、栖息环境、繁殖、生长发育、温度盐度适应性及种群分布研究，为高雅海神蛤苗种繁育与资源养护奠定了基础。我国魏振华和魏利平（2004）对高雅海神蛤进行了引种和人工苗种繁育研究，并在我国山东和辽宁沿海进行试养。近年来，国内外学者相继开展了高雅海神蛤性腺发育、饵料种类、遗传多样性分析等研究（Campbell and Ming, 2003; Michael and Hendrik, 1988; Vadopalas and Bentzen, 2000；刘明坤等，2013）。此外，Gribben 和 Hay（2003）及 Aragón-noriega 和 Rodríguezdomínguez（2007）分别报道了新西兰海神蛤和球形海神蛤繁殖习性。Lee 等（1998）和 Nam 等（2014）在实验室条件下在春季 5 月开展了日本海神蛤春季繁殖发育的研究。Huo 等（2017）开展了不同环境因子对日本海神蛤早期生长发育影响的研究。

日本海神蛤与高雅海神蛤、球形海神蛤、新西兰海神蛤在地理分布、繁殖周期、生活习性方面存在很大差异（Goodwin, 1973; Nam et al., 2014; Martinez et al., 2007），因此，日本海神蛤人工繁殖方法也有别于其他 3 种海神蛤。有关日本海神蛤人工繁殖及早期生长发育研究在国内尚未见报道。本研究在国内首次开展了日本海神蛤春季及秋季大规模人工繁育试验，并进行了日本海神蛤春秋季节的生长发育比较，以期为我国日本海神蛤苗种繁育、高效养殖及资源修复提供科学依据。

4.4.1 催产孵化及幼虫稚贝培育

4.4.1.1 春季人工苗种繁育实验

1. 亲贝的选择和暂养

选择壳长 10 cm 以上，壳形规整、无损伤、水管收缩有力的日本海神蛤，于 2015 年 5 月下旬由朝鲜罗津市运往大连獐子岛海珍品原良种场，在 20 m³ 水泥池中进行暂养。亲贝培育水温 8～10℃、盐度 32、密度 1～2 个/m³，培育期间连续充气。饵料以球等鞭金藻（*Isochrysis galbana*）为主，搭配小球藻（*Chlorella Vulgaris*），每日投饵 4～6 次，日投饵量为 $2 \times 10^4 \sim 8 \times 10^4$ cells/mL，投饵量以 4 h 内吃完为宜。每天全量换水 1 次。

日本海神蛤亲贝的外形形态见图 4-82，内部解剖图见图 4-83。使用电子游标卡尺测量亲贝的壳长、壳高及壳宽，精确至 0.01 mm。使用电子天平称量亲贝的鲜重、水管重及性腺重量，精确至 0.01 g。解剖后使用显微镜鉴定日本海神蛤性别。

  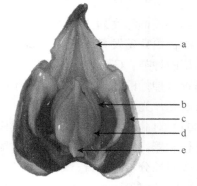

图 4-82 日本海神蛤外部形态（彩图请扫封底二维码）

a 为壳长；b 为壳高；c 为壳宽

图 4-83 日本海神蛤内部解剖图（彩图请扫封底二维码）

a. 水管；b. 鳃；c. 外套膜；d. 性腺；e. 足

2. 催产和孵化

经 12～15 d 室内暂养，自然水温升至 12～13℃时亲贝性腺发育成熟，此时将水温升至 16～18℃进行催产，亲贝排精产卵可持续 2～6 h。受精卵孵化密度为 20 个/mL，水温 18～19℃、盐度 32，连续充气。

3. 幼虫培育

受精卵经 36 h 孵化为 D 形幼虫，用 300 目的筛绢网进行选育，在 20 m³ 水泥池中进行培育。人工将培育水温升至 18.6～19.0℃，pH 为 8.0～8.2，盐度为 32、光照强度 2000 lx 以内。D 形幼虫密度为 5～10 个/mL，在幼虫生长到下潜前，逐渐调整密度为 2～4 个/mL。每天半量换水 1～2 次，每 5～7 d 倒池 1 次。幼虫下潜后停止倒池，此时可加大换水量，每天至少全量换水 1 次。饵料以球等鞭金藻为主，以小新月菱形藻（*Nitzschia closterium*）和小球藻为辅，每日投饵 3～6 次，投喂量为 2000～6000cells/mL。

幼虫出足后，将幼虫移至铺有海沙的 20 m³ 水泥池中，作为附着基的海沙先使用含有二氧化氯的海水浸泡 36 h，再用沙滤海水清洗浸泡 3 d。

4. 稚贝培育

幼虫下潜后饵料量可增加至 8000～12 000 cells/mL，幼虫变态为稚贝后培育 10～15 d 后饵料可逐渐增加至 2.5×10⁴ cells/mL，每日投喂 4 次，视摄食情况逐渐增减饵料。稚贝培育期间环境条件同幼虫培育。每天半量换水 1 次，每 3～5 d 全量换水 1 次。

4.4.1.2　秋季人工苗种繁育实验

1. 亲贝暂养、催产及孵化

选择壳长 10 cm 以上壳形规整、无损伤、水管收缩有力的日本海神蛤，于 2019年 10 月上旬由朝鲜罗津市运往大连石城岛育苗场，在 30 m³ 水泥池中进行暂养。亲贝培育水温 17～18℃，盐度 28～33，密度 1 个/m³，培育期间连续充气。饵料为浓缩的小新月菱形藻，每日投饵 3～4 次，日投饵量为 8000～10 000 cells/mL，每天全量换水 1 次。

经 4～10 d 暂养，亲贝自然产卵，亲贝排精产卵持续 2～6 h。受精卵孵化密度为 0.5～1.0 个/mL，室内自然水温为 17～18℃，盐度 28～33，连续充气。

2. 幼虫及稚贝培育

受精卵经 36～40 h 孵化为 D 形幼虫，在 30 m³ 水泥池中进行幼虫培育。室内培育水温 18.2～14℃、pH 7.5～8.0、盐度 33～38。饵料为浓缩小新月菱形藻、浓缩小球藻及球等鞭金藻。幼虫阶段，每日投饵 3～4 次，投喂量为 500～1500 cells/mL。本次实验中足面盘幼虫直接附着在水泥池底部，不铺设沙泥等附着基。稚贝阶段，饵料以浓缩小新月菱形藻为主，每日投饵 3～4 次，投喂量增加至 1000～

3000 cells/mL。

3. 种苗中间育成

5 月初日本海神蛤苗种从室内培育车间出池，转移至盘锦二界沟室外池塘，池塘水温 17.6～20.9℃，pH 8.5～8.8，盐度 28～30。将苗种装入铺有细沙的网框中，网框长、宽、高分别为 49 cm、36 cm、15 cm，网框四周留有直径为 5 mm 的网眼以增加透水性，网框加盖以防敌害。每个网框中放入 2000 个日本海神蛤稚贝，稚贝壳长为 3～5 mm，将网框沉降至池塘底部进行日本海神蛤苗种中间育成。晴天按常规方法投喂单胞藻、无机营养盐或经过发酵后的有机肥作为日本海神蛤所需的饵料。每 5～7 d，视水质情况补充生物肥，调节水色及其透明度。

4.4.1.3 测量及观察

使用显微镜（Olympus CX23）观察不同时期日本海神蛤幼虫的发育情况，记录发育时间并对不同发育阶段的幼虫和稚贝进行拍照。使用目微尺测量受精卵卵径、幼虫及稚贝的壳长和壳高，并统计幼虫的存活率和变态率及稚贝的存活率。

4.4.1.4 数据分析

采用 Excel 软件作图。

4.4.2 春季人工苗种繁育

4.4.2.1 亲贝规格与雌雄比例及产卵量

日本海神蛤的规格、雌雄比例及产卵量见表 4-30。亲贝壳长 10 cm 以上的日本海神蛤雌雄比为 1.2∶1。日本海神蛤性腺成熟后可多次产卵，单次产卵量为 300万～500 万粒/枚。

表4-30　日本海神蛤规格、雌雄比、产卵量（样本数，n=30）

采样时间	年龄	壳长/mm	壳高/mm	壳宽/mm	个体质量/（g/枚）	水管重量/（g/枚）	软体部重量/（g/枚）	雌雄比（雌∶雄）	单次产卵量/（万粒/枚）
2015-05	5	113.15±5.94	58.08±5.86	71.83±3.80	379.38±59.13	26.17±8.21	47.1±9.00	1.2∶1	300～500
2019-10	5	108.44±10.73	71.18±7.26	57.48±6.22	348.22±80.32	16.75±5.66	53.29±8.88	1.2∶1	300～500

4.4.2.2 早期胚胎发育观察

日本海神蛤排精产卵不同步，雄性排放精子 0.5～1 h 后，雌性开始产卵。日本海神蛤早期胚胎发育见表 4-31 及图 4-84。卵在未受精的情况下多数呈圆球状、少数呈梨形，卵质均匀呈暗黑色，卵径 75～85 μm。在水温 18.6～19.0℃、盐度

32、pH 8.0~8.2 的条件下，精子附卵后 5~10 min 发生顶体反应，入卵后受精膜举起形成受精卵，受精率为（89.6±3.21）%。受精卵经过减数分裂释放第一极体和第二极体，受精卵在横向被拉长，卵内由于卵质流动在植物极形成极叶，受精卵纵向发生自缢，形成明显的卵裂沟，将卵细胞分成大小不等的卵裂球，发育为 2 细胞期后仍以不等全裂的卵裂方式进行第二次和第三次卵裂，分别发育为 4 细胞期和 8 细胞期，自此次卵裂后开始进行螺旋卵裂逐渐发育为 16 细胞期、32 细胞期，再经分裂，胚胎呈桑葚状，到达桑葚期。受精后 14 h，胚胎发育成椭圆球形，周围细胞长出细小纤毛，开始在水中做顺时针旋转，此时为囊胚期。受精后 30 h，胚胎长出纤毛环，中央具纤毛束，称为担轮幼虫，这时幼虫上浮水面。受精后 36 h，胚胎开始分泌原壳逐渐覆盖身体，消化系统逐渐分化形成，并形成运动器官面盘，直线铰合部平直，此时为 D 形幼虫，或称直线铰合幼虫。本次实验日本海神蛤孵化率为（38.6±4.22）%（图 4-88）。

表4-31　日本海神蛤胚胎早期发育阶段

发育阶段	时间
第一极体	20~25 min
第二极体	30~35 min
2 细胞期	1 h 40 min
4 细胞期	3 h 5 min
8 细胞期	5 h 15 min
16 细胞期	6 h 10 min
桑葚期	8 h 10 min
囊胚期	14 h
原肠期	18 h 30 min
担轮幼虫	30 h
D 形幼虫	36 h

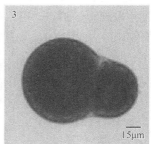

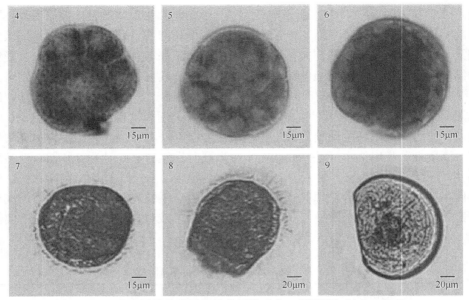

图 4-84　日本海神蛤胚胎早期发育显微观察（彩图请扫封底二维码）
1. 受精卵；2. 第一极体；3. 2细胞期；4. 4细胞期；5. 16细胞期；6～7. 囊胚期；8. 担轮幼虫；9. D形幼虫

4.4.2.3　日本海神蛤幼虫及稚贝培育

日本海神蛤春季繁育幼虫及稚贝的生长见图 4-85 及表 4-32，幼虫壳长及壳高见图 4-86、图 4-87。春季繁育 D 形幼虫的平均壳长×壳高为（120.19±4.86）μm×（90.21±2.79）μm，随着生长壳顶逐渐隆起，生长至 9 日龄（201.88±4.86）μm×（160.68±3.83）μm 进入壳顶中期。18～21 日龄幼虫开始逐渐出足并下潜形成足面盘幼虫，21 日龄幼虫平均壳长为（316.17±24.02）μm。在幼虫培育阶段，幼虫的壳长及壳高平均生长率为 9～15 μm/d，但 6～9 日龄和 15～18 日龄幼虫生长缓慢，壳长及壳高的生长率仅为 1～3 μm/d。幼虫培育期间的存活率为（13.4±1.52）%，变态率为（29.8±4.82）%（图 4-88）。在日本海神蛤幼虫变态阶段并未观察到眼点。日本海神蛤足面盘幼虫时期已出现鳃原基，并逐渐发育为完整的鳃耙，此时的幼虫既具有面盘可以在水中浮游，又具有鳃和足可以下潜生活。

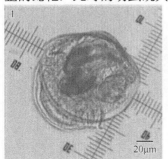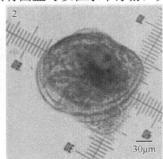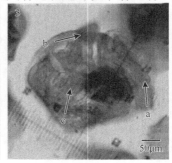

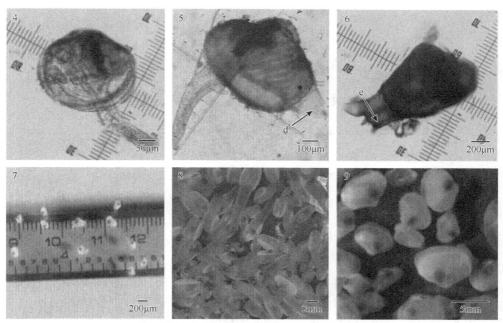

图 4-85　日本海神蛤幼虫及稚贝早期发育（彩图请扫封底二维码）

1. D 形幼虫时期；2. 壳顶幼虫；3～4. 面盘幼虫；5. 单水管稚贝；6. 双水管稚贝；7～9. 幼贝

a. 面盘；　b. 足；c. 鳃；d. 单水管；e. 双水管

表4-32　日本海神蛤幼虫生长发育时间及规格（样本数，*n*=30）

发育阶段	春季繁育实验		秋季繁育实验	
	发育时间	平均壳长/μm	发育时间	平均壳长/μm
D 形幼虫	36 h	120.19±4.86	38 h	120.70±6.81
壳顶幼虫	9 日龄	201.88±4.86	20 日龄	175.45±11.20
足面盘幼虫	21 日龄	316.17±24.02	32 日龄	268.70±20.90
单水管稚贝	31 日龄	606.76±33.84	64 日龄	581.70±83.35
双水管稚贝	38 日龄	1268.33±89.62	97 日龄	1286.50±137.45

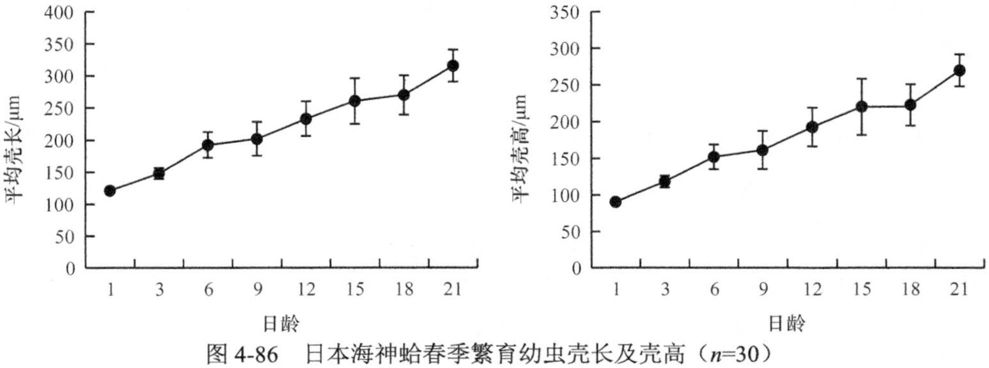

图 4-86　日本海神蛤春季繁育幼虫壳长及壳高（*n*=30）

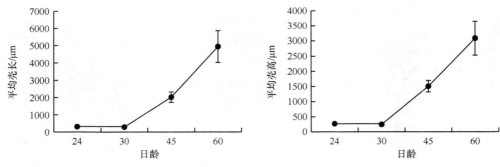

图 4-87　日本海神蛤春季繁育稚贝壳长及壳高（*n*=30）

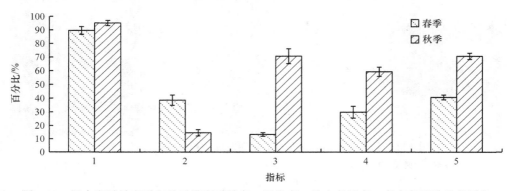

图 4-88　日本海神蛤春季和秋季繁育受精率、孵化率、幼虫存活率、变态率及稚贝存活率
1. 受精率；2. 孵化率；3. 幼虫存活率；4.变态率；5.稚贝存活率

日本海神蛤幼虫变态后，进入快速生长期，平均壳长生长率为 50 μm/d，生长至 31 日龄平均壳长（606.76±33.84）μm，发育至单水管稚贝，生长至 38 日龄平均壳长（1268.33±89.62）μm，发育至双水管稚贝，单水管稚贝到双水管稚贝阶段平均壳长生长率为 83 μm/d。经过 60 d 的培育，日本海神蛤平均壳长可达到（4.94±0.93）mm，双水管稚贝以后壳长生长率为 167 μm/d，稚贝存活率为（40.6±1.95）%（图 4-88）。

幼虫及稚贝的壳长始终大于壳高。D 形幼虫壳高/壳长值为 0.75，之后壳高/壳长值逐渐增大，发育至单水管稚贝时壳高/壳长值达到最大，为 0.88，之后大幅下降为 0.71（图 4-89）。

本次日本海神蛤人工升温苗种繁育实验水体共 100 m³，平均出苗量为 2695 粒/m³。

4.4.3　秋季人工苗种繁育

日本海神蛤秋季繁育幼虫及稚贝的生长见表 4-32、图 4-90、图 4-91，存活率及变态率见图 4-88。在幼虫培育阶段，室内自然水温由 17.4℃逐渐降为 13.2℃，幼虫的壳长生长率为 5~8 μm/d，壳高生长率为 2~4 μm/d，在 26~29 日龄，幼

虫生长较为缓慢，不同个体生长速度差异较大，幼虫存活率为（70.6±5.46）%。D
形幼虫经过 32 d 培育发育为足面盘幼虫，开始附着变态，变态率为（59.2±3.35）%。

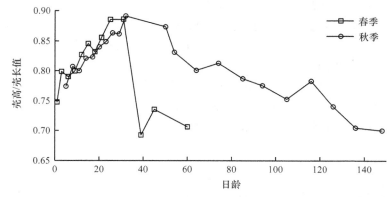

图 4-89　日本海神春季和秋季繁育幼虫及稚贝的壳高与壳长比值随日龄变化

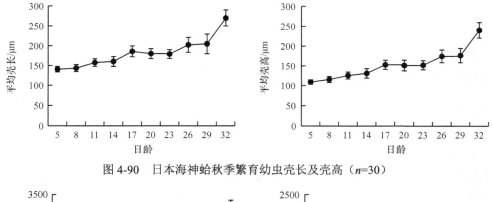

图 4-90　日本海神蛤秋季繁育幼虫壳长及壳高（*n*=30）

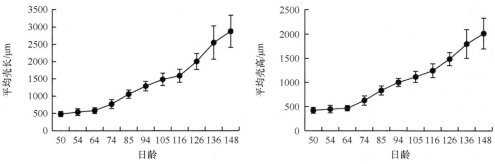

图 4-91　日本海神蛤秋季繁育稚贝壳长及壳高（*n*=30）

　　日本海神蛤稚贝室内培育水温为 12.8～14.0℃，稚贝壳长生长率为 18～55 μm/d，
壳高生长率为 9～31 μm/d，64 日龄后发育为单水管稚贝，平均壳长×壳高为
（581.70±83.35）μm×（466.00±54.76）μm，97 日龄发育至双水管稚贝。经过 148 d

培育，日本海神蛤稚贝平均壳长×壳高达到（2879.46±474.41）μm×（2016.49±323.50）μm，稚贝存活率为（70.40±2.30）%。本次日本海神蛤秋季苗种繁育实验水体共 150 m³，平均出苗量为 6666 粒/m³。

幼虫及稚贝的壳长始终大于壳高。D 形幼虫壳高/壳长值为 0.77，之后壳高/壳长值逐渐增大，发育至 32 日龄足面盘幼虫时壳高/壳长的值达到最大，为 0.89，之后逐渐下降至 0.70（图 4-89）。

日本海神蛤稚贝经 30 d 室外池塘中间育成后（图 4-92），平均壳长、壳高、壳宽及鲜重分别为（13.00±2.26）mm、（8.56±1.33）mm、（5.19±1.17）mm、（0.46±0.21）g，存活率为（25.00±5.00）%。

图 4-92　日本海神蛤秋季苗种经 30 d 室外池塘中间育成后的稚贝（彩图请扫封底二维码）

4.4.4　雌雄比、繁殖期及规模化苗种繁育探讨

4.4.4.1　日本海神蛤亲贝雌雄比例及繁殖期

海神蛤雌雄比例与年龄和规格有关。不同年龄、不同规格的雌雄比例不同，海神蛤第一次性成熟时，大都发育为雄性，在翌年有部分雄性发生性逆转，转化为雌性（Gribben and Hay, 2003）。Strathman（1987）报道了高雅海神蛤的雄性性成熟年龄为 3 龄，在 4 龄时，部分雄性逐渐转变为雌性。Campbell（2003）发现高雅海神蛤的小型个体中雄性比例较大，雌性个体随着体长的增长而增加。Gribben 和 Hay（2003）报道了新西兰海神蛤在 3 龄以后，有 76%为雄性，雌性性腺发育缓慢。Campbell 和 Ming（2003）报道了阿根廷海神蛤的生物学最小雄性为51.2～54.5 mm，雌性为 57.1～59.3 mm。不同体长的阿根廷海神蛤，雌雄比不同，小型个体中的雄性比例居多，90 mm 以下雄性和雌性比为 2∶1，90 mm 以上的雄性与雌性比近于 1∶1。雄性个体死亡率比雌性个体大，可能是雄性在转变为雌性的时候出现死亡。因此，在日本海神蛤人工苗种繁育过程中，应注意对亲贝规格的选择。在本研究中，日本海神蛤的亲贝壳长规格为 10 cm 以上，雌雄比为 1.2∶1。在 5 月底运至獐子岛海珍品原良种场时，人工解剖发现，雄性和雌性个体性腺颜色不同，雄性为乳白色，雌性为浅黄色，精卵遇水即散开。显微镜观察精子游动，卵呈圆形、卵质均匀，说明精卵进入成熟期。李莹（2019）对日本海神蛤周年性腺发育观察发现，每年 5 月和 10 月为日本海神蛤繁殖盛期。

4.4.4.2　日本海神蛤早期发育

日本海神蛤卵裂方式与其他双壳纲贝类相似（沈亦平等，1993），即2细胞期至8细胞期先进行不等全卵裂，发育至8细胞期以后进行螺旋卵裂逐渐发育为D形幼虫。

温度对贝类受精卵孵化有显著影响，水温过低会使胚胎发育停滞，水温过高会抑制胚胎发育，甚至出现大量畸形。本研究中，日本海神蛤孵化水温为19℃，受精卵经过36 h发育为D形幼虫。但Nam等（2014）对日本海神蛤研究表明，在水温19℃时日本海神蛤幼虫经过27 h即发育为D形幼虫，这可能与亲贝性腺发育的成熟度及不同海区水质条件差异等有关。随着水温的降低，其胚胎发育时间逐渐延长。Lee等（1998）报道了日本海神蛤受精卵在水温为8℃、11℃、14℃及17℃时孵化为D形幼虫的时间分别为122.6 h、72 h、62.4 h和42.7 h。刘明坤等（2013）也发现，在水温11℃、13℃、16℃时，高雅海神蛤受精卵发育至D形幼虫的时间分别为83 h、60 h、46 h。结合以往的研究，日本海神蛤胚胎发育最适水温为16～19℃。在日常孵化管理中，应结合显微镜观察，准确掌握日本海神蛤受精卵孵化时间并及时选优。

学者对高雅海神蛤早期发育研究表明，高雅海神蛤卵径约为82 μm，D形幼虫大小约为122 μm，幼虫在17℃时经过25～30 d培育，在14℃时经过47 d培育可达到350 μm出足下潜的规格。Gribben和Hay（2003）报道了新西兰海神蛤卵径为70 μm，在水温17℃时受精卵12 h可发育为担轮幼虫，24 h发育为D形幼虫，D形幼虫的平均壳长为105.3 μm，经过16 d的培育壳长可达到247 μm的下潜规格。本研究中，日本海神蛤的卵径为75～85μm，D形幼虫的平均壳长为120 μm。在春季水温为19℃时经过18～21 d培育，幼虫开始逐渐出足下潜，秋季室内自然水温13.2～17.4℃，经过32 d培育幼虫开始出足下潜，足面盘幼虫壳长规格为286～316 μm。这与Lee等（1998）报道的日本海神蛤幼虫在水温11℃时需经过36 d发育为稚贝的结果相近。日本海神蛤D形幼虫大小及出足下潜规格与高雅海神蛤相近，D形幼虫及稚贝期的规格比新西兰海神蛤大；幼虫浮游时间略长于新西兰海神蛤，比高雅海神蛤略短。值得注意的是，在本研究中并未发现日本海神蛤在壳顶幼虫后期出现眼点，这与扇贝等附着型贝类不同，后者在壳顶幼虫后期出现眼点、靴状足，脱掉面盘再逐渐生长出鳃完成变态。日本海神蛤鳃原基在足面盘幼虫时期就已出现，并逐渐发育为鳃，此时的幼虫既具有面盘可以在水中浮游摄食，又具有鳃和足可以下潜摄食生活，这种特殊的发育过程能够提高日本海神蛤幼虫在变态阶段对环境的适应能力。

日本海神蛤幼虫变态为稚贝后，进入快速生长期，在春季水温19℃时，经过31 d的培育可发育至单水管稚贝，38 d后发育为双水管稚贝。由于秋季水温由17.2℃逐渐自然下降到13.2℃，秋季稚贝比春季稚贝生长速度慢，单水管稚贝和双水管稚贝出现的时期分别延后了 33 d 和 59 d。

4.4.4.3　环境因子对日本海神蛤生长发育的影响

　　近年来，日本海神蛤在国内海鲜市场日益畅销，其苗种繁育技术研究也备受关注。Huo 等（2017）在不同环境因子对日本海神蛤幼虫生长发育影响的研究中发现，等鞭金藻与小新月菱形藻按体积比 2∶1 投喂，幼虫生长快、存活率高；当盐度低于 25 时，日本海神蛤幼虫不能正常存活。肖友翔（2016）报道了日本海神蛤幼虫在纯沙底质的变态率高于泥底质，稚贝在粒径为 200～300 μm 纯沙的底质中生长最快，稚贝适宜生活的底质含沙量在 50% 以上。王晔（2016）开展了 pH、氨态氮及亚硝酸氮对日本海神蛤幼虫及稚贝生长发育的影响研究，结果表明，日本海神蛤苗种培育适宜 pH 为 8.0～8.4，亚硝酸氮和非离子氨浓度分别为 0.8 mg/L 和 0.025 mg/L 以下为宜。

　　本研究在国内首次开展了日本海神蛤春季和秋季人工繁殖及早期生长发育比较实验。春季苗种培育水温为 18.6～19℃，盐度为 32，pH 为 8.0～8.2，稚贝在粒径为 250 μm 的细沙中经过 60 d 的培育，日本海神蛤苗种壳长约 5 mm，平均出苗量为 2695 粒/m^3。秋季苗种繁育水温 13.2～17.4℃，盐度 28～33，pH 为 7.5～8.0，幼虫期投喂浓缩小新月菱形藻，苗种出足变态后直接附着在水泥池底部，经过 148 d 的培育，日本海神蛤苗种壳长约 3 mm，平均出苗量为 6666 粒/m^3。对比春秋两季室内人工苗种繁育发现，春季苗种繁育的幼虫存活率和变态率低于秋季，这可能与培育水温相关。Huo 等（2017）报道了日本海神蛤幼虫在 13～19℃时均可存活，在水温 13℃时存活率较高，但生长缓慢，当水温达到 22℃时，幼虫存活率逐渐降低，至 12 日龄时全部死亡。因此，在室内人工苗种繁育过程中，可根据实际情况合理控制水温，以提高单位水体出苗量。

4.4.4.4　日本海神蛤规模化苗种繁育探讨

　　本研究团队通过近 5 年实验发现，日本海神蛤在我国北方海域规模化苗种繁育的关键因素是安全度夏。在我国北方海域 8 月自然海水水温达到 22℃ 以上时，日本海神蛤稚贝出现活力下降，存活率逐渐降低等现象，因此应在夏季高温期来临前完成日本海神蛤苗种规模化生产，将培育的大规格苗种在适宜海区进行底播养殖。本研究根据日本海神蛤繁殖生物学特点，对 5 月和 10 月的日本海神蛤人工繁殖及早期生长发育进行了比较，发现 10 月上旬进行日本海神蛤规模化苗种繁育可培育出适于底播养殖的大规格苗种，苗种培育成本较低。在本研究中，在我国北方海域日本海神蛤苗种于 5 月下旬培育至 8 月高温季节来临前，平均壳长可生长至（4.94±0.93）mm，此时苗种无法在室内车间或室外池塘安全度夏，这种规格苗种在 8 月进行海区底播养殖时存活率低，增加了养殖风险。另外从苗种繁育成本分析，由于我国北方 5 月下旬自然海水水温较低（10～13℃），需使用升温海水（18.6～19℃）进行日本海神蛤苗种繁育，随着自然海水水温逐渐升高可改为自然海水，因此在 5 月进行日本海神蛤规模化苗种繁育成本也较高。相比之下，在我国北方海域 10 月上旬自然海水水温约为 18～20℃，正是日本海神蛤繁殖的适宜水温，苗种经过常温培育后，可在北方室内车间低温环境越冬，能够节约一定的成本。在本研究中于 5 月初将室内培育的苗种转移至北方室外池塘再进行 1 个月中间育成，可获得平均壳长（13.22±2.39）mm 的大规格底播苗种。在秋季日本海神蛤规模化苗种繁育中，可尝试在早春 4 月初将苗种转移至池塘进行中间育成，可获得更大规格的底播养殖苗种，可使日本海神蛤养殖存活率得到保障，降低养殖风险。

参 考 文 献

包永波, 尤仲杰. 2004. 几种环境因子对海洋贝类幼虫生长的影响[J]. 水产科学, (12): 39-41.

毕庶万, 徐宗发, 于光涛, 等. 1996. 海湾扇贝控温育苗采卵时间的预报方法[J]. 海洋与湖沼, (1): 93-97.

蔡英亚, 林两德. 1965. 福建沿海青蛤的生态调查[J]. 动物学杂志, (5): 223-225.

蔡英亚. 1995. 贝类学概论[M]. 3 版. 上海: 上海科技出版社.

曹伏君, 刘永, 张春芳, 等. 2012. 施氏獭蛤(Lutraria sieboldii)性腺发育和生殖周期的研究[J]. 海洋与湖沼, 43(5): 976-982.

曹善茂. 2017. 大连近海无脊椎动物[M]. 沈阳: 辽宁科学技术出版社.

陈冲, 王志松, 随锡林. 1999. 盐度对文蛤孵化及幼体存活和生长的影响[J]. 海洋科学, (3): 3-5.

陈觉民, 王恩明, 李何. 1989. 海水中某些化学因子对魁蚶幼虫、稚贝及成体的影响[J]. 海洋与湖沼, (1): 15-22.

董辉, 王颉, 刘亚琼, 等. 2011. 杂色蛤软体部营养成分分析及评价[J]. 水产学报, 35(2): 276-282.

董双林, 赵文. 2004. 养殖水域生态学[M]. 北京: 中国农业出版社: 36-40.

杜爱芳, 叶均安, 于涟. 1997. 复方大蒜油添加剂对中国对虾免疫机能的增强作用[J]. 浙江农业大学学报, (3): 91-94.

段叶辉, 李凤娜, 李丽立, 等. 2014. n-6/n-3 多不饱和脂肪酸比例对机体生理功能的调节[J]. 天然产物研究与开发, 26(4): 479, 626-631.

高如承, 齐秋贞, 黄雪琴, 等. 1995. 盐度对西施舌 Coelomactra antiquata(Spengler)幼虫和贝苗生长发育的影响[J]. 福建师范大学学报(自然科学版), (3): 82-88.

葛立军, 杨玉香, 梁维波. 2008. 不同饵料对毛蚶幼体发育的影响[J]. 水产科学, (5): 226-229.

谷进进, 李建伟. 1998. 象山港褶牡蛎的生殖周期研究[J]. 宁波大学学报(理工版), (1): 51-60.

顾晓英, 尤仲杰, 王一农. 1998. 几种环境因子对彩虹明樱蛤 Moerella iridescens 不同发育阶段的影响[J]. 东海海洋, (3): 3-5.

郭文学. 2012. 四角蛤蜊和中国蛤蜊繁殖生物学、养殖生态学与品种选育研究[D]. 大连: 大连海洋大学硕士学位论文.

国家海洋局. 2007. 《GB 17378.4—2007 海洋监测规范 第 4 部分: 海水分析》 [M]. 北京: 中国标准出版社.

何建瑜, 赵荣涛, 刘慧慧. 2012. 舟山海域厚壳贻贝软体部分营养成分分析与评价[J]. 南方水产科学, 8(4): 37-42.

赫崇波, 陈洪大. 1997. 滩涂养殖文蛤生长和生态习性的初步研究[J]. 水产科学, (5): 17-19.

胡益民, 陈月英. 1991. 鲫、鲢、鳙等养殖鱼类暴发性疾病与池塘水质因子的调查初报[J]. 水产科技情报, (2): 42-44.

姜志强, 贾泽梅, 韩延波. 2002. 美国红鱼继饥饿后的补偿生长及其机制[J]. 水产学报, 26(1): 67-72.

李春艳, 阎磊, 王品虹, 等. 2008. 日本海神蛤营养成分分析与评价[J]. 营养学报, (1): 113-114, 116.

李大庆, 吴明均, 胡晓华, 等. 2011. 牛磺酸研究进展[J]. 现代生物医学进展, 11(2): 390-392.

李文姬, 滕炜鸣, 王笑月, 等. 2012. 黄海北部虾夷扇贝性腺发育及繁殖规律研究[J]. 水产科学, 31(12): 703-707.

李晓英, 董志国, 阎斌伦, 等. 2011. 海州湾池养四角蛤蜊与菲律宾蛤仔营养成分分析与评价[C]//International Industrial Electronic Center. Proceedings of 2011 International Conference on Biomedicine and Engineering(ISBE 2011 V4). 香港: 智能信息技术应用学会: 166-169.

李妍, 王静, 李麒龙, 等. 2013. EPA 与 DHA 最新研究进展[J]. 农产品加工(学刊), (3): 6-13.

李莹. 2019. 日本海神蛤 Panopea japonica 性腺发育、营养成分周年变化及遗传多样性研究[D]. 大连: 大连海洋大学硕士学位论文.

李志华, 谢松, 王维娜, 等. 2004. 亚硝酸钠和多聚磷酸钠对日本沼虾的毒性研究[J]. 动物学杂志, (3): 12-16.

栗志民, 刘志刚, 姚茹, 等. 2010. 温度和盐度对皱肋文蛤幼贝存活与生长的影响[J]. 生态学报, 30(13): 3406-3413.

梁玉波, 张福绥. 2008. 温度、盐度对栉孔扇贝(Chlamys farreri)胚胎和幼虫的影响[J]. 海洋与湖沼, (4): 334-340.

廖承义, 徐应馥, 王远隆. 2005. 栉孔扇贝的生殖周期[J]. 水产学报, 7(1): 1-13.

林笔水, 吴天明. 1984. 温度和盐度对缢蛏浮游幼虫发育的影响[J]. 生态学报, (4): 385-392.

林志华, 单乐州, 柴雪良, 等. 2004. 文蛤的性腺发育和生殖周期[J]. 水产学报, (5): 510-514.

刘超, 郭景兰, 彭张明, 等. 2015. 施氏獭蛤稚贝对高温和干露的耐受性研究[J]. 水产科学, 34(3): 169-173.

刘德经, 黄天华, 肖思祺, 等. 2002. 西施舌(Coelomactra antiquata)生殖腺发育生物学零度和有效积温的初步研究[J]. 特产研究, (1): 33-34, 40.

刘建勇, 卓健辉. 2005. 温度和盐度对方斑东风螺胚胎发育的影响[J]. 湛江海洋大学学报, (1): 1-4.

刘兰, 刘英惠, 杨月欣. 2010. WHO/FAO 新观点: 总脂肪&脂肪酸膳食推荐摄入量[J]. 中国卫生标准管理, 1(3): 67-71.

刘明坤, 王昌勃, 孔令锋, 等. 2013. 象拔蚌人工育苗技术研究[J]. 海洋科学, 37(8): 103-106.

刘明坤. 2014. 象拔蚌人工育苗及其系统分类地位研究[D]. 青岛: 中国海洋大学硕士学位论文.

刘巧林, 谢帝芝, 徐丽娟, 等. 2009. 贝类消化酶的研究进展[J]. 饲料博览, (9): 20-22.

刘文广, 李琪, 高凤祥, 等. 2011. 长牡蛎繁殖周期、生化成分的季节变化与环境因子的关系[J]. 热带海洋学报, 30(3): 88-93.

刘相全, 方建光, 包振民, 等. 2007. 中国蛤蜊繁殖生物学的初步研究[J]. 中国海洋大学学报(自然科学版), (1): 89-92.

刘莹, 胡建民, 富亮. 2006. 牛磺酸的性质及其生理功能[J]. 畜禽业, (2): 14-15.

刘中丽, 邓根云. 1990. 温度对大瓶螺心率与卵孵化速度的影响[J]. 中国农业气象, (3): 59.

楼允东. 1996. 组织胚胎学[M]. 2 版. 北京: 中国农业出版社: 218-219.

罗有声. 1979. 近海贝类苗场的形成、变动与开发利用[J]. 海洋渔业, (2): 12-15.

吕慈仙, 李太武, 苏秀榕. 2007. 5 种可食性海洋动物氨基酸成分的比较分析[J]. 宁波大学学报(理工版), (3): 315-319.

马英杰, 张志峰, 马爱军, 等. 1999. 低盐度突变对中国对虾仔虾存活率的影响[J]. 海洋与湖沼, (2): 3-5.

梅四卫, 朱涵珍. 2009. 大蒜研究进展[J]. 中国农学通报, 25(8): 154-158.

宁军号, 常亚青, 宋坚, 等. 2015. 偏顶蛤的性腺发育和生殖周期[J]. 中国水产科学, 22(3): 469-477.

潘彬斌, 李家乐, 白志毅. 2010. 池养三角帆蚌卵巢发育与卵子发生的组织学研究[J]. 上海海洋大学学报, 19(4): 452-456.

齐钟彦, 马绣同. 1989. 黄渤海的软体动物[M]. 北京: 农业出版社.

任福海. 2018. 大竹蛏人工繁育与中间育成技术[J]. 河北渔业, (1): 41-42, 56.

阮飞腾. 2014. 魁蚶繁殖生物学及人工苗种繁育技术的研究[D]. 青岛: 中国海洋大学硕士学位论文.

沈伟良, 尤仲杰, 施祥元. 2007. 饵料种类和密度对毛蚶浮游幼虫生长的影响[J]. 河北渔业, (9): 18-20, 23.

沈亦平, 姜海波, 刘汀, 等. 1993. 合浦珠母贝卵子成熟的细胞学观察[J]. 武汉大学学报(自然科学版), (5): 111-116.

施钢, 张健东, 潘传豪, 等. 2011. 盐度渐变和骤变对褐点石斑鱼存活和摄饵的影响[J]. 广东海洋大学学报, 31(1): 45-51.

宋超, 庄平, 章龙珍, 等. 2014. 不同温度对西伯利亚鲟幼鱼生长的影响[J]. 海洋渔业, 36(3): 239-246.

孙秀俊, 李琪. 2012. 不同盐度和培育密度对杂交刺参幼体生长发育的影响[J]. 中国海洋大学学报(自然科学版), 42(S1): 54-59.

唐雪蓉, 李敬欣, 高伯棠. 1997. 蒜硫胺在对虾饲料中的应用[J]. 饲料工业, (12): 39-40.

田斌, 王璐. 2018. 虾夷扇贝性腺发育的生物学零度与有效积温研究[J]. 中国水产, (5): 93-96.

万丽娟. 2007. 饥饿和恢复投喂对萍乡肉红鲫补偿生长的影响[D]. 南昌: 南昌大学硕士学位论文.

王成东, 聂鸿涛, 闫喜武, 等. 2014. 温度和盐度对薄片镜蛤孵化及幼虫生长与存活的影响[J]. 大连海洋大学学报, 29(4): 364-368.

王冲, 姜令绪, 王仁杰, 等. 2010. 盐度骤变和渐变对三疣梭子蟹幼蟹发育和摄食的影响[J]. 水产科学, 29(9): 510-514.

王丹丽, 徐善良, 尤仲杰, 等. 2005. 温度和盐度对青蛤孵化及幼虫、稚贝存活与生长变态的影响[J]. 水生生物学报, (5): 495-501.

王梅芳, 余祥勇, 刘永, 等. 2006. 马氏珠母贝雌雄同体和自体受精的研究[J]. 水生生物学报, (4): 420-424.

王庆恒, 杜晓东, 邓岳文, 等. 2007. 马氏珠母贝育珠术前处理和术后休养期软体部生化组成的变化[J]. 广东海洋大学学报, 27(6): 27-30.

王笑月, 陈冲, 陈远, 等. 1998. 几种饵料对文蛤稚贝生长与成活的影响[J]. 水产科学, (2): 3-5.

王岩. 2001. 海水养殖罗非鱼补偿生长的生物能量学机制[J]. 海洋与湖沼, (3): 2-8.

王燕妮, 张志蓉, 郑曙明. 2001. 鲤鱼的补偿生长及饥饿对淀粉酶的影响[J]. 水利渔业, 21(5): 6-7.

王晔. 2016. pH、氨态氮和亚硝酸态氮对日本海神蛤 Panopea japonica 早期发育和生长的影响[D]. 大连: 大连海洋大学硕士学位论文.

王茵, 刘淑集, 苏永昌, 等. 2011. 波纹巴非蛤的形态分析与营养成分评价[J]. 南方水产科学, 7(6): 19-25.

王颖, 吴志宏, 李红艳, 等. 2013. 青岛魁蚶软体部营养成分分析及评价[J]. 渔业科学进展, 34(1): 133-139.

王子臣, 刘吉明, 朱岸, 等. 1984. 鸭绿江口中国蛤蜊生物学初步研究[J]. 水产学报, (1): 33-44.

魏振华, 魏利平. 2004. 象拔蚌引种及人工育苗技术[J]. 齐鲁渔业, 21(8): 4-7.

吴洪流, 王红勇, 赵平孙, 等. 2004. 黄边糙鸟蛤生殖腺的组织学研究[J]. 海南大学学报(自然科学版), (2): 143-151.

吴洪流. 2002. 波纹巴非蛤性逆转时生殖腺的组织学变化[J]. 海洋科学, (1): 5-8, 62.

向枭, 刘长忠, 周兴华. 2002. 大蒜素对淡水白鲳生长影响的研究[J]. 水产科技情报, (5): 222-225.

肖友翔. 2016. 环境因子对日本海神蛤早期生长发育的影响[D]. 大连: 大连海洋大学硕士学位论文.

闫喜武, 赵生旭, 张澎, 等. 2010. 培育密度及饵料种类对大竹蛏幼虫生长、存活及变态的影响[J]. 大连海洋大学学报, 25(5): 386-390.

闫喜武. 2005. 菲律宾蛤仔养殖生物学、养殖技术与品种选育[D]. 青岛: 中国科学院海洋研究所博士学位论文.

阎希柱, 乔琨. 2010. 多鳞鱚和锯塘鳢的生化组成及比能值研究[J]. 海洋科学, 34(2): 1-3, 39.

杨凤, 谭文明, 闫喜武, 等. 2012. 干露及淡水浸泡对菲律宾蛤仔稚贝生长和存活的影响[J]. 水产科学, 31(3): 143-146.

杨凤, 闫喜武, 张跃环, 等. 2010. 大蒜对菲律宾蛤仔早期生长发育的影响[J]. 生态学报, 30(4): 989-994.

杨凤, 姚托, 霍忠明, 等. 2009. 饥饿对不同规格菲律宾蛤仔生长、存活及体组分的影响[C]//中国动物学会贝类学分会, 中国海洋湖沼学会贝类学分会. 第十四次学会研讨会论文摘要汇编. 青岛: 中国海洋湖沼学会: 50.

杨晋, 陶宁萍, 王锡昌. 2007. 文蛤的营养成分及其对风味的影响[J]. 中国食物与营养, (5): 43-45.

杨明, 臧维玲, 戴习林, 等. 2008. 不同底质对罗氏沼虾幼虾生长的影响[J]. 水产科技情报, (3): 105-108.

杨鹏, 闫喜武, 韩华, 等. 2013. 盐度对翡翠贻贝受精卵孵化及幼虫和稚贝生长和存活的影响[J]. 大连海洋大学学报, 28(6): 549-552.

姚连初. 2002. 大蒜的开发利用研究概况[J]. 中国药业, (6): 78-79.

尤仲杰, 陆彤霞, 马斌, 等. 2003a. 温度对墨西哥湾扇贝幼虫和稚贝生长与存活的影响[J]. 水产科学, (1): 8-10.

尤仲杰, 陆彤霞, 马斌, 等. 2003b. 几种环境因子对墨西哥湾扇贝幼虫和稚贝生长与存活的影响[J]. 热带海洋学报, (3): 22-29.

尤仲杰, 王一农, 丁伟, 等. 1994. 几种环境因子对不同发育阶段的泥螺 Bullacta exarata 的影响[J]. 浙江水产学院学报, (2): 79-85.

尤仲杰, 徐善良, 边平江, 等. 2001. 海水温度和盐度对泥蚶幼虫和稚贝生长及存活的影响[J]. 海洋学报(中文版), (6): 108-113.

于瑞海, 王昭萍, 孔令锋, 等. 2006. 不同发育期的太平洋牡蛎在不同干露状态下的成活率研究[J]. 中国海洋大学学报(自然科学版), (4): 617-620.

于瑞海, 辛荣, 赵强, 等. 2007. 海湾扇贝不同发育阶段耐干露的研究[J]. 海洋科学, (6): 6-9.

余友茂. 1986. 滩涂底质与贝类养殖关系的探讨[J]. 福建水产, (3): 56-62.

元冬娟, 邵正, 程小广, 等. 2009. 冬、夏季6种经济贝类脂肪酸组成[J]. 南方水产, 5(4): 47-53.

曾国权, 蒋霞敏, 陆珠润, 等. 2012. 几种生态因子对管角螺孵化及稚螺的影响[J]. 宁波大学学报(理工版), 25(3): 7-12.

曾虹, 任泽林, 郭庆. 1996. 大蒜素在罗非鱼饲料中的应用[J]. 中国饲料, (21): 29-30.

张梁. 2003. 大蒜素对嗜水气单胞菌的药效学研究[J]. 水利渔业, (6): 49-50, 59.

张沛东, 张倩, 张秀梅, 等. 2014. 底质类型对中国明对虾存活、生长及行为特征的影响[J].中国水产科学, 21(5): 1079-1086.

张婷婷, 李莉, 李琪, 等. 2016. 脆壳全海笋和宽壳全海笋的营养成分分析[J]. 广西科学院学报, 32(2): 122-128.

章超桦, 吴红棉, 洪鹏志, 等. 2000. 马氏珠母贝肉的营养成分及其游离氨基酸组成[J]. 水产学报, (2): 180-184.

章承军. 2010. 缢蛏补偿生长与能量收支研究[D]. 上海: 上海海洋大学硕士学位论文.

赵越, 王金海, 张丛尧, 等. 2011. 培育密度及饵料种类对四角蛤蜊幼虫生长、存活及变态的影响[J]. 水产科学, 30(3): 160-163.

赵志江, 李复雪, 柯才焕. 1991. 波纹巴非蛤的性腺发育和生殖周期[J]. 水产学报, (1): 1-8, 26.

郑丹华. 2009. 中国血蛤营养成分和性腺发育的研究[D]. 福州: 福建师范大学硕士学位论文.

周丽青, 杨爱国, 王清印, 等. 2014. 繁殖期雌雄同体虾夷扇贝生殖腺组织学观察[J]. 高技术通讯, 24(8): 874-880.

周琳, 于业绍, 陆平, 等. 1999. 青蛤受精卵和幼虫密度对孵化和生长的影响[J]. 海洋渔业, (4): 3-5.

周楠, 王莉萍, 卢南, 等. 1993. 高山小毛虫发育起点温度和有效积温的研究[J]. 云南林业科技, (1): 52-56.

周玮, 孙景伟, 李文姬, 等. 1999. 海湾扇贝产卵的有效积温[J]. 海洋与湖沼, (5): 3-5.

周璋. 1991. 海湾扇贝性腺发育的生物学零度[J]. 水产学报, (1): 82-84.

周永欣, 张宗涉. 1989. 水生生物毒性实验方法[M]. 北京: 农业出版社: 1-260.

庄凌峰, 翁笑艳, 陈德富, 等. 1997. 盐度对岐脊加夫蛤幼虫与稚贝的影响[J]. 福建师范大学学报(自然科学版), (3): 84-88.

Alvarez A, Racotta I, Arjona O, et al. 2004. Salinity stress test as a predictor of survival during growout in Pacific white shrimp Litopenaeus vannamei[J]. Aquaculture, 237: 237-249.

An M I, Choi C Y. 2010. Activity of antioxidant enzymes and physiological responses in ark shell, *Scapharca broughtonii*, exposed to thermal and osmotic stress: effects on hemolymph and biochemical parameters[J]. Comparative Biochemistry and Physiology Part B: Bio-chemistry and Molecular Biology, 155(1): 34-42.

Anderson A M. 1971. Spawning, growth, and spatial distribution of the geoduck clam, *Panopea generosa*, Gould, in Hood Canal Washington. Ph.D. thesis[D]. Seattle: University of Washington Seattle: 113.

Aragón N, Eugenio A, Calderon-Aguilera L E, et al. 2015. Modeling growth of the Cortes geoduck *Panopea globosa* from unexploited and exploited beds in the Northern Gulf of California[J]. Journal of Shellfish Research, 34(1): 119-127.

Aragónnoriega E A, Rodríguezdomínguez G. 2007.Comparison of gowth curves of four *Panopea* species[J]. Journal of Shellfish Research, 34(1): 147-151.

Bechrens P W, Kyle D J. 1996. Microalgae as a source of fatty acid[J]. Food Lipid, (3): 259-272.

Buckingham M J, Freed D E. 1976. Oxygen consumption in the prosobranch snail *Viviparus contectoides*(Mollusca: Gastropoda)-II. Effects of temperature and pH[J]. Comparative Biochemistry & Physiology A Comparative Physiology, 53(3): 249-252.

Bureau D, Hajas W, Surry N W. et al. 2002. Age, size structure, and growth parameters of geoducks (*Panopea abrupta* Conrad, 1849) from 34 locations in British Columbia sampled between 1993 and 2000[J]. Can Tech Rep Fish Aquat Sci, 24(13): 36-42.

Campbell A, Ming M D. 2003. Maturity and growth of the pacific geoduck clam, *Panopea abrupta*, in Southern British Columbia, Canada[J]. Journal of Shellfish Research, 22(1): 85-90.

Chung E Y, Young H S, Kwan H P. 1998. Sexual maturation, sex ratio and hermaphroditism of the Pacific Oyster, *Crassostrea gigas*, on the West Coast of Korea[J]. Development and Reproduction, 22(8): 36-40.

Cragg S. 2006. Development, physiology, behaviour and ecology of scallop larvae[C] *In*: Shumway S E, Parsons G J. Scallops: Biology, Ecology and Aquaculture. Amsterdam: Elsevier: 102.

Darriba S, Juan F S, Guerra A. 2004. Reproductive cycle of the razor clam *Ensis arcuatus* (Jeffreys, 1865) in northwest Spain and its relation to environmental conditions[J]. Journal of Experimental Marine Biology & Ecology, 311(1): 101-115.

Delgado M, Pérez-Camacho A. 2005. Histological study of the gonadal development of *Ruditapes decussatus* (L.) (Mollusca: Bivalvia) and its relationship with available food[J]. Scientia Marina, 69(1): 87-97.

Eduardo L. 2010. Health effects of oleic acid and long chainomega-3 fatty acid (EPA and DHA) enriched milks. A review of intervention studies[J]. Pharmacological Research, 6(3): 200-207.

García-Esquivel Z, Valenzuela-Espinoza E, Mauricio I B, et al. 2013. Effect of lipid emulsion and kelp meal supplementation on the maturation and productive performance of the geoduck clam, *Panopea globosa*[J]. Aquaculture, (396-399): 25-31.

Goodwin C L. 1973. Effects of salinity and temperature on embryos of the geoduck clam (*Panope generosa*)[J]. Proc Nat Shellfish Assoc, 63: 93-95.

Goodwin C L. 1978. Some effects of subtidal geoduck (*Panopea generosa*) harvest on a small experimental plot in Puget Sound[J]. WA Wash Dept Fish Progress Rep, 66: 21.

Goodwin C L. 1979. Larval development of the geoduck clam (*Panopea generosa* Gould)[J]. Proc Nat Shellfish Assoc, 69: 73-76.

Goodwin C L. 1976. Observations on spawning and growth of subtidal geoducks (*Panopea generosa* Gould)[J]. Proceedings of the National Shellfisheries Association, 1: 49-58

Gribben P E, Hay B E. 2003. Larval development of the New Zealand geoduck *Panopea zelandica* (Bivalvia: Hiatellidae)[J]. New Zealand Journal of Marine & Freshwater Research, 37(2): 231-239.

Huo Z, Guan H, Rbbani M G, et al. 2017. Effects of environmental factors on growth, survival, and metamorphosis of geoduck clam (*Panopea japonica* A. Adams, 1850) larvae[J]. Aquaculture Reports, 8(C): 31-38.

Kris-Etherton P M, Taylor D S, Yu-Poth S, et al. 2000. Polyunsaturated fatty acids in the foodchain in the United States[J]. Am J Chn Nutr, 71: 179-188.

Lee C S, Baik K K, Hong K E. 1998. Ecological studies on the habitat of geoduck clam, *Panope japonica*[J]. Journal of Aquaculture, 11(1): 105-111.

Li E, Chen L Q, Zeng C, et al. 2007. Growth, body composition, respiration and ambient ammonia nitrogen tolerance of the juvenile white shrimp, *Litopenaeus vannamei*, at different salinities[J]. Aquaculture, 265: 385-390.

Macdonald B A. 1988. Physiological energetics of Japanese scallop *Patinopecten yessoensis* larvae[J]. Journal of Experimental Marine Biology and Ecology, 120: 155-170.

Marshall R, Mckinley R S, Pearce C M. 2012. Effect of temperature on gonad development of the Pacific geoduck clam(*Panopea generosa* Gould, 1850)[J]. Aquaculture, 338: 264-273.

Martinez A N, Arambula-Pujol E M, Garcia-Juarez AR, et al. 2007. Morphometric relationships, gametogenic development and spawning of the geoduck clam *Panopea globosa* (Bivalvia: Hiatellidae) in the central Gulf of California[J]. Journal of Shellfish Research, 26: 423-431.

Miglavs I, Obling M J. 1989. Effects of feeding regime on food consumption, growth rates and tissue nucleic acids in spat Arctic charr, *Salvelinus alpinus*, with particular respect to compensatory growth [J]. Fish Biol, 34: 947-957.

Molen D, Kroeck M, Ciocco N. 2007. Reproductive cycle of the southern geoduck clam, *Panopea abbreviata*(Bivalvia: Hiatellidae), in north Patagonia, Argentina[J]. Invertebrate Reproduction & Development, 50(2): 75-84.

Murchie L W, Cruz-Romero M, Kerry J P, et al. 2005. High pressure processing of shellfish: A review of microbiological and other quality aspects[J]. Innovative Food Science and Emerging Technologies, 6(3): 257-270.

Nam M M, Lee C, Kim M, et al. 2014. Development and growth in fertilized eggs and larvae of the Japanese geoduck, *Panopea japonica* reared in the laboratory[J]. The Korean Journal of Malacology, 30(4): 303-309.

Nathalie C M, Catherine B. 2012. Shell shape analysis and spatial allometry patterns of Manila Clam (*Ruditapes philippinarum*) in a Mesotidal Coastal Lagoon[J]. Journal of Marine Biology, 28(6): 1-11.

Paul W, Behrens, David J, et al. 1996. Microalgae as a source of fatty acids[J]. Journal of Food Lipids, 77(1): 26-32.

Pechenik J A. 1984. The relationship between temperature, growth rate, and duration of planktonic life for larvae of the gastropod *Crepidula fornicata* (L.)[J]. Journal of Experimental Marine Biology & Ecology, 74(3): 241-257.

Romano N, Zeng C S. 2007. Ontogenetic changes in tolerance to acute ammonia exposure and associated gill histological alterations during early juvenile development of the blue swimmer crab, *Portunus pelagicus*[J].Aquaculture, 266(1-4): 246-254.

Rupp G, Parsons G. 2004. Effects of salinity and temperature on the survival and byssal attachment of the lion's paw scallop *Nodipecten nodosus* at its southern distirbution limit[J]. Journal of Experimental Marine Biology and Ecology, 309: 173-198.

Scheltema R S. 1961. Metamorphosis of the veliger larvae of *Nassarius obsoletus* (Gastropoda) in response to bottom sediment[J]. Biological Bulletin, 120: 92-109.

Sprung M. 1984. Physiological energetics of mussel larvae (*Mytilus edulis*). I. Shell growth and biomass[J]. Marine ecology progress series, 17: 283-293.

Strathmann M F. 1987. Reproduction and development of marine invertebrates of the Northern Pacific Coast[M]. Seattle: University of Washington Press.

Vadopalas B, Bentzen P. 2000. Isolation and characterization of di- and tetranucleotide microsatellite loci in geoduck clams, *Panopea abrupta*[J]. Molecular Ecology, 9(9): 1435-1436.

第五章　其他滩涂贝类繁殖生物学

大竹蛏（*Solen grandis*）隶属瓣鳃纲竹蛏科竹蛏属。贝壳呈延长形，两壳合抱成竹筒状，前后端开口，一般壳长为壳高的 4～5 倍，壳顶位于最前端，贝壳背缘与腹缘平行。足部肌肉极发达，前端尖，左右扁，水管短而粗，两水管愈合，末端具触手。大竹蛏营埋栖生活，栖息深度一般为 30～50 cm，洞穴倾斜，在潮间带中、下区和浅海的沙或沙泥滩底穴居（齐钟彦，1998）。栖息底质为沙底、泥沙底，主食为较易于下沉的浮游性或底栖硅藻类（潘星光，1959）。大竹蛏广泛分布于中国、朝鲜半岛、日本、菲律宾沿海，是一种营养价值较高的经济贝类，不仅味道鲜美清甜，还含有丰富的蛋白质、脂肪、微量元素、维生素及矿物质等，其药物功效也相当显著，是很有发展前途的养殖种类（戴聪杰，2002b）。

目前，国内对于大竹蛏的研究主要集中在苗种繁育及其营养成分的评估上，国外没有相关的研究报道。侯和要等于 2000 年开始先后研究了大竹蛏的繁殖季节、亲贝对盐度的耐受力及其室内苗种培育技术，并成功培育出壳长 1 cm 左右的稚贝约 50 万粒（侯和要等，2004a，2004b）。陈爱华等（2008）开展了大竹蛏的生产性人工繁育实验，并成功培育出壳长为 1 cm 左右的稚贝 2000 多万粒，同时研究了底质、养殖密度及饵料密度对稚贝生长、存活的影响。戴聪杰（2002b）对大竹蛏软体部的营养成分进行了分析，进一步证实了该种贝类蛋白质含量高，必需氨基酸种类齐全，呈味氨基酸比例高且脂肪中含有大量的 EPA 及 DHA 等不饱和脂肪酸，这些生理活性物质具有抗病、解毒、增强免疫力等功能。

宽壳全海笋（*Barnea dilatata*），属瓣鳃纲古异齿亚纲海螂目海笋科，中国北方沿海俗称象鼻子蛤，分布在黄渤海地区及东南沿海（王如才等，1988；赵汝翼，1982；蔡英亚等，1979）。贝壳大而薄脆，成体壳长 6～8 cm；软体肥满，味极丰美，含大量的乳状汁，水管粗壮肥大，伸展时约为壳长的 3 倍，体长可达 20～30 cm，个体重量 80～120 g，无论是营养价值还是味道都超过牡蛎，是优良的食用品种（张玺等，1960）。李生尧（1992）初步研究了大沽全海笋人工繁育技术，蔡英亚和劳赞（1996）观察了马尼拉全海笋的生态习性，魏利平等（1997）研究了大沽全海笋生物学习性及人工育苗技术。

日本镜蛤（*Dosinia japonica* Reeve）属软体动物门双壳纲帘蛤目帘蛤科镜蛤亚科镜蛤属。其味道鲜美，贝壳还可入药，具有软坚散结、清热解毒的功效。该种在俄罗斯远东、日本北海道南部、朝鲜及中国东部沿海地区均有分布，栖息于潮间带至潮下带，埋栖深度 10 cm 左右。虽然，日本镜蛤分布广泛，然而天然数量并不多,加之近年来对海产滩涂贝类的过度开发和沿海地区的环境污染,日本镜蛤的天然资源已经受到了严重破坏,对其开展人工增养殖和资源保护十分必要。

5.1　培育密度及饵料种类对大竹蛏幼虫生长发育的影响

本研究开展了培育密度及饵料种类对大竹蛏幼虫生长发育的影响,旨在为大竹蛏的室内苗种繁育技术提供理论与实践指导。

5.1.1　亲贝采集、催产孵化及幼虫培育

5.1.1.1　材料

实验用大竹蛏 D 形幼虫为大连庄河大郑育苗场室内刚孵化的幼虫,海水为二次沙滤海水。

5.1.1.2　方法

1. 幼虫培育

实验在大连庄河大郑育苗场室内进行。刚孵化的幼虫在 10 L 的白塑料桶中进行培养,幼虫培育过程中每天换水 1 次,换水量为 100%,投饵量视幼虫摄食情况而定。整个实验期间,水温为 22.0～24.8℃、盐度为 31～33、pH 为 8.10～8.50。

2. 实验设计

培育密度实验:分别设置 5 个/mL、10 个/mL、20 个/mL、40 个/mL、80 个/mL 5 个培育密度,每个培育密度设置 3 个重复。前 3 d 投喂湛江等鞭金藻以后混合投喂金藻、小球藻、小新月菱形藻(三者体积比为 1:1:1)。

饵料种类试验:分别用 6 种不同饵料投喂,即小球藻、塔胞藻、小新月菱形藻、金藻、海洋红酵母、金藻+塔胞藻+小新月菱形藻(三者体积比为 1:1:1,记为混合投喂),幼虫培育密度为 6～8 个/mL,每个饵料组设置 3 个重复。

3. 指标测定

实验期间,每天测量幼虫的壳长,计算其生长速度(μm/d);存活率为浮游期结束时的幼虫数量占 D 形幼虫数量的百分比(%);变态率为出现次生壳的稚贝数量占匍匐幼虫数量的百分比(%);浮游时间为 D 形幼虫发育至匍匐幼虫的时间(d);匍匐时间为幼虫从匍匐生活开始到完成变态的时间(d);变态时间为从 D 形幼虫开始到稚贝出现次生壳所需的时间(d)。

5.1.1.3　数据处理

用 SPSS 130 统计软件对数据进行分析处理,不同实验组间数据的比较采用单因素方差分析方法,差异显著性水平设为 0.05,并用 Excel 软件作图。

5.1.2　培育密度对幼虫生长、存活及变态的影响

根据幼虫的生活方式,将幼虫划分为浮游期和匍匐期两个阶段。由图 5-1 可见,浮游期间,幼虫的生长速度随着密度的增大而减小,5 个/mL、10 个/mL 密度组幼虫的生长较快,显著大于其他实验组($P<0.05$),密度为 80 个/mL 的实验组幼虫生长速度显著小于其他实验组($P<0.05$);匍匐期间,40 个/mL、80 个/mL 实验组的幼虫全部死亡,不能发育至匍匐幼虫。

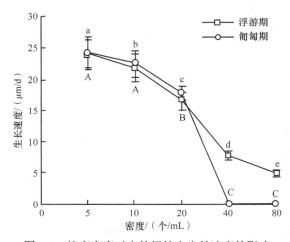

图 5-1　培育密度对大竹蛏幼虫生长速度的影响

标有不同字母者表示组间差异显著($P<0.05$),标有相同小写字母者表示组间差异不显著($P>0.05$),下同

由图 5-2 可见,在 5 个/mL、10 个/mL、20 个/mL、40 个/mL、80 个/mL 培育密度下,幼虫存活率(81.50%、72.30%、27.60%、6.00%、3.80%)随着培育密度的增大而减小,5 个/mL 密度组幼虫的存活率最高,显著大于其他实验组($P<0.05$);在 5 个/mL、10 个/mL、20 个/mL 培育密度下,幼虫变态率(83.70%、80.10%、47.50%)随着培育密度的增大而减小,密度为 40 个/mL、80 个/mL 的实验组幼虫的变态率为 0,由于密度过高,幼虫不能完成变态。

幼虫各阶段的发育时间随着密度的增大而延长,表现出明显的延迟发育和延迟变态。幼虫的变态时间为浮游时间与匍匐时间之和。由图 5-2 可见,在 5 个/mL、10 个/mL、20 个/mL、40 个/mL、80 个/mL 培育密度下,幼虫的浮游时间分别为 6 d、8 d、11 d、18 d、16 d;在 5 个/mL、10 个/mL、20 个/mL 培育密度下,幼虫的匍匐时间分别为 2 d、3 d、4 d,而 40 个/mL、80 个/mL 实验组幼虫不能够发

育至匍匐幼虫阶段；5 个/mL、10 个/mL、20 个/mL 实验组幼虫的变态时间分别为
8 d、11 d、15 d。

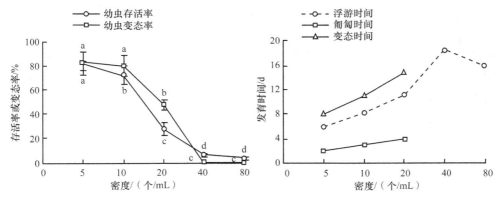

图 5-2　培育密度对大竹蛏幼虫存活率、变态率、发育时间的影响

　　培育密度过高不利于幼虫的生长和存活，从而导致发育时间延迟，甚至不能
完成变态过程；过低的培育密度不利于育苗生产效率和效益的提高，而且幼虫培
育生态因子调控较难。所以设置一个合理的密度，既有利于幼虫的生长发育，也
可以获得较高的产量。就本研究结果而言，幼虫的生长速度、存活率及变态率随
着培育密度的增大而降低，幼虫各阶段的发育时间随着密度的增大而延迟，表现
出明显的延迟变态，值得注意的是，培育密度为 40 个/mL 和 80 个/mL 的实验组
幼虫不能发育至匍匐幼虫。周琳等（1999）指出，青蛤幼虫的培育密度应控制在
6～11 个/mL；李华琳等（2004）指出，长牡蛎幼虫的培育密度在 6～12 个/mL 时
最佳；闫喜武（2005）指出，菲律宾蛤仔及四角蛤蜊的浮游幼虫培育密度应设置
在 6～10 个/mL 为宜。本研究结果与上述研究结果基本一致，这说明埋栖型双壳
贝类人工繁育的幼虫适宜培育密度基本接近。

　　就本实验而言，培育密度为 5 个/mL 实验组幼虫的存活率、生长速度均是最
快的；而 80 个/mL 实验组幼虫的存活率、生长速度则是最慢的；其余 3 个实验组
介于二者之间。从存活率来看，5 个/mL 实验组比 80 个/mL 实验组幼虫的存活率
高出 77.70%，而 10 个/mL 密度组幼虫的存活率也能达到 72.30%，说明在实际生
产中，浮游幼虫培育密度为 5～10 个/mL 是可行的。从发育时间来看，5 个/mL
实验组与 10 个/mL 实验组从 D 形幼虫至匍匐幼虫仅相差 2 d，而与 20 个/mL 实验
组却相差了 5 d，生长速度差异显著，20 个/mL 密度条件下抑制了浮游幼虫的生
长，单就其生长速度来看，浮游幼虫培育密度为 5～10 个/mL 是可行的。综合分
析，笔者认为，为了得到相对稳定的产量和较高的经济效益，大竹蛏幼虫在变态
期间的培育密度应设为 10 个/mL 左右。

5.1.3 饵料种类对幼虫生长、存活及变态的影响

由图 5-3 可见，投喂 6 种不同饵料（小球藻、塔胞藻、小新月菱形藻、金藻、海洋红酵母、混合投喂）时，浮游期幼虫的生长速度分别为 11.40 μm/d、12.50 μm/d、13.10 μm/d、20.00 μm/d、16.00 μm/d、22.00 μm/d，其中金藻、混合投喂饵料组幼虫的生长速度较快，显著大于其他实验组（$P<0.05$）；匍匐期幼虫的生长速度分别为 11.50 μm/d、16.00 μm/d、14.00 μm/d、21.00 μm/d、17.00 μm/d、24.00 μm/d，其中混合投喂饵料组幼虫的生长最快，显著大于其他实验组（$P<0.05$）。

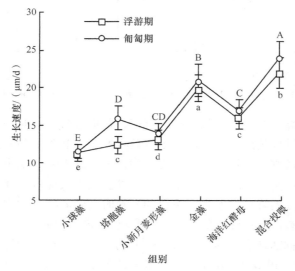

图 5-3 饵料种类对大竹蛏幼虫生长速度的影响

由图 5-4 可见，在投喂 6 种饵料（小球藻、塔胞藻、小新月菱形藻、金藻、海洋红酵母、混合投喂）的条件下，幼虫的存活率分别为 40.80%、47.60%、53.70%、70.20%、65.70%、76.50%，其中混合投喂、金藻和海洋红酵母饵料组幼虫的存活率较高，显著高于其他实验组（$P<0.05$）；幼虫的变态率分别为 15.70%、10.60%、21.20%、39.70%、31.90%、46.70%，其中混合投喂、金藻和海洋红酵母饵料组幼虫的变态率较高，显著高于其他实验组（$P<0.05$）。

混合投喂和金藻饵料组幼虫的发育较快，小球藻和塔胞藻饵料组幼虫的发育较慢。在投喂 6 种饵料条件下，幼虫浮游时间分别为 16 d、14 d、11 d、9 d、10 d、8 d；匍匐时间分别为 4 d、4 d、3 d、2 d、2 d；变态时间分别为 20 d、18 d、14 d、11 d、12 d、10 d。

金藻、小球藻和小新月菱形藻是水产动物育苗中常见的 3 个饵料种类，而浓缩海洋红酵母是可以直接购买，在饵料培养失败或者不足时可替代单胞藻的一种饵料。因此，研究金藻、小球藻、小新月菱形藻和浓缩海洋红酵母对大竹蛏幼虫

的投喂效果，对开展大竹蛏室内全人工大规模育苗具有重要意义。本研究发现，在不同饵料及组合投喂条件下，浮游期时混合投喂实验组的幼虫生长最快，匍匐期时混合投喂 3 种饵料的幼虫生长最快，单独投喂小球藻、塔胞藻和小新月菱形藻的效果较差，单独投喂海洋红酵母组介于最快和最慢之间；混合投喂组幼虫的变态率和存活率最高，金藻组次之，单独投喂小球藻、塔胞藻和小新月菱形藻效果依然最差，单独投喂海洋红酵母组依然介于最快和最慢之间；在幼虫匍匐时间上，混合投喂组、金藻组和海洋红酵母幼虫的匍匐时间一致，都是 2 d；在变态时间上混合投喂组时间最短，但金藻组较混合组仅差 1 d，海洋红酵母组仅差 2 d，其余 3 组与这 3 组相比，表现出明显的发育延迟。在浮游幼虫期，大竹蛏浮游幼虫的消化能力较差，而小球藻、塔胞藻和小新月菱形藻比金藻较难消化，导致幼体在营养上比较匮乏，浮游幼虫个体发育迟缓。金藻虽然效果不错，但与混合投喂组相比，营养不够全面，不及混合投喂组效果好，这与闫喜武（2005）、王笑月等（1998）、楼宝（2002）、葛立军等（2008）关于饵料种类对菲律宾蛤仔、四角蛤蜊、文蛤、太平洋牡蛎、毛蚶的研究结果相似。从投喂方式上看，混合投喂效果较为理想，因为单一饵料投喂很难供给幼虫对全部营养的需求量，而两种以上饵料的混合投喂可以使营养互补，从而达到营养均衡，以满足幼虫生长发育的需要。综上所述，在大竹蛏苗种生产过程中，幼虫浮游前期，单独投喂金藻效果较好，以后混合投喂效果较好，在饵料培养失败或者不足的条件下，采用海洋红酵母替代单胞藻类投喂也是可行的。

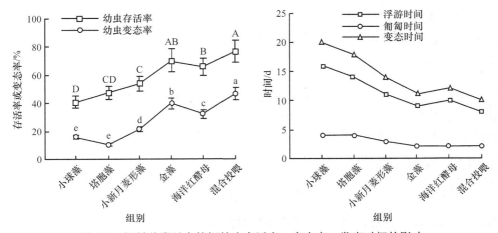

图 5-4　饵料种类对大竹蛏幼虫存活率、变态率、发育时间的影响

5.2　宽壳全海笋苗种繁育技术

本研究对宽壳全海笋的人工育苗技术进行了研究，旨在为北方沿海地区开展

宽壳全海笋苗种规模培育提供参考。

5.2.1　亲贝采集、催产及幼虫培育

5.2.1.1　亲贝来源

采自庄河滩涂贝类育苗场的生态池。将生态池作为暂养池进行亲贝促熟，通过经常观察性腺发育状态，选出无损伤、个体大，且处于临产状态的亲贝 10 枚作为繁殖个体。

5.2.1.2　催产孵化

将亲贝清洗干净，放入 100 L 白色聚乙烯桶中，自然产卵排精，由于精卵质量高，受精率接近 100%。受精后将受精卵转到 60 m³ 水泥池中孵化，在水温 23.6℃、盐度 24、pH 8.0 的条件下，受精卵经 22 h 孵化为 D 形幼虫。

5.2.1.3　幼虫培育

采用虹吸法选育 D 形幼虫，选育后在水温 23.0～28.2℃、盐度 22～28、pH 7.8～8.4 条件下进行培育，培育密度为 10～12 个/mL。日换水 1 次，每次 50%。以巴夫藻、等鞭金藻混合（体积比 1：1）投喂，日投饵量为 $4 \times 10^4 \sim 8 \times 10^4$ cells/mL。部分幼虫出足后，用 80 目筛绢网选出大个体先入池附着变态，小个体继续培养。

5.2.1.4　稚贝培育

附着基为泥沙（质量比 3：2），泥沙经过消毒后，用 60 目筛网过滤后投放，厚 0.8～1.0 cm。饵料同 5.2.1.3，投饵量增加到 $12 \times 10^4 \sim 16 \times 10^4$ cells/mL。

5.2.1.5　附着基实验

采用无附着基、100%沙（粒径≤0.5 mm）、泥沙（泥沙体积比 3：2）、100%泥 5 种附着基，利用 2 L 红色塑料桶进行附着基实验，每种处理设置 3 个重复，实验材料为足面盘幼虫。

5.2.1.6　数据处理

使用 SPSS 11.0 统计软件对数据进行分析处理。

5.2.2　亲贝产卵量、胚胎发育及幼虫稚贝生长存活

5.2.2.1　亲贝形态、性比、产卵量

由表 5-1 可知，宽壳全海笋壳高与壳宽几乎相等，约为壳长的 1/2，自然状态下水管长度约为壳长的 3 倍，水管底端基部直径约为水管末端管口直径的 6 倍。性比 1.5：1，每枚雌体产卵量高达 1.2 亿粒。

表5-1 宽壳全海笋形态、重量、性比、产卵量

项目	参数
壳长×壳高×壳宽/cm	（7.67±0.86）×（4.00±0.34）×（4.20±0.25）
自然状态水管长/cm	22.37±1.30
水管末端管口直径/cm	0.64±0.05
水管底端基部直径/cm	3.80±0.28
体重/（g/枚）	104.70±17.11
性比/（雌：雄）	1.5：1
产卵量/（亿粒/枚）	1.2

如图 5-5、图 5-6 所示，宽壳全海笋体重与自然状态下水管长、壳长成正比。由于壳长约是壳高、壳宽的 2 倍，体重与壳形参数正相关。

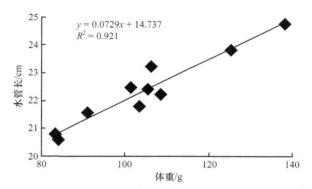

$$y = 0.0729x + 14.737$$
$$R^2 = 0.921$$

图 5-5 宽壳全海笋体重与水管长的关系

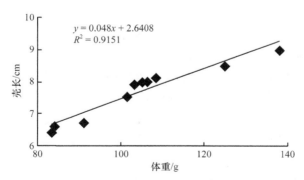

$$y = 0.048x + 2.6408$$
$$R^2 = 0.9151$$

图 5-6 海笋体重与壳长的关系

5.2.2.2 胚胎发育

生态池中的宽壳全海笋在 7～9 月均可以自然产卵排精。卵为沉性，刚产出呈梨形或不规则形状，遇水后变成圆形，卵径为（40.40±0.81）μm。受精卵在水温

23.6℃、pH 8.0、盐度 24 的条件下，经过 22 h 30 min 全部发育到 D 形幼虫。胚胎发育过程见表 5-2。

表5-2　宽壳全海笋胚胎发育过程

发育阶段	发育时间	发育阶段	发育时间
第一极体	15 min	32 细胞	3 h 30 min
第二极体	42 min	桑葚期	4 h 5 min
2 细胞期	1 h 35 min	囊胚期	5 h 15 min
4 细胞期	2 h	原肠期	6 h 15 min
8 细胞期	2 h 40 min	担轮幼虫	14 h 30 min
16 细胞期	3 h 10 min	D 形幼虫	22 h 30 min

5.2.2.3　卵径、受精率、孵化率、D 形幼虫大小

如表 5-3 所示，宽壳全海笋卵径、D 形幼虫大小与常见滩涂贝类相比较小，受精率、孵化率接近 100%。

表5-3　宽壳全海笋卵径、受精率、孵化率、D形幼虫大小

项目	参数
卵径（±SD）/μm	40.40±0.81
受精率（±SD）/%	99.33±0.42
孵化率（±SD）/%	96.83±1.45
D 形幼虫大小（±SD）/μm	61.83±1.60

5.2.2.4　幼虫的生长、存活及变态

如图 5-7、表 5-4、表 5-5 所示，宽壳全海笋壳顶初期幼虫（0～15 日龄），生长缓慢，平均日增长（3.61±0.23）μm，幼虫的壳长与壳高生长不同步，在 D 形幼虫和壳顶初期幼虫阶段壳长大于壳高，以后幼虫壳高的生长快于壳长，到第 15 天，幼虫的壳长与壳高相等。壳顶中期幼虫（16～36 日龄）壳长达 120 μm 时摄食旺盛，壳顶略隆起，平均日增长（6.87±0.27）μm，生长较快，壳长与壳高同步生长。壳顶后期幼虫（37～42 日龄），壳顶明显隆，平均日增长（3.92±0.98）μm，生长缓慢，当壳长达（260±6.48）μm 时，出现足，未见眼点，壳长与壳高仍然同步生长，进入变态期。变态期（43～55 日龄），生长更加缓慢，平均日增长仅（2.93±0.84）μm。

表5-4　宽壳全海笋幼虫变态期间表现情况

项目	参数
附着规格（±SD）/μm	266.00±25.54
变态率（±SD）/%	68.57±4.30
变态规格（±SD）/（壳长 μm×壳高 μm）	（296.00±15.44）×（281.67±15.07）
单水管稚贝大小（±SD）/（壳长 μm×壳高 μm）	（368.00±8.47）×（327.00±6.51）
双水管稚贝大小（±SD）/（壳长 μm×壳高 μm）	（531.67±10.85）×（490.00±8.30）

表5-5　宽壳全海笋幼虫、稚贝生长速度的比较

幼虫、稚贝生长阶段	生长速度（±SD）/（μm/d）
壳顶初期（0～15 日龄）	3.61±0.23
壳顶中期（16～36 日龄）	6.87±0.27
壳顶后期（37～42 日龄）	3.92±0.98
变态期（43～55 日龄）	2.93±0.84
单水管稚贝期（52～55 日龄）	20.83±4.90
双水管稚贝期（56～60 日龄）	90.94±12.85

　　由图 5-8 可见，在 39 日龄以前，存活率均较高，为（72.36±1.85）%以上；到 42 日龄时，存活率仅为（25.6±0.86）%；在 39～42 日龄，幼虫出现大量死亡，此时部分幼虫出现初生足，进入匍匐生活，其原因可能是由于不适应生活方式转变。变态期间，大多数个体初生壳加厚，开始隆起，整个贝壳近圆形，并由透明转为半透明，而后开始前后拉长，且后端生长较前端快，鳃原基、足、次生壳开始出现。但与其他贝类发育不同的是，此时面盘依然存在。幼虫的附着规格为(266.00±25.54)μm，变态规格为(296.00±15.44)μm×（281.67±15.07）μm，变态率为（68.57±4.30）%（表 5-4）。宽壳全海笋幼虫壳顶隆起后，个体差异较大，所以幼虫培育到壳长 250 μm 时，用 80 目的筛网将大小幼虫分开，分池培养，这样能提高幼虫的生长速度和变态率。

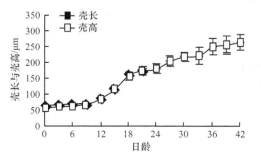

图 5-7　宽壳全海笋浮游幼虫的生长（壳长、壳高）

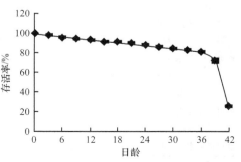

图 5-8　宽壳全海笋浮游幼虫的存活率

5.2.2.5　稚贝的生长与存活

由于幼虫个体差异大、附着时间较长，需 8～10 d 才能附着完毕，变态期也持续 10 d 左右。

52～55 日龄稚贝形成单水管，壳长大小为（368.00±8.47）μm。单水管稚贝平均日增长（20.83±4.90）μm，存活率高达（92.60±3.68）%。双管期稚贝壳长大小为（531.67±10.85）μm，其形态的显著变化是，身体后端形成互相愈合的进出水管，稚贝分泌的次生壳向前、后端拉长，次生壳极薄呈现网纹状，完整的前尖后钝狭长形原板形成，外套膜三孔形，腹缘全部愈合，鳃 2 片，每片上有鳃瓣 10～12 个，足呈棒状，行埋栖生活。双水管稚贝（55～60 日龄）生长快，平均日增长达（90.94±12.85）μm。

5.2.2.6　不同附着基采苗效果比较

由表 5-6 可见，附着基不同，变态时间和变态期间生长速度略有差异，但差异不显著（$P>0.05$）；变态率差异显著（$P<0.05$）。在实验结束时，各种附着基培育的稚贝大小差异显著（$P<0.05$）。同时，无附着基与有附着基对壳型有显著影响，无附着基的稚贝壳长大约为壳高的 1.5 倍，而有附着基的稚贝壳长大约为壳高的 2 倍，与成体比例一致。从稚贝生长速度看，无附着基与除泥沙无差异外，与其他两种附着基差异显著（$P<0.05$）。稚贝存活率在（70.08±5.96）% 以上，以泥沙组合最高，与其他各组间差异显著（$P<0.05$）。综合变态率、存活率、生长速度，初步认为泥沙组合与无附着基采苗效果较为理想，这与魏利平等（1991）对大沽全海笋的研究结果相一致。

表5-6　宽壳全海笋不同附着基采苗效果比较

项目	无附着基	沙（粒径≤500μm）	泥∶沙=3∶2	泥（粒径≤200μm）
足面盘幼虫大小（±SD）/μm	266.00±25.54	266.00±25.54	266.00±25.54	266.00±25.54
变态时间/d	9[a]	8[a]	9.5[a]	10[a]
变态期间生长速度（±SD）/（μm/d）	3.26±0.98[a]	3.67±0.86[a]	3.09±0.54[a]	2.93±0.72[a]
变态率（±SD）/%	70.24±5.86[a]	50.69±3.97[d]	68.76±4.65[b]	57.43±5.48[c]
稚贝大小（±SD）/（壳长 μm×壳高 μm）	（1807.5±353.87）×（1219.17±248.50）[b]	（1684.17±275.39）×（908.33±110.32）[d]	（1763.33±445.03）×（924.17±197.89）[c]	（2183.50±385.25）×（1158.3±167.30）[a]
壳长/壳高	1.48[a]	1.85[b]	1.91[b]	1.88[b]
稚贝生长速度（±SD）/（μm/d）	118.32±32.22[a]	99.20±25.64[bc]	117.44±42.28[a]	157.33±38.53[b]
稚贝存活率（±SD）/%	87.47±4.52[b]	70.08±5.96[d]	92.33±8.62[a]	79.86±6.67[c]

5.2.3　宽壳全海笋生长、繁殖特点探讨

大连沿海宽壳全海笋在 7～9 月均可繁殖,在水温 23.0～28.2℃时,平均个体产卵量达 1.2 亿粒,平均卵径(40.40±0.81)μm。在水温 23.6℃、盐度 24、pH 8.0 的条件下,孵化时间 22.5 h,孵化率接近 100%。宽壳全海笋埋栖在潮下带或虾池的泥沙底质中,埋栖深度 30～40 cm。生活在滩涂或虾池中的宽壳全海笋成体虽然个体较大,但是卵径很小,且浮游幼虫生长缓慢,尤其在壳顶前后期,中期相对较快。这与李生尧(1992)、魏利平等(1997)报道幼虫壳顶前期生长缓慢相吻合。根据对自然海区的调查,宽壳全海笋在 7～9 月产出的卵,经 1 周年的生长,壳长可达 6～8 cm,鲜重 80～120 g。如果在 3～4 月采捕亲贝,在室内控温促熟,能比自然海区提前 4～5 个月产卵,若在虾池中养殖,其生长速度会更快,能够做到当年育苗当年收获(李生尧,1992;魏利平等,1997)。由此可见,宽壳全海笋具有生长快、产量高、经济效益显著、养殖周期短、营养价值高等优点,是较为理想的养殖品种。

5.3　生态因子对日本镜蛤幼虫生长发育的影响

本研究开展了不同环境胁迫对浮游期日本镜蛤幼虫生长、发育的影响,以期为建立和完善日本镜蛤的苗种繁育和养成技术提供参考。

5.3.1　亲贝采集及生态因子设定

5.3.1.1　材料

实验材料亲贝于 2017 年 7 月 3 日购买于吉林延边,日本镜蛤亲贝为朝鲜群体,样本取回后置于大连市瓦房店市红沿河养殖基地暂养,进行催产。实验所用日本镜蛤均于 2017 年 7 月 4 日～25 日在该基地繁育。

5.3.1.2　实验方法

pH 实验:设定 pH 梯度为 6.0、6.4、6.8、7.2、7.6、8.0(天然海水,对照组)、8.4、8.8 和 9.2。用 40 g/L NaOH 溶液和 1：10 盐酸(分析纯)调节 pH。盐度 30,日投饵料 3～4 次,投饵量 2×10^4 cells/mL。方法是在 20 L 白桶内调 pH 至预定值,保持误差在±0.05 以内,然后随机均匀倒入实验桶内。每天定时和在投饵后根据实测值对 pH 微调 3 次。实验以 pH 的实测平均值作为各梯度的真实值,全量换水 1 次/d,幼虫培育密度 5 个/mL。为避免实验水与空气中 CO_2 发生交换改变其 pH,整个实验期间不充气。为避免实验期间溶氧(DO)低的问题,实验用水在使用之前充分曝气,使溶氧达到饱和状态,实验期间各处理组溶氧均>5.0 mg/L。整个实验期间,浮游期日本镜蛤幼虫投喂叉鞭金藻(*Dicrateria* sp.),定期观察和记录

幼虫摄食和活动情况。每个 pH 梯度实验设 3 个重复。

　　盐度实验：设定盐度梯度为 15、20、25、30（天然海水，对照组）和 35，用淡水和海水晶调节盐度，盐度误差为±1。日常管理同 pH 实验。

　　温度实验：设定温度梯度为 17℃、21℃、25℃、29℃、33℃，各组温度误差控制在±0.7℃以内。低温海水用海尔冰柜降温，高温海水使用水浴加热的方法进行升温，盐度 30。其他同 pH 实验。

　　密度实验：设定密度梯度为 3 个/mL、6 个/mL、9 个/mL、12 个/mL、15 个/mL。其他同 pH 实验。

5.3.1.3　测量方法

　　充分搅动实验小桶中的海水，使幼虫与死壳分布均匀，吸取一定体积小桶中水样，在显微镜下用培养皿进行全计数，记录下存活和死壳的数量，计算出存活率，然后用手机对显微镜下幼虫拍照，之后用 Photoshop CS4 对幼虫测量壳长。每个数据测量 3 次。

5.3.1.4　计算公式

$$存活率=（结束时密度/初始密度）\times 100\% \qquad (5\text{-}1)$$

5.3.1.5　统计方法

　　使用 Excel 2003、SPSS 24.0 及其 R 语言统计软件对数据进行分析处理，使用单因素方差分析方法对不同胁迫组测得的数据进行分析比较，差异显著性 $P<0.05$。

5.3.2　pH 对幼虫生长发育的影响

　　不同 pH 胁迫下日本镜蛤浮游期幼虫存活率与壳长生长结果见图 5-9 和图 5-10。

　　如图 5-9 所示，随着胁迫时间延长，日本镜蛤浮游期幼虫存活率基本上呈逐渐下降趋势，并且不同 pH 对其存活率影响不同。胁迫 3 d，所有的胁迫组存活率均降低，其中 pH 6.0 与 pH 6.4 下降程度最大，存活率最低，与其他胁迫组差异显著（$P<0.05$）。pH 8.0（对照组）与 pH 8.8 和 pH 9.2 组差异显著（$P<0.05$），与剩余处理组差异不显著（$P>0.05$）；胁迫 6 d，pH 6.0、pH 6.4、pH 8.8 和 pH 9.2 胁迫组日本镜蛤浮游期幼虫均全部死亡，剩余组中随着 pH 的升高其存活率逐渐降低，pH 8.0（对照组）组与 pH 6.8 和 pH 7.2 组差异显著（$P<0.05$），与其余组差异不显著（$P>0.05$）；胁迫 9 d，其存活率规律同 6 d 相似，随着 pH 的升高其存活率降低，pH 8.0 组与 pH 6.8 和 pH 7.2 组差异显著（$P<0.05$），与其余组差异不显著（$P>0.05$）；胁迫 12 d，在有存活个体的组中随着 pH 的

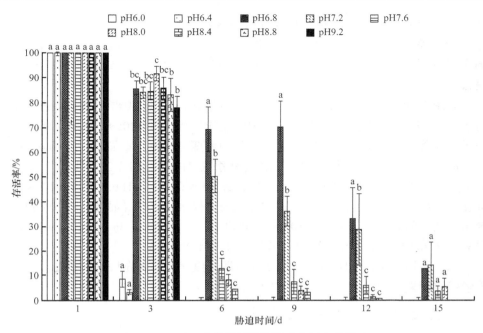

图 5-9　pH 对日本镜蛤浮游期幼虫存活率的影响

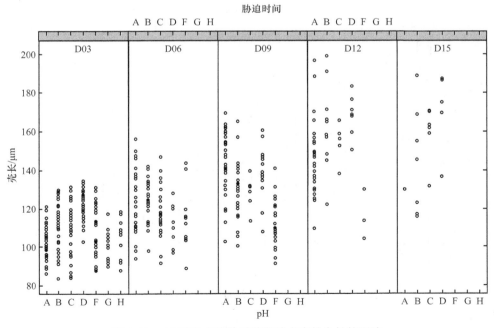

图 5-10　pH 对日本镜蛤浮游期幼虫壳长生长的影响

A. pH 6.8，B. pH 7.2，C. pH 7.6，D. pH 8.0，F. pH 8.4，G. pH 8.8，H. pH 9.2

升高其存活率逐渐降低，pH 8.0 组与 pH 6.8 和 pH 7.2 组差异显著（$P<0.05$），与其余组差异不显著（$P>0.05$）；胁迫 15 d，pH 8.4 组日本镜蛤的存活率为零，剩余组存活率差异不显著（$P>0.05$），且 pH 7.2 存活率最高，pH 7.6 存活率最低。

　　如图 5-10 所示，在不同胁迫时间下，不同 pH 对壳长的影响也不同。胁迫 3 d，与 pH 8.0 组（对照组）相比其余的胁迫组差异显著（$P<0.05$），胁迫组两两之间差异不显著（$P>0.05$）；胁迫 6 d，剩余组中两两之间差异不显著（$P>0.05$）；胁迫 9 d，与 pH 8.0 组（对照组）相比低 pH 组（pH 6.8、pH 7.2、pH 7.6）差异不显著（$P>0.05$），与 pH 8.4 组对比差异显著（$P<0.05$），pH 6.8 组与 pH 7.6 组差异显著（$P<0.05$）；胁迫 12 d，pH 8.4 组与其他组相比差异显著（$P<0.05$），剩余组两两之间差异不显著（$P>0.05$）；胁迫 15 d，pH 6.8 组与 pH 8.0 组相比差异显著（$P<0.05$），剩余组两两之间差异不显著（$P>0.05$）。

　　综上所述，不同 pH 对日本镜蛤浮游期幼虫存活率和壳长影响不同，其中日本镜蛤浮游期幼虫生长适宜 pH 为 7.2～8.4。

5.3.3　温度对幼虫生长发育的影响

　　在不同温度胁迫下的存活率与壳长生长结果见图 5-11 和图 5-12。

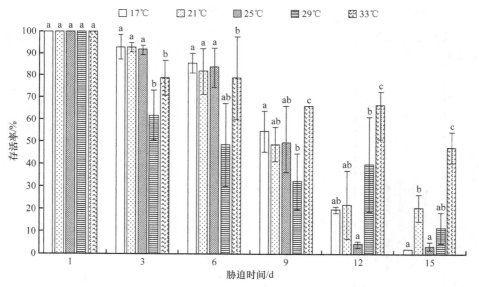

图 5-11　温度对日本镜蛤浮游期幼虫存活率的影响

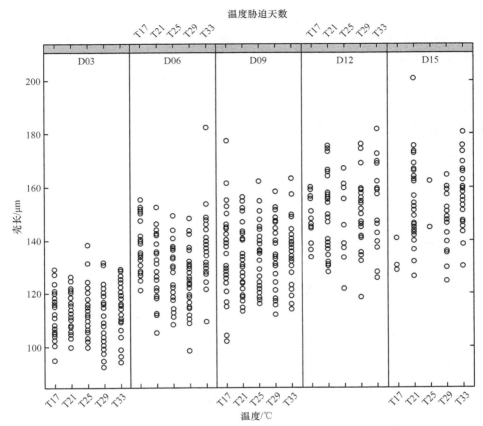

图 5-12　温度对日本镜蛤浮游期幼虫壳长生长的影响

T 后面的数值表示温度

　　如图 5-11 所示，胁迫 15 d，17～33℃均有幼虫存活和生长。胁迫 3 d 时，17℃组存活率最高，但与 21℃和 25℃组差异不显著（$P > 0.05$），与其余两高温组（29℃、33℃）差异显著（$P < 0.05$）；胁迫 6 d，17℃组存活率最高，与 21℃、25℃和 29℃组差异不显著（$P > 0.05$），而 33℃组与其他温度（除 29℃）胁迫组差异显著（$P < 0.05$）；胁迫 9 d，33℃组存活率最高，与其他胁迫组差异显著（$P < 0.05$），29℃组存活率最低，与 17℃和 33℃组差异显著（$P < 0.05$）；胁迫 12 d，33℃组存活率高，与其余胁迫组差异显著（$P < 0.05$），25℃组存活率最低，与 29℃组差异显著（$P < 0.05$）；胁迫 15 d，33℃组存活率最高，与其他温度胁迫组差异显著（$P < 0.05$），17℃组存活率最低，与 21℃组差异显著（$P < 0.05$）。

　　如图 5-12 所示，不同温度下日本镜蛤浮游期幼虫壳长生长不同。胁迫 3 d，各组之间差异不显著（$P > 0.05$）；胁迫 6 d，17℃组和 33℃组差异不显著（$P > 0.05$），与其他三组差异显著（$P < 0.05$）；胁迫 9 d，两两温度胁迫组之间差异不显著（$P >$

0.05）；胁迫 12 d，两两温度胁迫组之间差异不显著（$P>0.05$）；胁迫 15 d，17℃组与 29℃组差异不显著（$P>0.05$），与其他三组（21℃、25℃、33℃）差异显著（$P<0.05$），而 29℃组与其他三组（21℃、25℃、33℃）差异不显著（$P>0.05$）。

　　综上所述，日本镜蛤浮游期幼虫在 17～33℃均能存活和生长，并且随着温度的升高，存活率呈增高趋势，相对生长则差别不大。

5.3.4 盐度对幼虫生长发育的影响

　　在不同盐度胁迫下存活率与壳长生长结果见图 5-13、图 5-14。

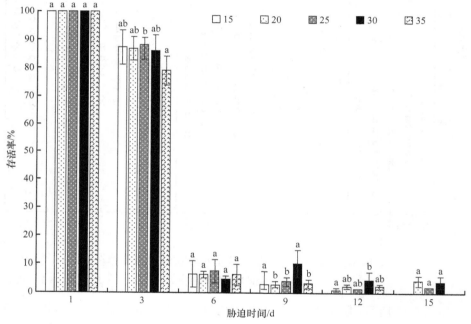

图 5-13　盐度对日本镜蛤浮游期幼虫存活率的影响

　　如图 5-13 所示，胁迫 15 d，能够存活的盐度为 20～30。其中，胁迫 3 d，不同盐度下日本镜蛤浮游期幼虫存活率相差不大，与 S30（对照组）组相比较其他胁迫组与对照组差异不显著（$P>0.05$），S25 与 S35 差异显著（$P<0.05$）；胁迫 6 d，不同盐度条件下日本镜蛤浮游期幼虫存活率均大幅度下降，各组间差异不显著（$P>0.05$）；胁迫 9 d，S30（对照组）日本镜蛤幼虫存活率最高，与 S15 组差异不显著（$P>0.05$），与剩余的盐度胁迫组差异显著（$P<0.05$）；胁迫 12 d，S30（对照组）其存活率最高，与 S15 组差异显著（$P<0.05$），与其他胁迫组差异不显著（$P>0.05$）；胁迫 15 d，S15 组和 S35 组日本镜蛤浮游期幼虫完全死亡，剩余组差异不显著（$P>0.05$）。

　　如图 5-14 所示，不同盐度下日本镜蛤浮游期幼虫壳长生长速率不同，且不同盐度对其壳长的影响也不同。胁迫 3 d，与 S30 组（对照组）相比，S20 组和 S25 组差异不显著（$P>0.05$），与剩余的胁迫组相比差异显著（$P<0.05$）；胁迫 6 d，与 S30 组（对照组）相比，S20 组差异显著（$P<0.05$），剩余的胁迫组差异不显著（$P>0.05$），S35 组与 S20 组差异显著（$P<0.05$），剩下的三组差异不显著（$P>0.05$）；胁迫 9 d，与 S30 组（对照组）相比，S35 组差异显著（$P<0.05$），其他胁迫组差异不显著（$P>0.05$），S20 组与 S25 组、S35 组相比差异显著（$P<0.05$），胁迫 12 d，S20 组与 S35 组差异显著（$P<0.05$）；胁迫 15 d，S30 组（对照组）与 S25 组差异显著（$P<0.05$），与 S20 组差异不显著（$P>0.05$），S20 组与 S25 组差异显著（$P<0.05$）。

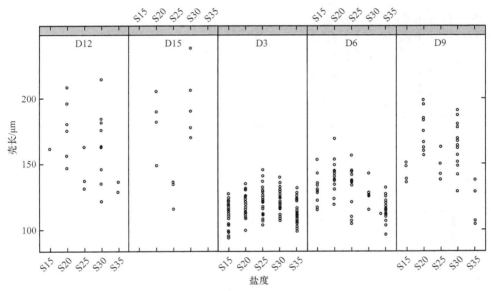

图 5-14　盐度对日本镜蛤浮游期幼虫壳长生长的影响

S 后面的数值表示盐度

综上所述，日本镜蛤浮游期幼虫适合生存合生长的盐度为 20～30，且 S30 存活率最高，壳长生长速率最快。

5.3.5　密度对幼虫生长发育的影响

密度对幼虫生长发育的影响的结果见图 5-15 和图 5-16。

如图 5-15 所示，随着幼虫培育密度的增加，其存活率下降。密度实验 3 d 后，M3 组存活率最高，M15 组存活率最低，M3 组与 M9 组、M12 组、M15 组差异显著（$P<0.05$），M6 组与 M15 组差异显著（$P<0.05$）；6 d 后，各组之间差异不显著（$P>0.05$），M3 组和 M12 组存活率较高，M15 组存活率最低；9 d 后，M3 组存活率最高，且与其他组差异显著（$P<0.05$），其他组之间差异不显著（$P>0.05$）；

12 d 后，M12 组没有测到存活个体，其余组 M3 组存活率最高，与 M9 组和 M15 组差异显著（$P<0.05$）；15 d 后，随着密度的增加存活率逐渐降低，以 M3 组存活率最高，并且与 M9 组、M12 组和 M15 组差异显著（$P<0.05$）。

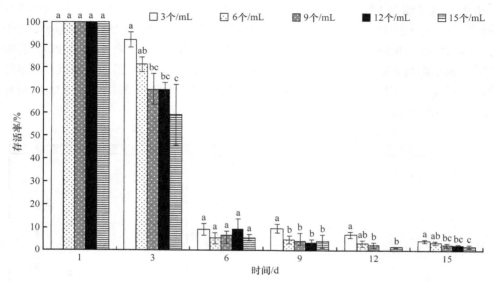

图 5-15　密度对日本镜蛤浮游期幼虫存活率的影响

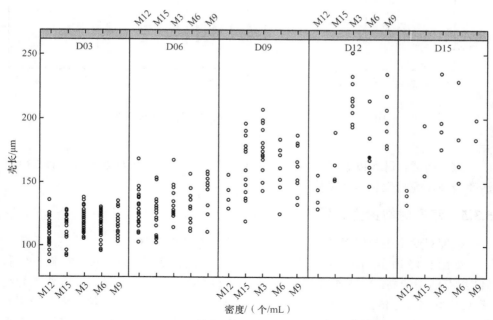

图 5-16　密度对日本镜蛤浮游期幼虫壳长生长的影响

M 后面的主治表示密度

如图 5-16 所示，幼虫密度小，其壳长生长速率大。3 d 后，M3 组壳长最大，M3 组与 M12 组相比差异显著（$P<0.05$），与其余组相比差异不显著（$P>0.05$），其余组之间两两比较差异不显著（$P>0.05$）；6 d 后，M9 组与 M12 组和 M15 组差异显著（$P<0.05$），其余组两两之间差异不显著（$P>0.05$）；9 d 后，M3 组壳长最大，M3 组与 M12 组差异显著（$P<0.05$），其余组两两之间差异不显著（$P>0.05$）；12 d 后，M3 组壳长最大，M12 组壳长最小，M3 组与 M6 组、M12 组和 M15 组差异显著（$P<0.05$）；15 d 后，M3 组壳长最大，M12 组与 M3 组、M9 组差异显著（$P<0.05$），其余组两两之间差异不显著（$P>0.05$）。

总之，培育密度为 3 个/mL 时，存活率和壳长生长速率最大。随密度增大，存活率和壳长生长速率下降。

5.3.6　生态因子对日本镜蛤幼虫生长发育影响的探讨

5.3.6.1　pH 对日本镜蛤浮游期生长发育的影响

海水一般呈弱碱性，海水的 pH 对贝类生长特别是早期贝类幼虫生长发育影响较大。超过贝类幼虫生长发育适宜的 pH 范围，会导致贝类幼虫出现畸形、生长缓慢或者停止，甚至导致贝类死亡。海水的 pH 一般为 7.5～8.5，大多数贝类 pH 适应的范围也在此区间。王晔（2016）关于 pH 对日本海神蛤（*Panopea japonica*）幼虫早期生长发育的研究表明，日本海神蛤浮游期幼虫生长和存活适宜 pH 为 7.6～9.1，偏碱性的水环境有利于其生长；叶乐等（2015）关于长肋日月贝（*Amusium pleuronectes* subsp. *pleuronectes*）幼虫存活及生长的影响研究表明，长肋日月贝直线铰合幼虫的生存适宜 pH 为 6.6～8.8，最适 pH 为 7.0～8.5，生长适宜 pH 为 6.3～8.6，最适 pH 为 7.5～8.5；方军等（2008）关于毛蚶稚贝生长与存活影响的初步研究表明，毛蚶稚贝生存的适宜 pH 为 7.5～8.5，pH 为 8.0 时生长及存活最好；张焕等（2013）关于魁蚶（*Scapharca broughtonii*）稚贝生长与存活的影响研究表明，魁蚶稚贝生存的适宜 pH 为 7.5～8.5，在 pH 为 8.5 时生长及存活最好；顾晓英等（1998）关于彩虹明樱蛤（*Moerella iridescens*）对 pH 的适应性，幼虫存活、生长研究中表明，彩虹明樱蛤适宜 pH 为 6.0～9.11，pH7.98 时幼虫存活率最高。

本实验表明（图 5-9、图 5-10），在 pH 6.8～8.0，日本镜蛤均能够正常生长发育，且越接近 pH 7.0 其存活率越高，越接近 pH 8.0 其壳长生长速率越大。表明日本镜蛤浮游期幼虫喜中性和偏碱性的养殖水域环境（顾晓英等，1998；张焕等，2013；方军等，2008；叶乐等，2015）。但是能耐受的 pH 上限较多数贝类低，出现此结果的原因可能与不同受试生物原生存水环境的 pH 以及实验用水的 pH 不同有关。

5.3.6.2　温度对日本镜蛤浮游期生长发育的影响

贝类的存活、生长发育由内外所在的条件决定，内在条件主要是指种的特性，外在条件主要是指贝类生存的外界环境。适宜的外界环境，能够使贝类快速生长发育，不利的环境条件使贝类生长发育减慢甚至停止（Walne，1965；刘敏，2015；刘巧林等，2009；张雨，2012）。而贝类属于变温动物，说明温度对贝类的存活和生长发育具有十分重要的作用。在贝类幼虫期，水环境中的温度过高过低都会对其生长发育产生不利的影响（包永波和尤仲杰，2004），而且不同贝类幼虫对温度的适应范围也不同（楼允东，1996）。肖友翔（2016）在关于温度对日本海神蛤幼虫发育影响的研究中指出，日本海神蛤浮游期幼虫生长存活最适水温为16～22℃，水温高于22℃，幼虫无法长时间存活，水温低于16℃，幼虫生长发育缓慢，变态率低；许岚等（2017）在关于温度对壳黑长牡蛎幼虫发育的研究中指出，壳黑长牡蛎大规模人工育苗中，水温控制在25～29℃较为适宜；陈志（2013）在关于波纹巴非蛤幼虫的研究中表明，波纹巴非蛤幼贝生长适宜温度18～32℃，最适温度26～30℃。

　　本实验中日本镜蛤浮游期幼虫温度耐受性情况如图5-11和图5-12所示，25℃和33℃日本镜蛤浮游幼虫存活率较高，随着温度的升高其壳长生长速率增大。对于29℃下日本镜蛤15日龄幼虫存活率出现比较低的情况，可能是在实验过程中由于实验过程、取样过程等方面出现误差。此实验结果与上述研究结果中有所不同，表明日本镜蛤对温度的耐受范围更广一些，这可能与不同的贝类对温度的适应性及其长期生活地区水环境的温度变化有关。

5.3.6.3　盐度对日本镜蛤浮游期生长发育影响

　　盐度对于海洋中的水生生物生长发育具有重要的意义。盐度对其内环境的渗透压，对水生生物的新陈代谢、消化吸收和免疫功能等具有十分重要的作用。并且，海水贝类属于调渗物种，能够根据外界环境中盐度的变化调节其渗透压，进而控制贝类个体的存活死亡、生长发育、数量和分布等（许岚等，2017）。一旦水环境中的盐度发生变化，超过其适宜的生存生长范围，就会出现内脏团微颤，鳃上和面盘的纤毛摆动速率变慢，心跳减慢，对外界刺激反应迟钝等不良现象（包永波等，2004）。渗透压的改变不仅降低贝类的新陈代谢代谢速率，同时也影响了其新陈代谢的效率（包永波等，2014；Tettelbach and Rhodes, 1981; Gianluca, 1997）。许岚等（2017）关于壳黑长牡蛎幼虫生长和存活的研究结果表明，在壳黑长牡蛎大规模人工育苗中，盐度控制在21～31较为适宜；肖友翔（2016）关于盐度对日本海神蛤幼虫发育影响的研究结果表明，日本海神蛤浮游幼虫最适盐度为30，盐度低于25无法长时间存活；陈志（2013）在关于盐度对波纹巴非蛤幼虫生长影响的研究结果中表明，盐度为33，波纹巴非蛤幼虫平均生长率最高；丁敬敬（2016）关于盐度对羊鲍（*Haliotis ovina.* Gmelin）的生长发育影响研究结果表明，盐度32羊鲍幼虫发育的成活率最高，幼虫发育的适宜盐度为28～32，最适盐度为30～32；罗明明（2012）关于盐度对马氏珠母贝幼虫生长研究表明，盐度28～29是其最适的盐度。

　　本实验中日本镜蛤浮游期幼虫盐度耐受性情况如图5-13、图5-14所示，盐度

20 和 30 两个梯度日本镜蛤浮游期幼虫存活率较高，盐度低于 15 和高于 35 其幼虫全部死亡，并且盐度 30 壳长生长速率最快。此实验结果与上述研究结果有所不同，表明日本镜蛤耐盐度的范围与其他贝类不同，这可能与不同的贝类对盐度的适应性及其长期生活地区水环境的盐度变化有关。

5.3.6.4 密度对日本镜蛤浮游期阶段的影响

养殖密度对于贝类的苗种生长具有十分重要的意义。养殖密度过高，会导致贝类畸形率增高、变态率降低、存活率降低和生长发育变缓等（阮飞腾，2014；Cragg, 2006; Sprung, 1984; Macdonald, 1988；孙秀俊和李琪，2012），但是养殖密度过低，虽然贝类存活率、变态率增加，畸形率降低，但其对养殖水体却大量浪费，存在无法合理利用水体、产量低等问题。

本实验中日本镜蛤浮游期幼虫密度情况如图 5-15、图 5-16 所示，日本镜蛤随着密度的增加，其存活率逐渐下降。此实验结果与上述结论相似。根据本实验结果，建议浮游期日本镜蛤养殖密度 3 个/mL 左右。而在整个实验过程中，日本镜蛤的死亡率不断增加，出现这种情况可能是养殖水体中一些桡足类随着温度的升高其数量不断增加，导致水质变差，后期日本镜蛤存活率较低。

参 考 文 献

包永波, 尤仲杰. 2004. 几种环境因子对海洋贝类幼虫生长的影响[J]. 水产科学, (12): 39-41.

蔡英亚, 劳赞. 1996. 马尼拉全海笋的生态观察[J]. 湛江水产学院学报, 16(1): 5-8.

蔡英亚, 张英, 魏若飞. 1979. 贝类学概论[M]. 上海: 上海科学技术出版社: 214.

陈爱华, 姚国兴, 张志伟. 2009. 大竹蛏生产性人工繁育试验[J]. 海洋渔业, 31(1): 66-72.

陈爱华, 张志伟, 姚国兴, 等. 2008. 环境因子对大竹蛏稚贝生长及存活的影响[J]. 上海水产大学学报, (5): 559-563.

陈志. 2013. 波纹巴非蛤幼虫附着变态的诱导及幼贝生长的研究[D]. 福州: 福建师范大学硕士学位论文.

戴聪杰. 2002a. 大竹蛏软体部分的氨基酸组成分析[J]. 莆田学院学报, (3): 32-35.

戴聪杰. 2002b. 大竹蛏软体部营养成分分析及评价[J]. 集美大学学报, (4): 304-308.

丁敬敬. 2016. 温度、盐度对羊鲍发育的影响及幼虫附着变态诱导物的研究[D]. 海口: 海南大学硕士学位论文.

方军, 闫茂仓, 张炯明, 等. 2008. pH 和氨氮对毛蚶稚贝生长与存活影响的初步研究[J]. 浙江海洋学院学报(自然科学版), 27(3): 281-285.

葛立军, 杨玉香, 梁维波. 2008. 不同饵料对毛蚶幼体发育的影响[J]. 水产科学, (5): 226-229.

顾晓英, 尤仲杰, 王一农. 1998. 几种环境因子对彩虹明樱蛤 *Moerella iridescens* 不同发育阶段的影响[J].海洋学研究, (3): 41-48.

侯和要, 牟乃海, 宋全山, 等. 2004a. 大竹蛏人工繁育技术研究[J]. 齐鲁渔业, (6): 32-35.

侯和要, 彭作波, 林玉川, 等. 2004b. 大竹蛏亲体蓄养技术简报[J]. 齐鲁渔业, (7): 3-5.

侯和要, 王君霞, 彭作波, 等. 2004c. 不同盐度对大竹蛏存活的影响[J]. 齐鲁渔业, (5): 5-6, 4.

李华琳, 李文姬, 姜明. 2004. 培育密度对长牡蛎面盘幼虫生长影响的对比试验[J]. 水产科学, (6): 20-21.

李生尧. 1992. 大沽全海笋 *Barnca davidi* Deshayes 人工繁育的初步研究[J]. 浙江水产学院学报, 11(1): 41-52.

刘敏. 2015. 不同温度和盐度对施氏獭蛤消化酶和免疫酶活力的影响[D]. 湛江: 广东海洋大学硕士学位论文.

刘巧林, 谢帝芝, 徐丽娟, 等. 2009. 贝类消化酶的研究进展[J]. 饲料博览, (9): 20-22.

楼宝. 2002. 太平洋牡蛎面盘幼虫不同饵料的投喂比较[J]. 浙江海洋学院学报(自然科学版), (4): 374-377, 381.

楼允东. 1996. 组织胚胎学[M]. 2 版. 北京: 中国农业出版社: 218-219.

罗明明. 2012. 几种环境因子对马氏珠母贝幼虫和稚贝生长、存活和 RNA/DNA 值的影响[D]. 湛江: 广东海洋大学硕士学位论文.

潘星光. 1959. 缢蛏的生态观察与食性分析[J]. 动物学杂志, (8): 349, 355-357.

齐钟彦. 1998. 中国经济软体动物[M]. 北京: 中国农业出版社: 233- 234.

阮飞腾. 2014. 魁蚶繁殖生物学及人工苗种繁育技术的研究[D]. 青岛: 中国海洋大学硕士学位论文.

山东省水产学校. 1995. 贝类养殖学[M]. 北京: 中国农业出版社: 77-78.

孙秀俊, 李琪. 2012. 不同盐度和培育密度对杂交刺参幼体生长发育的影响[J]. 中国海洋大学学报, 42: 54-59

王如才, 张乐群, 曲学乐. 1988. 中国原生贝类原色图鉴[M]. 杭州: 浙江科学技术出版社: 230.

王笑月, 陈冲, 陈远, 等. 1998. 几种饵料对文蛤稚贝生长与成活的影响[J]. 水产科学, (2): 12-14.

王晔. 2016. pH、氨态氮和亚硝酸态氮对日本海神蛤(Panopea japonica)早期发育和生长的影响[D]. 大连: 大连海洋大学硕士学位论文.

魏利平, 马明正, 唐芳, 等. 1997. 大沽全海笋生物学习性及人工育苗技术[J]. 水产学报, (3): 296-302.

肖友翔. 2016. 环境因子对日本海神蛤早期生长发育的影响[D]. 大连: 大连海洋大学硕士学位论文.

许岚, 李琪, 孔令锋, 等. 2017. 温度和盐度对壳黑长牡蛎幼虫生长和存活的影响[J]. 中国海洋大学学报(自然科学版), 47(8): 44-50.

闫喜武. 2005. 菲律宾蛤仔养殖生物学、养殖技术与品种选育[D]. 青岛: 中国科学院研究生院(海洋研究所)博士学位论文.

叶乐, 赵旺, 王雨, 等. 2015. 盐度与 pH 对长肋日月贝幼虫存活及生长的影响[J]. 南方农业学报, 46(9): 1698-1703.

张焕, 宋国斌, 齐晓陆, 等. 2013. pH 和氨氮对魁蚶稚贝生长与存活的影响[J]. 中国农业信息, (13): 139-140.

张玺, 齐钟彦, 李洁民. 1960. 中国的海笋及新种[J]. 动物学报, 12(1): 159-164.

张雨. 2012. 不同壳色文蛤的养殖效应、早期发育生长以及消化酶活性比较[D]. 上海: 上海海洋大学硕士学位论文.

赵汝翼. 1982. 大连海产软体动物[M]. 北京: 海洋出版社: 134-135.

赵越, 王金海, 张丛尧, 等. 2011. 培育密度及饵料种类对四角蛤蜊幼虫生长、存活及变态的影响[J]. 水产科学, 30(3): 160-163.

周琳, 于业绍, 陆平, 等. 1999. 青蛤受精卵和幼虫密度对孵化和生长的影响[J]. 海洋渔业, (4): 157-159.

Cragg S. 2006. Development, physiology, behaviour and ecology of scallop larvae[C]. In: Shumway S E, Parsons G J. Scallops: Biology, Ecology and Aquaculture. Amsterdam: Elsevier: 102.

FAO. 2018. Yearbook of Fishery and Aquaculture Statistics 2018[M]. Rome: The Food and Agriculture Organization.

Gianluca S. 1997. Effects of trophic and environmental conditions on the growth of Crassostrea gigas in culture[J]. Aquaculture (136): 153-164.

Macdonald B A. 1988. Physiological energetics of Japanese scallop Patinopecten yessoensis larvae[J]. Journal of Experimental Marine Biology and Ecology, 120: 155-170.

Sprung M. 1984. Physiological energetics of mussel larvae (Mytilus edulis). Ⅰ.Shell growth and biomass[J]. Marine Ecology Progress Series, 17: 283-293.

Tettelbach S T, Rhodes E W.1981. Combined effects of temperature and salinity on emb-ryos and larvae of Northern bay scallop, Argopecten irradians[J]. Marine Biology, 63(3): 249-256.

Walne P R. 1965. Observations on the influence of food supply and temperature on the feeding and growth of the larvae of Ostrea edulis L[J]. Fish Invest London, Ser II 24: 1-45.